国家科技基础性工作专项项目
国家"十二五"重点出版物出版规划项目

中国农业气候资源图集

作物光温资源卷

总主编 梅旭荣

主编 王道龙 姚艳敏 游松财

浙江出版联合集团　浙江科学技术出版社

图书在版编目(CIP)数据

中国农业气候资源图集. 作物光温资源卷 / 梅旭荣总主编；王道龙，姚艳敏，游松财主编. —杭州：浙江科学技术出版社，2015.10
ISBN 978-7-5341-6759-1

Ⅰ.①中… Ⅱ.①梅… ②王… ③姚… ④游… Ⅲ.①农业气象—气候资源—中国—图集 Ⅳ.①S162.3-64

中国版本图书馆CIP数据核字(2015)第142589号

本图集中国国界线系按照中国地图出版社1989年出版的1∶400万《中华人民共和国地形图》绘制

书　　名	中国农业气候资源图集·作物光温资源卷
总 主 编	梅旭荣
主　　编	王道龙　姚艳敏　游松财
出版发行	浙江科学技术出版社
	杭州市体育场路347号　邮政编码：310006
	办公室电话：0571-85176593
	销售部电话：0571-85176040
	网　　址：www.zkpress.com
	E-mail：zkpress@zkpress.com
排　　版	杭州大漠照排印刷有限公司
印　　刷	浙江海虹彩色印务有限公司
经　　销	全国各地新华书店
开　　本	787×1092　1/8　　　　印　张　35
字　　数	896 000
版　　次	2015年10月第1版　　　　印　次　2015年10月第1次印刷
书　　号	ISBN 978-7-5341-6759-1　定　价　630.00元
审 图 号	GS(2015)2508号

版权所有　翻印必究

(图书出现倒装、缺页等印装质量问题，本社销售部负责调换)

策划组稿　章建林　　**责任编辑**　朱　园　李亚学
责任校对　赵　艳　**责任美编**　金　晖　　**责任印务**　徐忠雷

《中国农业气候资源图集》编委会

总 主 编	梅旭荣
副总主编	王道龙　严昌荣　冯利平　刘布春　霍治国　杨晓光 游松财　姚艳敏　白文波
总 编 委	（按姓氏笔画排序） 万运帆　王景雷　王道龙　毛　飞　毛丽丽　白文波 冯利平　刘　园　刘　勤　刘布春　江才伦　许　娟 严昌荣　李　壮　李　敏　李玉娥　李昊儒　杨晓光 肖俊夫　何英彬　张立祯　陈仲新　郑大玮　姚艳敏 梅旭荣　淳长品　彭良志　程存刚　游松财　霍治国
审　　图	崔读昌　金之庆　郑大玮　成升魁　汪永钦　安顺清 毛留喜　钱　拴

《中国农业气候资源图集·作物光温资源卷》编写人员

主　　编	王道龙　姚艳敏　游松财
副 主 编	淳长品　李　壮　廖顺宝
编写人员	（按姓氏笔画排序） 王道龙　厉恩茂　白文波　刘　佳　江才伦　许　娟 李　壮　李　敏　杨晓光　何英彬　陈仲新　姚艳敏 徐　斌　徐　锴　唐鹏钦　梅旭荣　淳长品　彭良志 程存刚　游松财　廖顺宝
贡献作者	于士凯　王德营　司海青　刘　影　李润林　孙　爽
审　　图	郑大玮　成升魁

中国地理底图绘制	浙江省第一测绘院
数字制图	王利军　吴宏海　袁辉林

序言

农作物生长发育离不开光、温、水、气等气候要素。农业气候要素的数量、质量及其时空组合为农作物生长发育提供了必不可少的能量和物质来源,并决定了农作物生长发育进程、生产布局、种植结构和种植制度。与此同时,人类在农作物遗传特性的改良利用、培肥施肥、节水灌溉、防灾减灾等领域的科学技术进步和规模应用,也促使农作物生长发育对气候资源的利用由被动适应转为主动利用,形成了具有明显区域特点的农业生产格局。

20世纪80年代初,崔读昌等编制出版了《中国主要农作物气候资源图集》,比较全面地反映了1951—1980年30年间气候资源与作物生长发育的关系。20世纪80年代以来,全球气候变暖呈现加快的趋势,气候变化已成为不争的事实,光、温、水、气等气候要素及其时空匹配状况发生了明显的变化,对作物的生长发育和产量形成产生了深刻影响,并显著改变了主要农业生态区的种植制度与种植模式。研究和掌握最近30年主要作物种植分区、种植制度和生育期状况,揭示不同时期农业气候资源区域分布及其变化特点,是合理利用农业气候资源,优化种植结构和种植制度布局,科学应对气候变化,提高农业生产力及防灾减灾和趋利避害能力,保障国家粮食安全的农业科技基础性工作。

2007年,国家科技基础性工作专项"中国农业气候资源数字化图集编制"(项目编号:2007FY120100)获科技部立项资助。本项目在1984年编制出版的《中国主要农作物气候资源图集》基础上,选择水稻、小麦、玉米、棉花、大豆、柑橘、苹果和天然牧草为对象,以全国740个气象台站1981—2010年30年的气象数据为基础,整合农业气象试验站资料、灾情调研数据、主要作物生育期调研数据,整编形成了中国农业气候资源数据库(1981—2010年);建立了包括农业气候资源派生指标的生成方法、数据分级规范、数据空间化处理和图示化规范、制图质量控制规范、图集编制规范等在内的制图标准规范,采用1∶400万国家基础地理信息底图,以ArcGIS为系统开发平台,构建了中国农业气候资源数字化制图系统;按主要农作物生育期、农业气候资源、作物光温资源、作物水分资源和农业气象灾害五大类专题内容,分别绘制了数字化样图,经样图校验和专家审阅,编制形成了中国农业气候资源数字化图集(1981—2010年电子图库)。

中国农业气候资源数字化图集的编制,为我国的农业气候资源科学研究、农业生产布局决策和全社会知识普及提供了一个数据可更新、图幅可查阅的共享平台,也为今后针对不同的应用对象和目的编制专门的图集提供了数据、技术和平台支持。为了更好地普及有关知识，及时传播最新科研成果，指导我国现代农业发展，我们从中国农业气候资源数字化图集电子图库中精选了960余幅图，编制成1981—2010年30年"中国农业气候资源图集"系列图书，包括《中国农业气候资源图集·综合卷》《中国农业气候资源图集·作物光温资源卷》《中国农业气候资源图集·作物水分资源卷》《中国农业气候资源图集·农业气象灾害卷》，以及《中国主要农作物生育期图集》。

"中国农业气候资源图集"系列图书是在国家科技基础性工作专项、国家出版基金的资助下，以及中国农业科学院创新工程的支持下编制出版的，包含了几代农业气象科技工作者的心血，凝聚了国内有关单位科学家的智慧，是中国农业科学院农业环境与可持续发展研究所、农业资源与农业区划研究所、农田灌溉研究所、果树研究所、柑橘研究所，以及中国气象科学研究院、中国农业大学、中国科学院地理科学与资源研究所等项目参加单位精诚合作和协同创新的结晶。作物高效用水与抗灾减损国家工程实验室、农业部农业环境重点实验室和农业部旱作节水农业重点实验室对本书的出版提供了智力支持。国内有关院所和大学在作物生育期调查和图集校验过程中提供了无私的帮助。值此系列图集出版之际，谨向所有参加本项目的合作单位和个人表示衷心的感谢！特别感谢项目专家咨询组孙九林、马宗晋、李泽椿、周明煜、郑大玮、张维理等院士和专家对项目实施和系列图集编撰工作的指导。

本系列图集适用于从事农业气候资源利用及相关领域科研和教学人员查阅、共享和二次研发，也可供基层技术人员参考使用，为管理部门制定政策和指导生产提供依据。

由于中国农业气候资源数字化图集编制方面的研究目前还不够系统，我们虽然在图集编制过程中倾尽所能开展工作，但图集中出现各种遗漏和片面之处在所难免，殷切希望广大同仁和读者不吝赐教，给予批评指正，以便今后修订、完善，更好地促进农业气候资源的科学研究和成果共享。

2015年4月

前言

　　光照和温度是农作物生长发育和产量形成的能量资源基础,是调控农作物形态建构和器官(根、茎、叶、穗)功能的重要环境条件。其中,光照条件(如光照长短、光照强度)主导农作物的器官发育和干物质合成;温度条件(如有效积温、气温)调控农作物的生长速度和干物质积累分配,二者协同影响农作物的产量和品质形成。因此,光温资源的数量和时空组合决定农作物品种培育、栽培技术建立、耕作方式和种植制度改革的发展方向,是优化生产布局、改善种植结构和建立农业防灾减灾体系的重要参考依据。

　　20世纪80年代以来,以温度升高为主要特征的全球气候变化呈现加快的趋势,光温资源及其时空匹配状况发生了明显的变化,对作物的生长发育和产量形成产生了深刻的影响,并显著改变了主要农业生态区的种植制度与种植模式。为全面系统地反映近30年主要作物光温资源区域分布及其变化特点,我们以水稻、小麦、玉米、大豆、棉花、宽皮柑橘、甜橙、富士苹果和天然牧草为对象,选择农作物不同生长季和不同生育阶段辐射、日照、积温、气温、光合生产潜力和光温生产潜力等主要指标,绘制并精选了主要农作物光温资源图255幅,编制了《中国农业气候资源图集·作物光温资源卷》,以期为农业结构调整和优化布局提供科学依据。

　　本图集的编制工作由中国农业科学院农业环境与可持续发展研究所组织,并与中国农业科学院农业资源与农业区划研究所、果树研究所、柑橘研究所、中国科学院地理科学与资源研究所以及中国农业大学共同承担,由王道龙、姚艳敏、游松财、淳长品、李壮、廖顺宝、杨晓光、何英彬、陈仲新、刘佳、徐斌、唐鹏钦、厉恩茂、江才伦、程存刚、李敏、徐锴、彭良志等编制完成。值此图集出版之际,谨向所有的合作单位和个人表示衷心的感谢!

　　本图集适用于从事农业生产和管理、农业政策制定、农业科研和教学等相关工作的科技人员参考使用。

　　虽然我们在编制过程中倾尽所能开展工作,但由于资料完整性等问题,图集中存在不足和遗漏之处在所难免,殷切希望广大同仁和读者不吝赐教,给予批评指正,以便今后修订、完善,更好地为广大读者提供服务。

编　者
2015年7月

目录 MU LU

- 双季早稻播种期—成熟期太阳总辐射 ········· 001
- 双季早稻播种期—成熟期光合有效辐射 ········· 002
- 双季早稻播种期—成熟期日照时数 ········· 003
- 双季早稻播种期—成熟期日照百分率 ········· 004
- 双季早稻播种期—成熟期≥0℃积温 ········· 005
- 双季早稻播种期—成熟期≥5℃积温 ········· 006
- 双季早稻播种期—成熟期≥10℃积温 ········· 007
- 双季早稻播种期—成熟期≥15℃积温 ········· 008
- 双季早稻播种期—成熟期≥20℃积温 ········· 009
- 双季早稻播种期—成熟期平均气温 ········· 010
- 双季早稻播种期—成熟期极端最高气温 ········· 011
- 双季早稻播种期—成熟期极端最低气温 ········· 012
- 双季早稻播种期—成熟期光合生产潜力 ········· 013
- 双季早稻播种期—成熟期光温生产潜力 ········· 014
- 双季晚稻播种期—成熟期太阳总辐射 ········· 015
- 双季晚稻播种期—成熟期光合有效辐射 ········· 016
- 双季晚稻播种期—成熟期日照时数 ········· 017
- 双季晚稻播种期—成熟期日照百分率 ········· 018
- 双季晚稻播种期—成熟期≥0℃积温 ········· 019
- 双季晚稻播种期—成熟期≥5℃积温 ········· 020
- 双季晚稻播种期—成熟期≥10℃积温 ········· 021
- 双季晚稻播种期—成熟期≥15℃积温 ········· 022
- 双季晚稻播种期—成熟期≥20℃积温 ········· 023
- 双季晚稻播种期—成熟期平均气温 ········· 024
- 双季晚稻播种期—成熟期极端最高气温 ········· 025
- 双季晚稻播种期—成熟期极端最低气温 ········· 026
- 双季晚稻播种期—成熟期光合生产潜力 ········· 027

- 双季晚稻播种期—成熟期光温生产潜力 …………………………………………… 028
- 冬小麦种植北界 ……………………………………………………………………… 029
- 冬小麦播种期—越冬期太阳总辐射 ………………………………………………… 030
- 冬小麦播种期—越冬期光合有效辐射 ……………………………………………… 031
- 冬小麦播种期—越冬期日照时数 …………………………………………………… 032
- 冬小麦播种期—越冬期日照百分率 ………………………………………………… 033
- 冬小麦播种期—越冬期≥0℃积温 …………………………………………………… 034
- 冬小麦播种期—越冬期平均气温 …………………………………………………… 035
- 冬小麦播种期—越冬期极端最低气温 ……………………………………………… 036
- 冬小麦播种期—越冬期光合生产潜力 ……………………………………………… 037
- 冬小麦返青期—拔节期太阳总辐射 ………………………………………………… 038
- 冬小麦返青期—拔节期光合有效辐射 ……………………………………………… 039
- 冬小麦返青期—拔节期日照时数 …………………………………………………… 040
- 冬小麦返青期—拔节期日照百分率 ………………………………………………… 041
- 冬小麦返青期—拔节期≥0℃积温 …………………………………………………… 042
- 冬小麦返青期—拔节期平均气温 …………………………………………………… 043
- 冬小麦返青期—拔节期极端最高气温 ……………………………………………… 044
- 冬小麦返青期—拔节期极端最低气温 ……………………………………………… 045
- 冬小麦返青期—拔节期光合生产潜力 ……………………………………………… 046
- 冬小麦拔节期—开花期太阳总辐射 ………………………………………………… 047
- 冬小麦拔节期—开花期光合有效辐射 ……………………………………………… 048
- 冬小麦拔节期—开花期日照时数 …………………………………………………… 049
- 冬小麦拔节期—开花期日照百分率 ………………………………………………… 050
- 冬小麦拔节期—开花期≥0℃积温 …………………………………………………… 051
- 冬小麦拔节期—开花期平均气温 …………………………………………………… 052
- 冬小麦拔节期—开花期极端最高气温 ……………………………………………… 053
- 冬小麦拔节期—开花期极端最低气温 ……………………………………………… 054
- 冬小麦拔节期—开花期光合生产潜力 ……………………………………………… 055
- 冬小麦开花期—成熟期太阳总辐射 ………………………………………………… 056
- 冬小麦开花期—成熟期光合有效辐射 ……………………………………………… 057
- 冬小麦开花期—成熟期日照时数 …………………………………………………… 058

- 冬小麦开花期—成熟期日照百分率 ………………………………………………… 059
- 冬小麦开花期—成熟期≥0℃积温 …………………………………………………… 060
- 冬小麦开花期—成熟期平均气温 ……………………………………………………… 061
- 冬小麦开花期—成熟期极端最高气温 ………………………………………………… 062
- 冬小麦开花期—成熟期极端最低气温 ………………………………………………… 063
- 冬小麦开花期—成熟期光合生产潜力 ………………………………………………… 064
- 冬小麦播种期—成熟期光温生产潜力 ………………………………………………… 065
- 春小麦播种期—拔节期太阳总辐射 …………………………………………………… 066
- 春小麦播种期—拔节期光合有效辐射 ………………………………………………… 067
- 春小麦播种期—拔节期日照时数 ……………………………………………………… 068
- 春小麦播种期—拔节期日照百分率 …………………………………………………… 069
- 春小麦播种期—拔节期≥0℃积温 …………………………………………………… 070
- 春小麦播种期—拔节期≥10℃积温 …………………………………………………… 071
- 春小麦播种期—拔节期平均气温 ……………………………………………………… 072
- 春小麦播种期—拔节期极端最高气温 ………………………………………………… 073
- 春小麦播种期—拔节期极端最低气温 ………………………………………………… 074
- 春小麦播种期—拔节期光合生产潜力 ………………………………………………… 075
- 春小麦拔节期—开花期太阳总辐射 …………………………………………………… 076
- 春小麦拔节期—开花期光合有效辐射 ………………………………………………… 077
- 春小麦拔节期—开花期日照时数 ……………………………………………………… 078
- 春小麦拔节期—开花期日照百分率 …………………………………………………… 079
- 春小麦拔节期—开花期≥0℃积温 …………………………………………………… 080
- 春小麦拔节期—开花期≥10℃积温 …………………………………………………… 081
- 春小麦拔节期—开花期平均气温 ……………………………………………………… 082
- 春小麦拔节期—开花期极端最高气温 ………………………………………………… 083
- 春小麦拔节期—开花期极端最低气温 ………………………………………………… 084
- 春小麦拔节期—开花期光合生产潜力 ………………………………………………… 085
- 春小麦开花期—成熟期太阳总辐射 …………………………………………………… 086
- 春小麦开花期—成熟期光合有效辐射 ………………………………………………… 087
- 春小麦开花期—成熟期日照时数 ……………………………………………………… 088
- 春小麦开花期—成熟期日照百分率 …………………………………………………… 089

- 春小麦开花期—成熟期≥0℃积温 ………………………………………………………… 090
- 春小麦开花期—成熟期≥10℃积温 ………………………………………………………… 091
- 春小麦开花期—成熟期平均气温 ………………………………………………………… 092
- 春小麦开花期—成熟期极端最高气温 ………………………………………………………… 093
- 春小麦开花期—成熟期极端最低气温 ………………………………………………………… 094
- 春小麦开花期—成熟期光合生产潜力 ………………………………………………………… 095
- 春玉米播种期—成熟期太阳总辐射 ………………………………………………………… 096
- 春玉米播种期—成熟期光合有效辐射 ………………………………………………………… 097
- 春玉米播种期—成熟期日照时数 ………………………………………………………… 098
- 春玉米播种期—成熟期日照百分率 ………………………………………………………… 099
- 春玉米播种期—成熟期≥0℃积温 ………………………………………………………… 100
- 春玉米播种期—成熟期≥5℃积温 ………………………………………………………… 101
- 春玉米播种期—成熟期≥10℃积温 ………………………………………………………… 102
- 春玉米播种期—成熟期≥15℃积温 ………………………………………………………… 103
- 春玉米播种期—成熟期≥20℃积温 ………………………………………………………… 104
- 春玉米播种期—成熟期平均气温 ………………………………………………………… 105
- 春玉米播种期—成熟期极端最高气温 ………………………………………………………… 106
- 春玉米播种期—成熟期极端最低气温 ………………………………………………………… 107
- 春玉米播种期—成熟期光合生产潜力 ………………………………………………………… 108
- 春玉米播种期—成熟期光温生产潜力 ………………………………………………………… 109
- 夏玉米播种期—成熟期太阳总辐射 ………………………………………………………… 110
- 夏玉米播种期—成熟期光合有效辐射 ………………………………………………………… 111
- 夏玉米播种期—成熟期日照时数 ………………………………………………………… 112
- 夏玉米播种期—成熟期日照百分率 ………………………………………………………… 113
- 夏玉米播种期—成熟期≥0℃积温 ………………………………………………………… 114
- 夏玉米播种期—成熟期≥5℃积温 ………………………………………………………… 115
- 夏玉米播种期—成熟期≥10℃积温 ………………………………………………………… 116
- 夏玉米播种期—成熟期≥15℃积温 ………………………………………………………… 117
- 夏玉米播种期—成熟期≥20℃积温 ………………………………………………………… 118
- 夏玉米播种期—成熟期平均气温 ………………………………………………………… 119
- 夏玉米播种期—成熟期极端最高气温 ………………………………………………………… 120

- 夏玉米播种期—成熟期极端最低气温 …… 121
- 夏玉米播种期—成熟期光合生产潜力 …… 122
- 夏玉米播种期—成熟期光温生产潜力 …… 123
- 春大豆播种期—成熟期太阳总辐射 …… 124
- 春大豆播种期—成熟期日照时数 …… 125
- 春大豆播种期—成熟期≥10℃积温 …… 126
- 春大豆播种期—分枝期日照时数 …… 127
- 春大豆播种期—分枝期≥10℃积温 …… 128
- 春大豆分枝期—开花期日照时数 …… 129
- 春大豆分枝期—开花期≥10℃积温 …… 130
- 春大豆开花期—成熟期日照时数 …… 131
- 春大豆开花期—成熟期≥10℃积温 …… 132
- 夏大豆播种期—成熟期太阳总辐射 …… 133
- 夏大豆播种期—成熟期日照时数 …… 134
- 夏大豆播种期—成熟期≥10℃积温 …… 135
- 夏大豆播种期—分枝期日照时数 …… 136
- 夏大豆播种期—分枝期≥10℃积温 …… 137
- 夏大豆分枝期—开花期日照时数 …… 138
- 夏大豆分枝期—开花期≥10℃积温 …… 139
- 夏大豆开花期—成熟期日照时数 …… 140
- 夏大豆开花期—成熟期≥10℃积温 …… 141
- 棉花播种期—成熟期太阳总辐射 …… 142
- 棉花播种期—成熟期光合有效辐射 …… 143
- 棉花播种期—成熟期日照时数 …… 144
- 棉花播种期—成熟期日照百分率 …… 145
- 棉花播种期—成熟期≥0℃积温 …… 146
- 棉花播种期—成熟期≥5℃积温 …… 147
- 棉花播种期—成熟期≥10℃积温 …… 148
- 棉花播种期—成熟期≥15℃积温 …… 149
- 棉花播种期—成熟期≥20℃积温 …… 150
- 棉花播种期—成熟期平均气温 …… 151

棉花播种期—成熟期极端最高气温	152
棉花播种期—成熟期极端最低气温	153
棉花播种期—成熟期光合生产潜力	154
棉花播种期—成熟期光温生产潜力	155
宽皮柑橘萌芽期	156
宽皮柑橘盛花期	157
宽皮柑橘果实膨大期	158
宽皮柑橘成熟期	159
宽皮柑橘萌芽期—成熟期太阳总辐射	160
宽皮柑橘萌芽期—成熟期日照时数	161
宽皮柑橘萌芽期—成熟期日照百分率	162
宽皮柑橘萌芽期—成熟期≥0℃积温	163
宽皮柑橘萌芽期—成熟期≥10℃积温	164
宽皮柑橘萌芽期—成熟期平均气温	165
宽皮柑橘萌芽期—成熟期极端最高气温	166
宽皮柑橘萌芽期—盛花期太阳总辐射	167
宽皮柑橘萌芽期—盛花期日照时数	168
宽皮柑橘萌芽期—盛花期日照百分率	169
宽皮柑橘萌芽期—盛花期≥0℃积温	170
宽皮柑橘萌芽期—盛花期≥10℃积温	171
宽皮柑橘萌芽期—盛花期平均气温	172
宽皮柑橘萌芽期—盛花期极端最高气温	173
宽皮柑橘萌芽期—盛花期极端最低气温	174
宽皮柑橘盛花期—果实膨大期太阳总辐射	175
宽皮柑橘盛花期—果实膨大期日照时数	176
宽皮柑橘盛花期—果实膨大期日照百分率	177
宽皮柑橘盛花期—果实膨大期≥0℃积温	178
宽皮柑橘盛花期—果实膨大期≥10℃积温	179
宽皮柑橘盛花期—果实膨大期平均气温	180
宽皮柑橘盛花期—果实膨大期极端最高气温	181
宽皮柑橘盛花期—果实膨大期极端最低气温	182

- 宽皮柑橘果实膨大期—成熟期太阳总辐射 ……………………………………………… 183
- 宽皮柑橘果实膨大期—成熟期日照时数 …………………………………………………… 184
- 宽皮柑橘果实膨大期—成熟期日照百分率 ………………………………………………… 185
- 宽皮柑橘果实膨大期—成熟期≥0℃积温 …………………………………………………… 186
- 宽皮柑橘果实膨大期—成熟期≥10℃积温 ………………………………………………… 187
- 宽皮柑橘果实膨大期—成熟期平均气温 …………………………………………………… 188
- 宽皮柑橘果实膨大期—成熟期极端最高气温 ……………………………………………… 189
- 宽皮柑橘果实膨大期—成熟期极端最低气温 ……………………………………………… 190
- 甜橙萌芽期 ……………………………………………………………………………………… 191
- 甜橙盛花期 ……………………………………………………………………………………… 192
- 甜橙果实膨大期 ………………………………………………………………………………… 193
- 甜橙成熟期 ……………………………………………………………………………………… 194
- 甜橙萌芽期—成熟期太阳总辐射 …………………………………………………………… 195
- 甜橙萌芽期—成熟期日照时数 ……………………………………………………………… 196
- 甜橙萌芽期—成熟期日照百分率 …………………………………………………………… 197
- 甜橙萌芽期—成熟期≥0℃积温 ……………………………………………………………… 198
- 甜橙萌芽期—成熟期≥10℃积温 …………………………………………………………… 199
- 甜橙萌芽期—成熟期平均气温 ……………………………………………………………… 200
- 甜橙萌芽期—成熟期极端最高气温 ………………………………………………………… 201
- 甜橙萌芽期—盛花期太阳总辐射 …………………………………………………………… 202
- 甜橙萌芽期—盛花期日照时数 ……………………………………………………………… 203
- 甜橙萌芽期—盛花期日照百分率 …………………………………………………………… 204
- 甜橙萌芽期—盛花期≥0℃积温 ……………………………………………………………… 205
- 甜橙萌芽期—盛花期≥10℃积温 …………………………………………………………… 206
- 甜橙萌芽期—盛花期平均气温 ……………………………………………………………… 207
- 甜橙萌芽期—盛花期极端最高气温 ………………………………………………………… 208
- 甜橙萌芽期—盛花期极端最低气温 ………………………………………………………… 209
- 甜橙盛花期—果实膨大期太阳总辐射 ……………………………………………………… 210
- 甜橙盛花期—果实膨大期日照时数 ………………………………………………………… 211
- 甜橙盛花期—果实膨大期日照百分率 ……………………………………………………… 212
- 甜橙盛花期—果实膨大期≥0℃积温 ………………………………………………………… 213

- 甜橙盛花期—果实膨大期≥10℃积温 ················· 214
- 甜橙盛花期—果实膨大期平均气温 ··················· 215
- 甜橙盛花期—果实膨大期极端最高气温 ··············· 216
- 甜橙盛花期—果实膨大期极端最低气温 ··············· 217
- 甜橙果实膨大期—成熟期太阳总辐射 ················· 218
- 甜橙果实膨大期—成熟期日照时数 ··················· 219
- 甜橙果实膨大期—成熟期日照百分率 ················· 220
- 甜橙果实膨大期—成熟期≥0℃积温 ··················· 221
- 甜橙果实膨大期—成熟期≥10℃积温 ·················· 222
- 甜橙果实膨大期—成熟期平均气温 ··················· 223
- 甜橙果实膨大期—成熟期极端最高气温 ··············· 224
- 甜橙果实膨大期—成熟期极端最低气温 ··············· 225
- 富士苹果萌芽期 ································· 226
- 富士苹果盛花期 ································· 227
- 富士苹果成熟期 ································· 228
- 富士苹果萌芽期—成熟期日照时数 ··················· 229
- 富士苹果萌芽期—成熟期日照百分率 ················· 230
- 富士苹果萌芽期—成熟期≥10℃积温 ·················· 231
- 富士苹果萌芽期—成熟期平均气温 ··················· 232
- 富士苹果萌芽期—成熟期极端最低气温 ··············· 233
- 富士苹果萌芽期—盛花期日照时数 ··················· 234
- 富士苹果萌芽期—盛花期日照百分率 ················· 235
- 富士苹果萌芽期—盛花期≥10℃积温 ·················· 236
- 富士苹果萌芽期—盛花期平均气温 ··················· 237
- 富士苹果萌芽期—盛花期极端最低气温 ··············· 238
- 富士苹果盛花期—果实膨大期日照时数 ··············· 239
- 富士苹果盛花期—果实膨大期日照百分率 ············· 240
- 富士苹果盛花期—果实膨大期≥10℃积温 ··············· 241
- 富士苹果盛花期—果实膨大期平均气温 ··············· 242
- 富士苹果果实膨大期—成熟期日照时数 ··············· 243
- 富士苹果果实膨大期—成熟期日照百分率 ············· 244

- 富士苹果果实膨大期—成熟期平均气温 ………………………………………………… 245
- 富士苹果果实膨大期—成熟期极端最低气温 …………………………………………… 246
- 天然牧草返青期 …………………………………………………………………………… 247
- 天然牧草枯黄期 …………………………………………………………………………… 248
- 天然牧草返青期—枯黄期日数 …………………………………………………………… 249
- 天然牧草返青期—枯黄期太阳总辐射 …………………………………………………… 250
- 天然牧草返青期—枯黄期光合有效辐射 ………………………………………………… 251
- 天然牧草返青期—枯黄期日照时数 ……………………………………………………… 252
- 天然牧草返青期—枯黄期日照百分率 …………………………………………………… 253
- 天然牧草返青期—枯黄期≥0℃积温 …………………………………………………… 254
- 天然牧草返青期—枯黄期≥5℃积温 …………………………………………………… 255

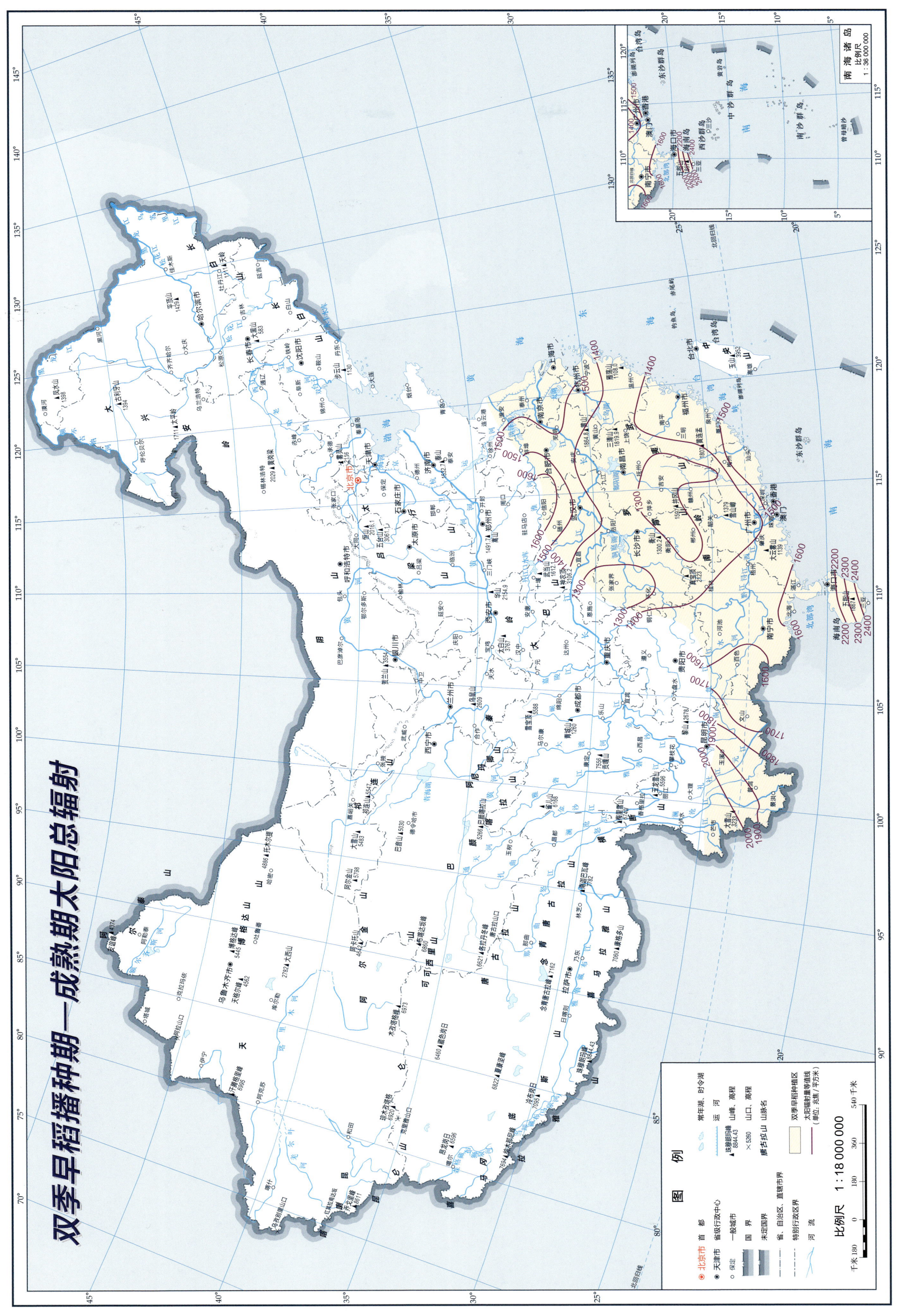

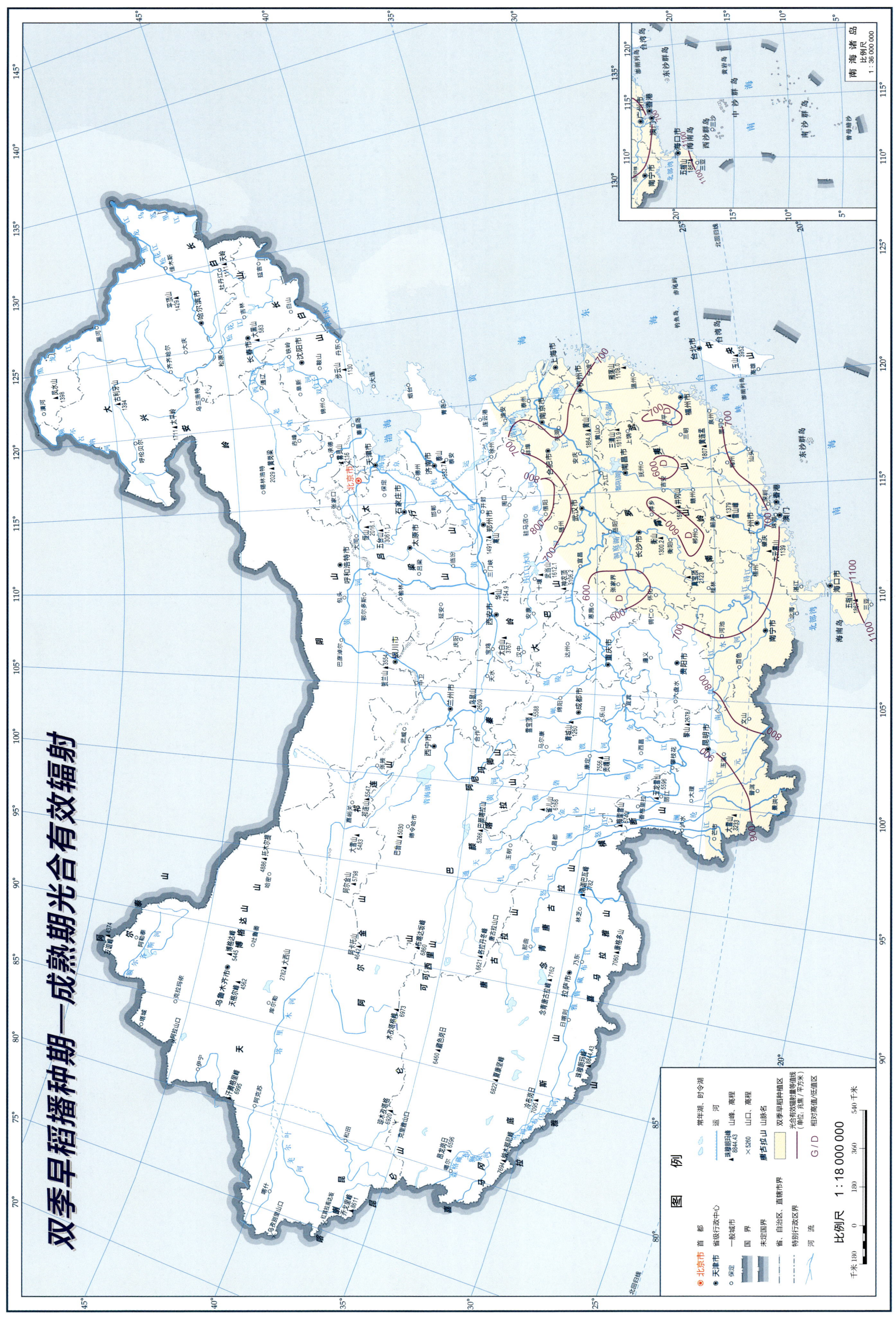

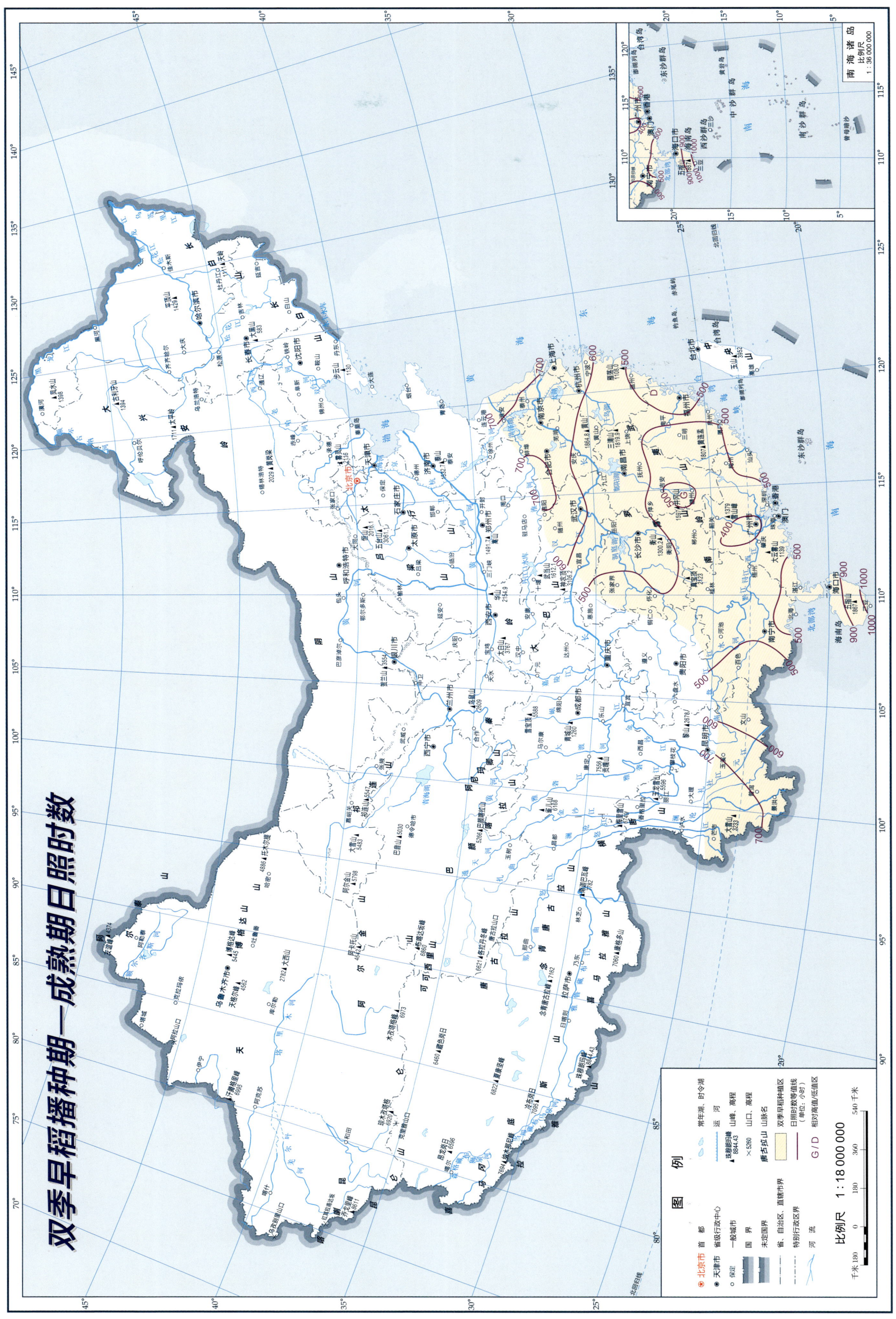

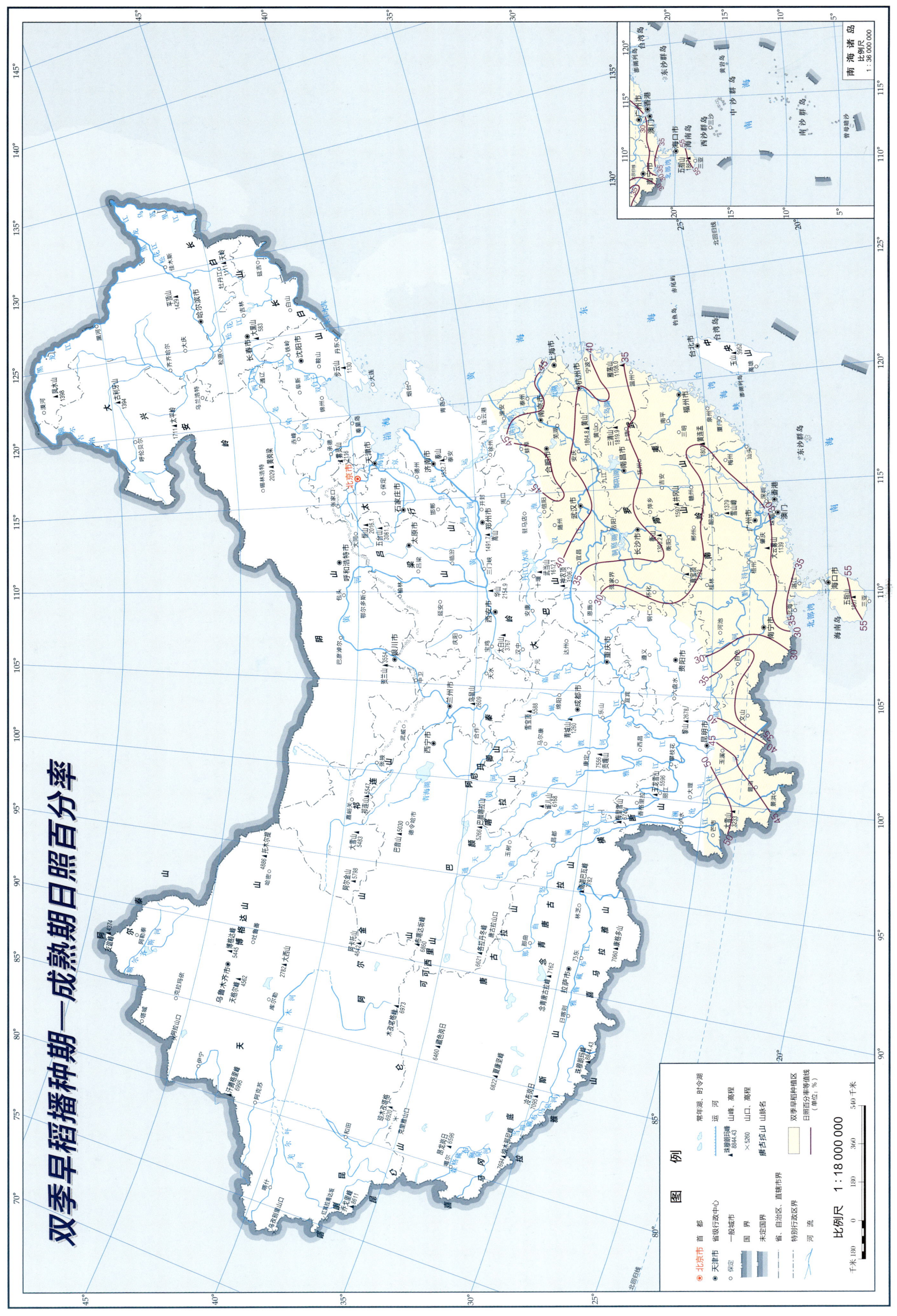

双季早稻播种期—成熟期 ≥0°C 积温

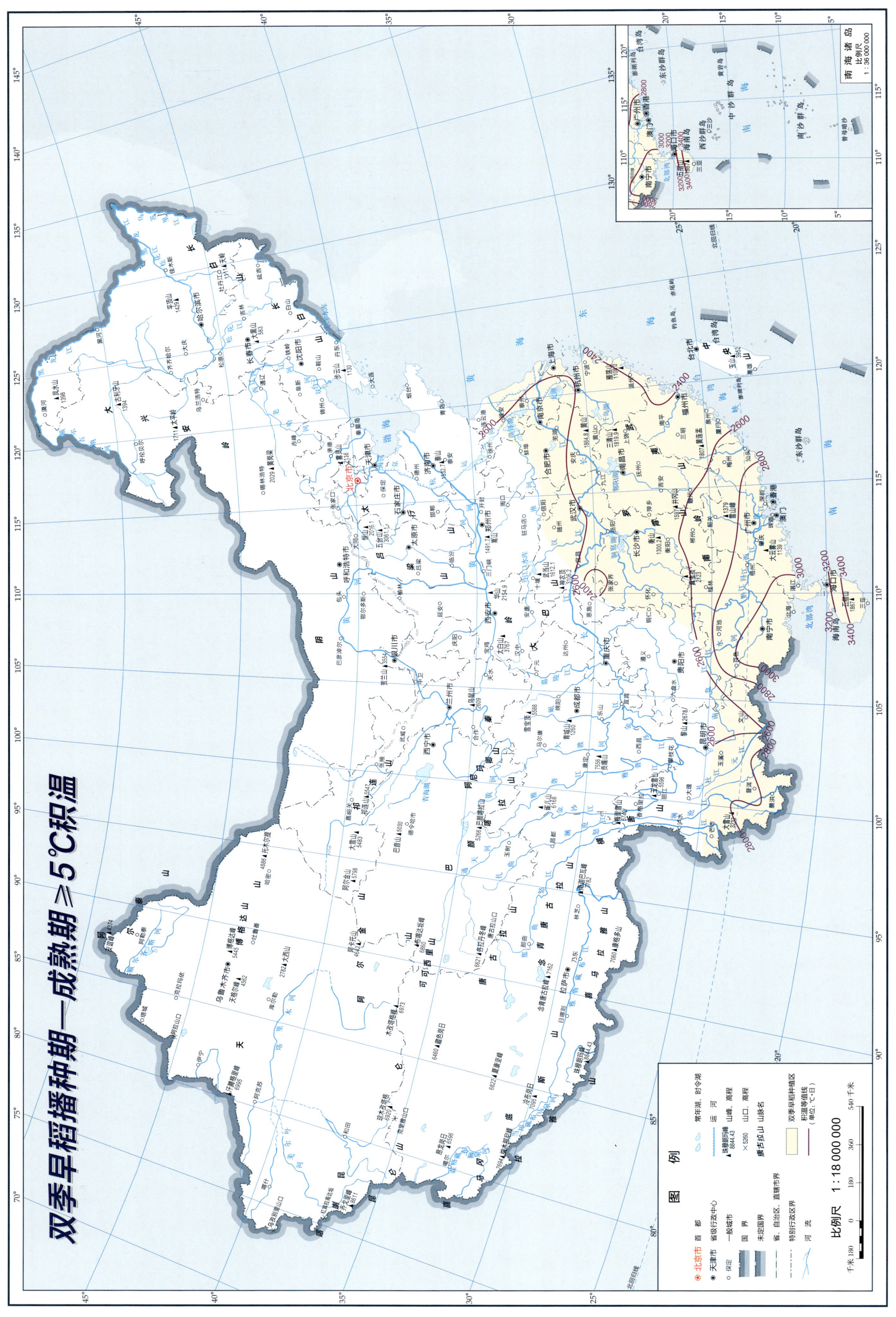

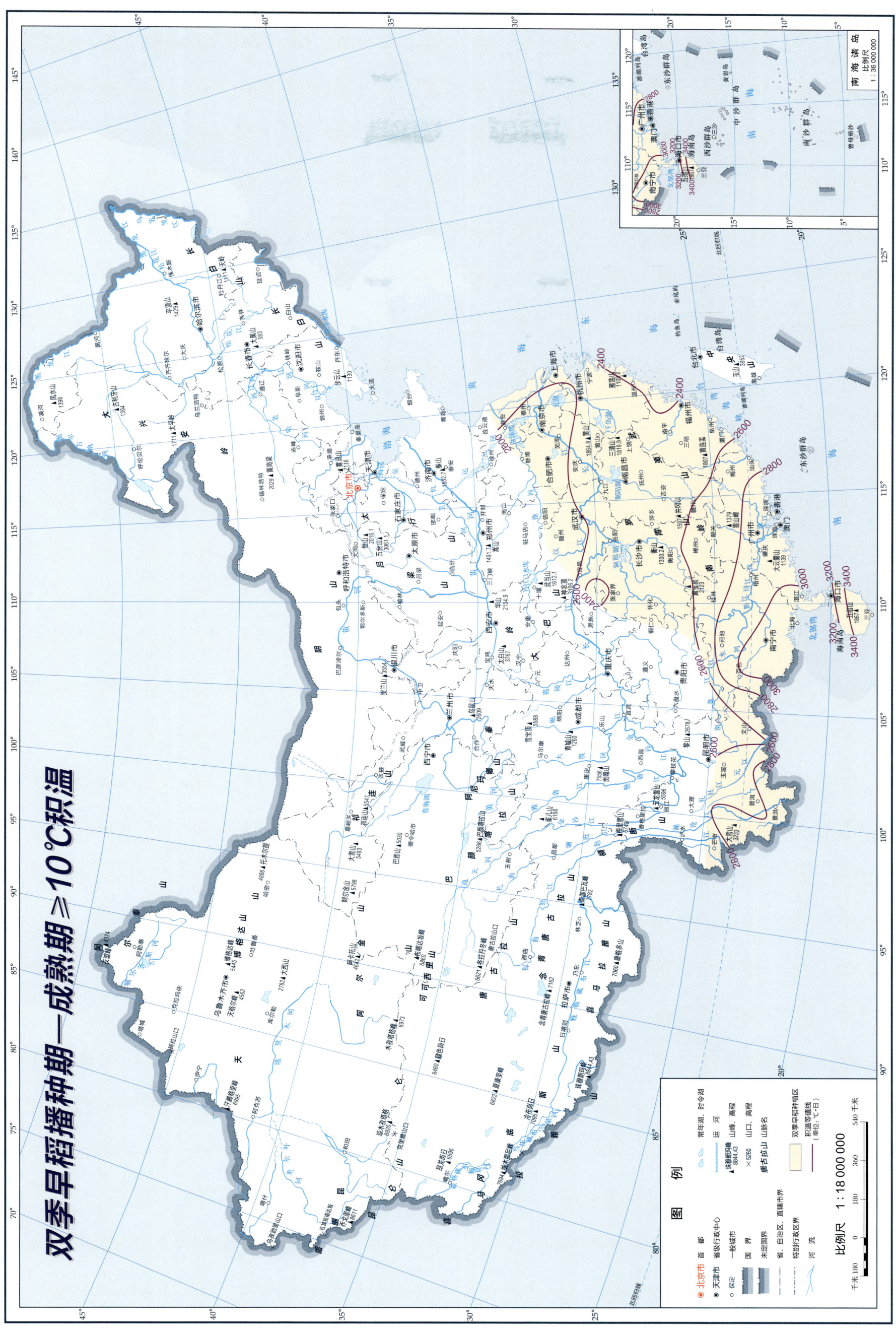

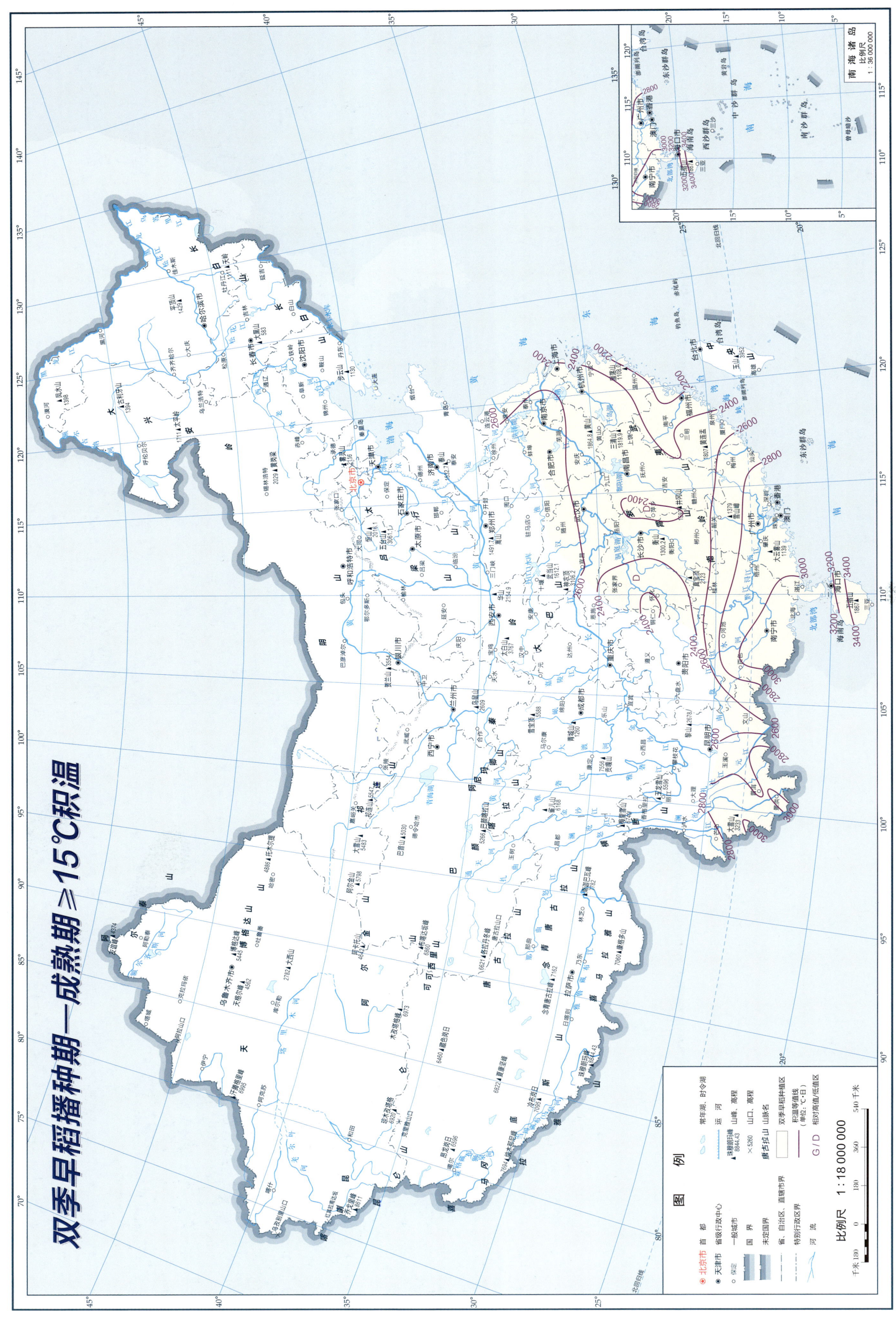

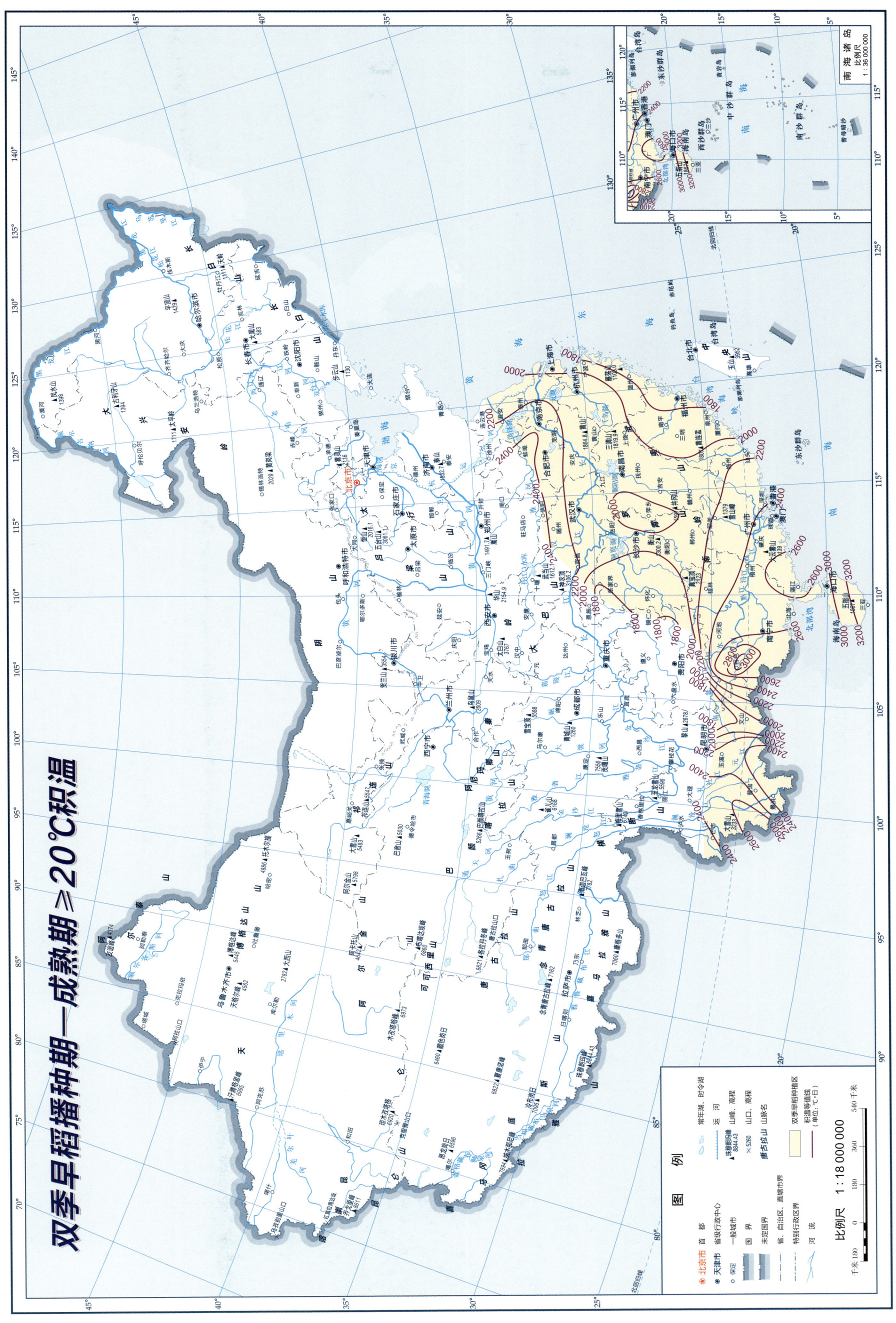
双季早稻播种期—成熟期≥20℃积温

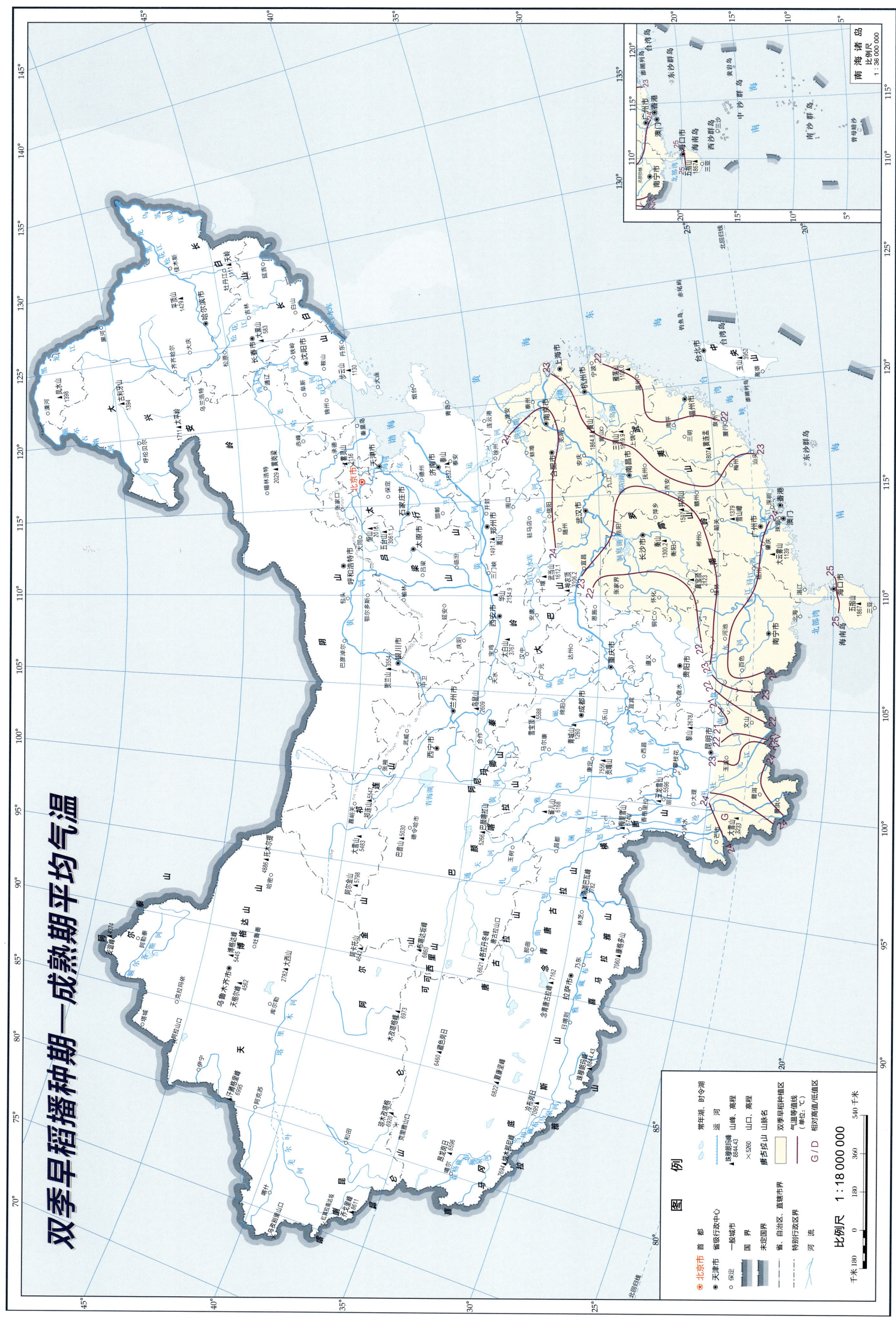

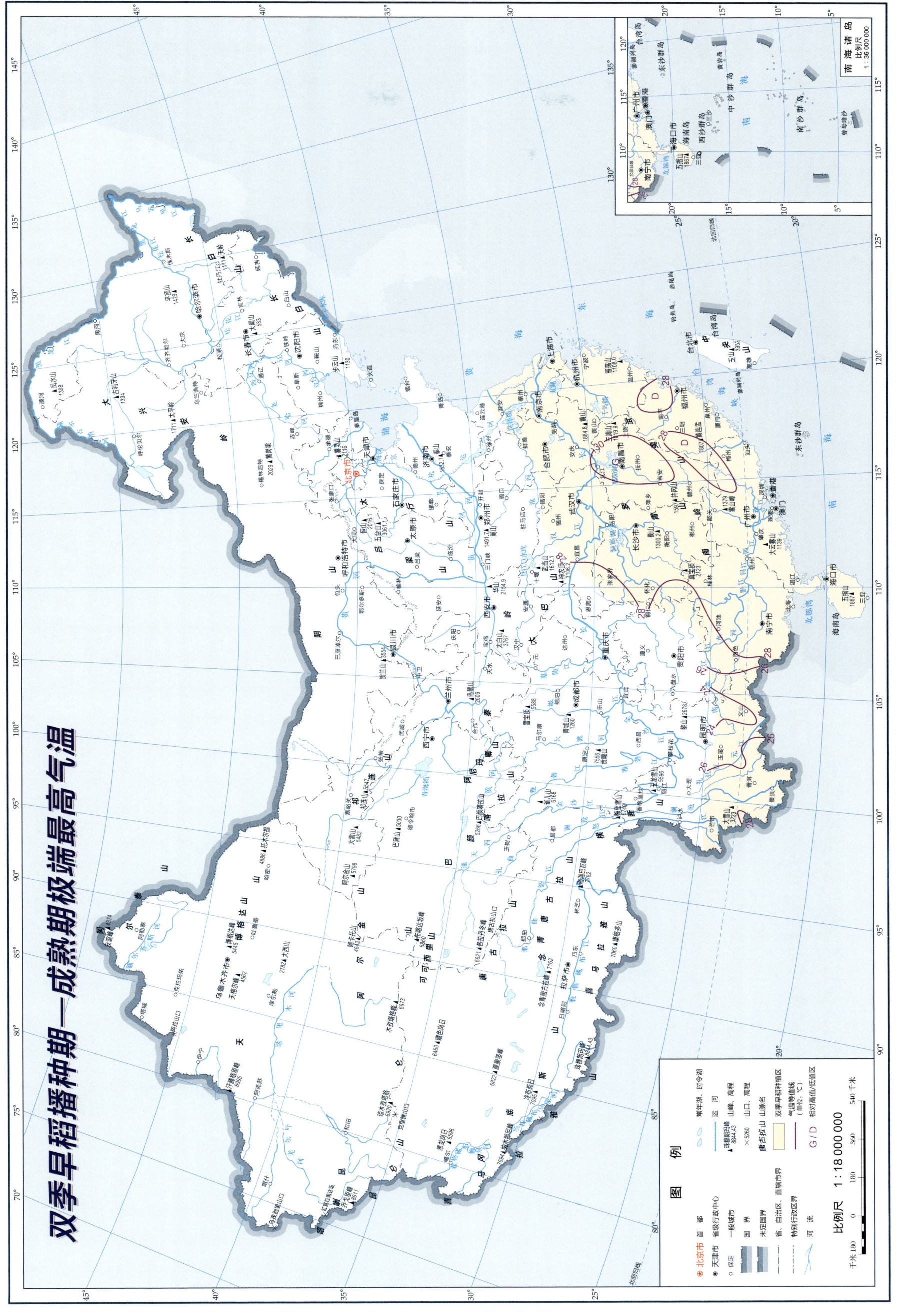

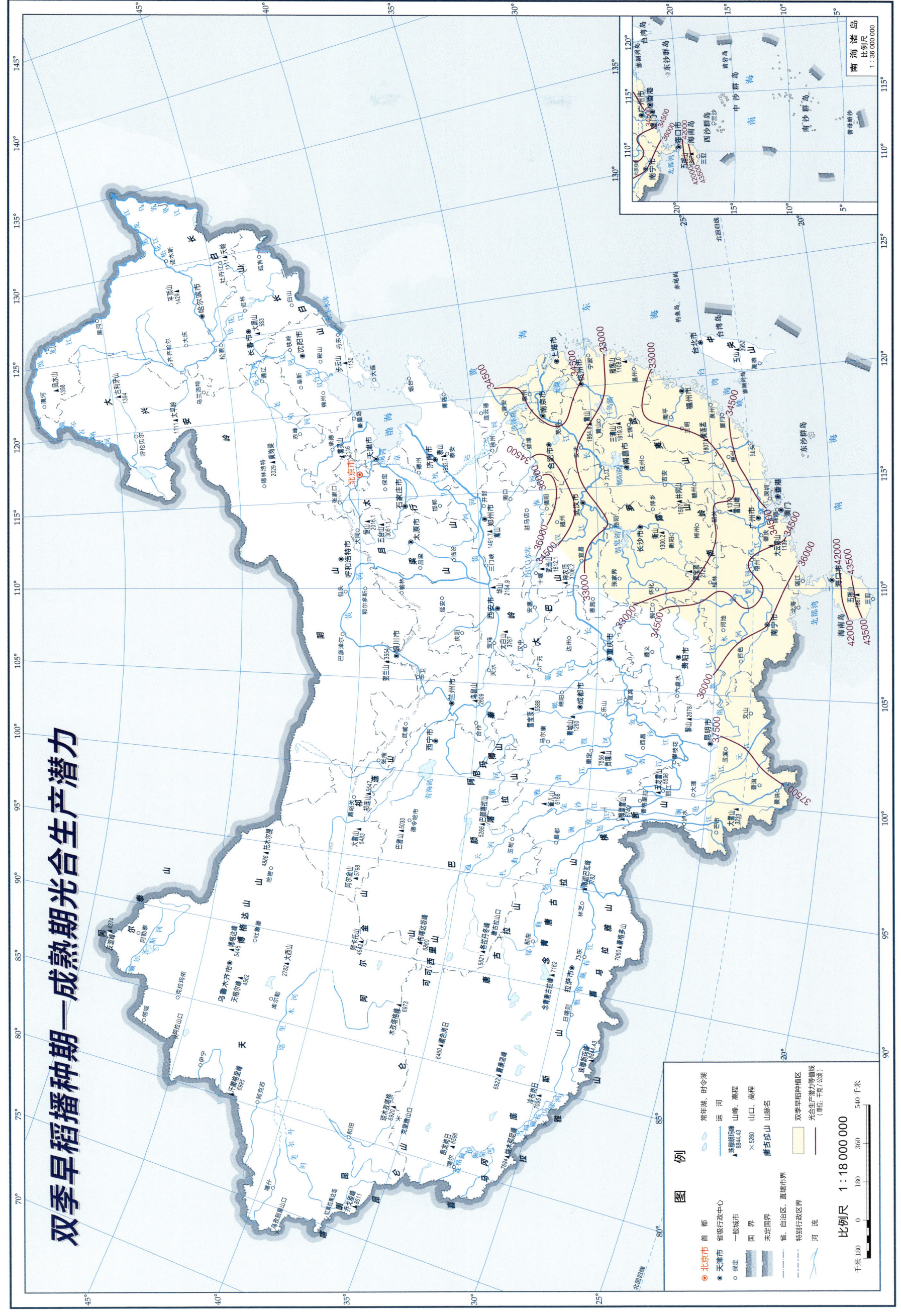

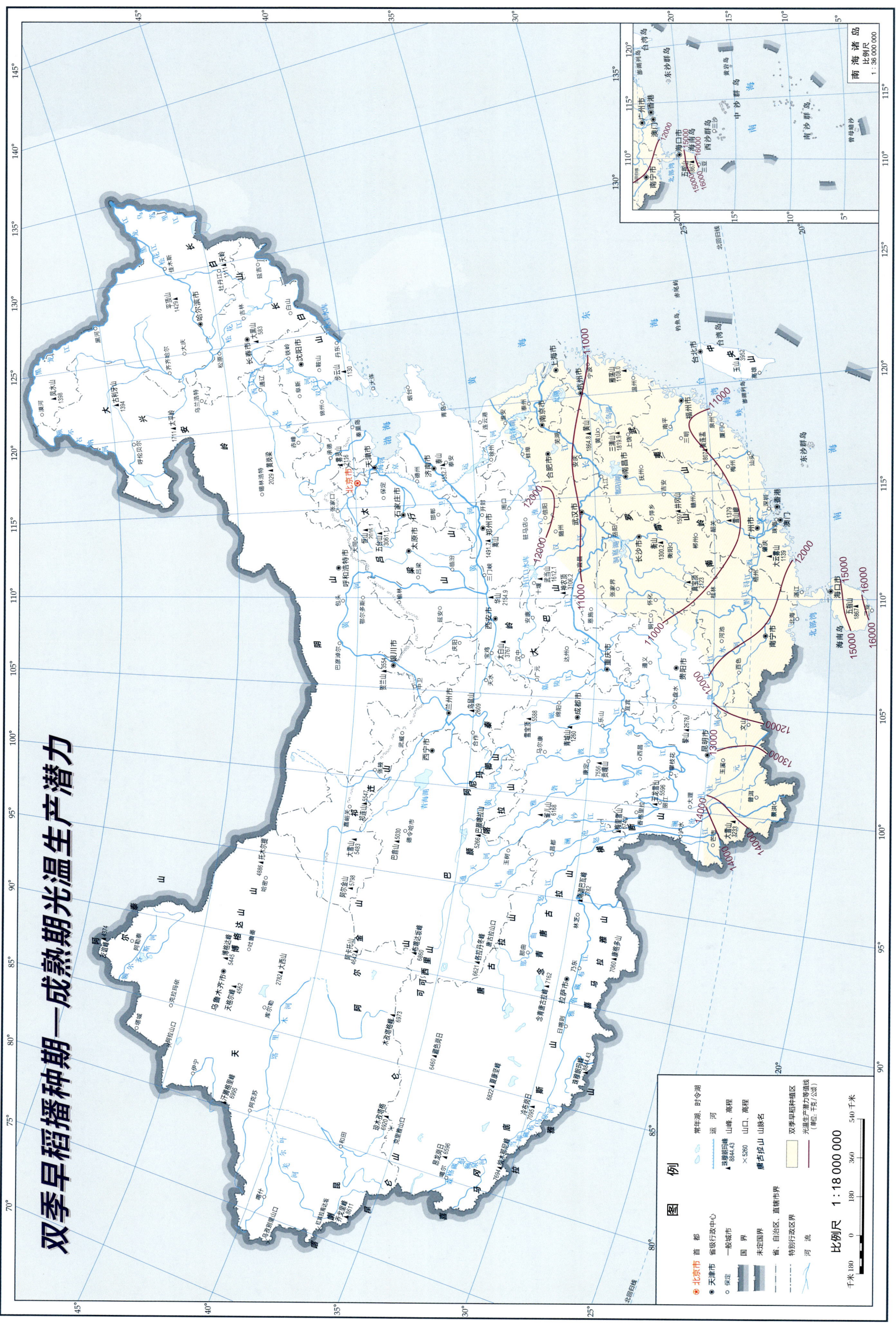

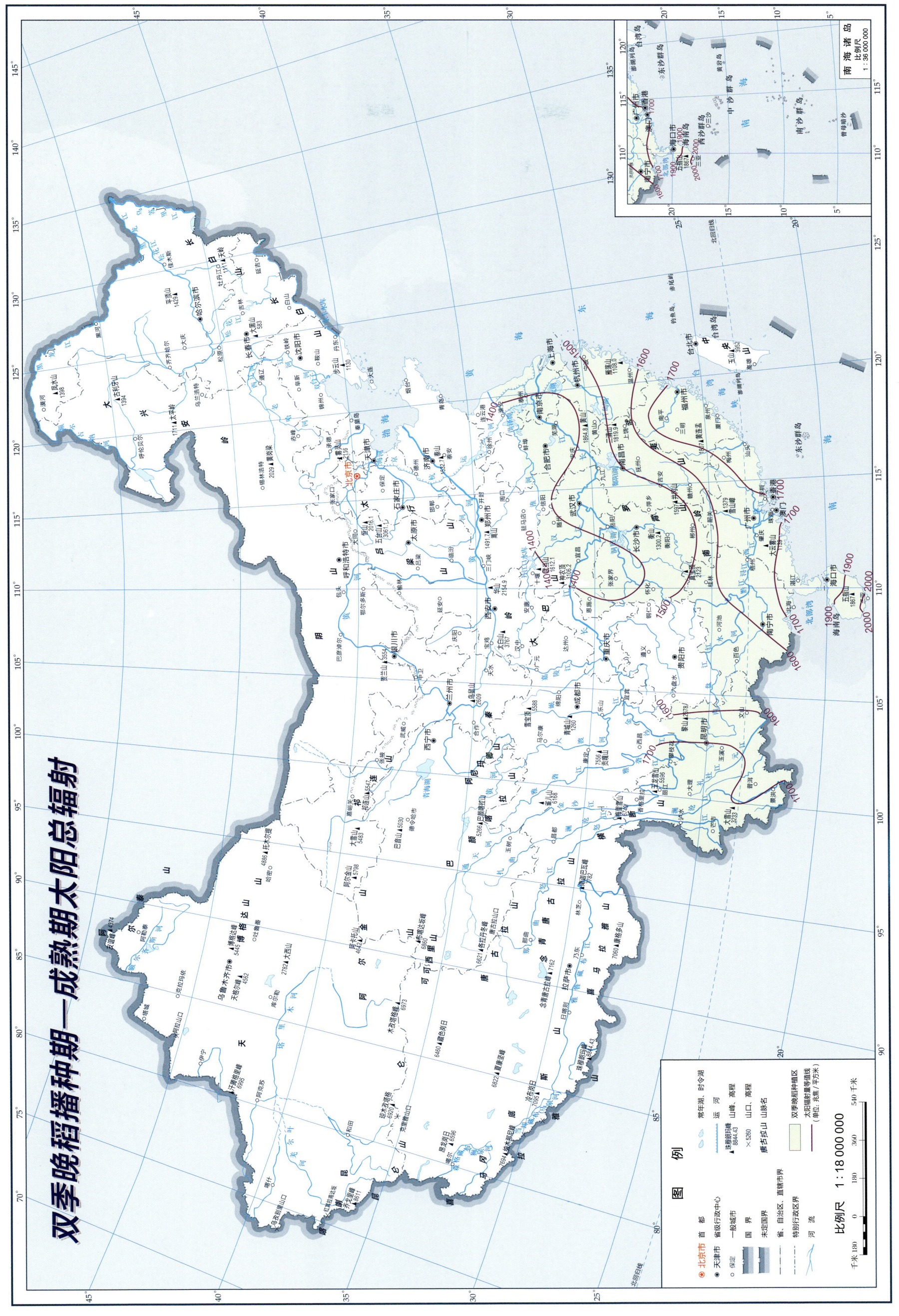

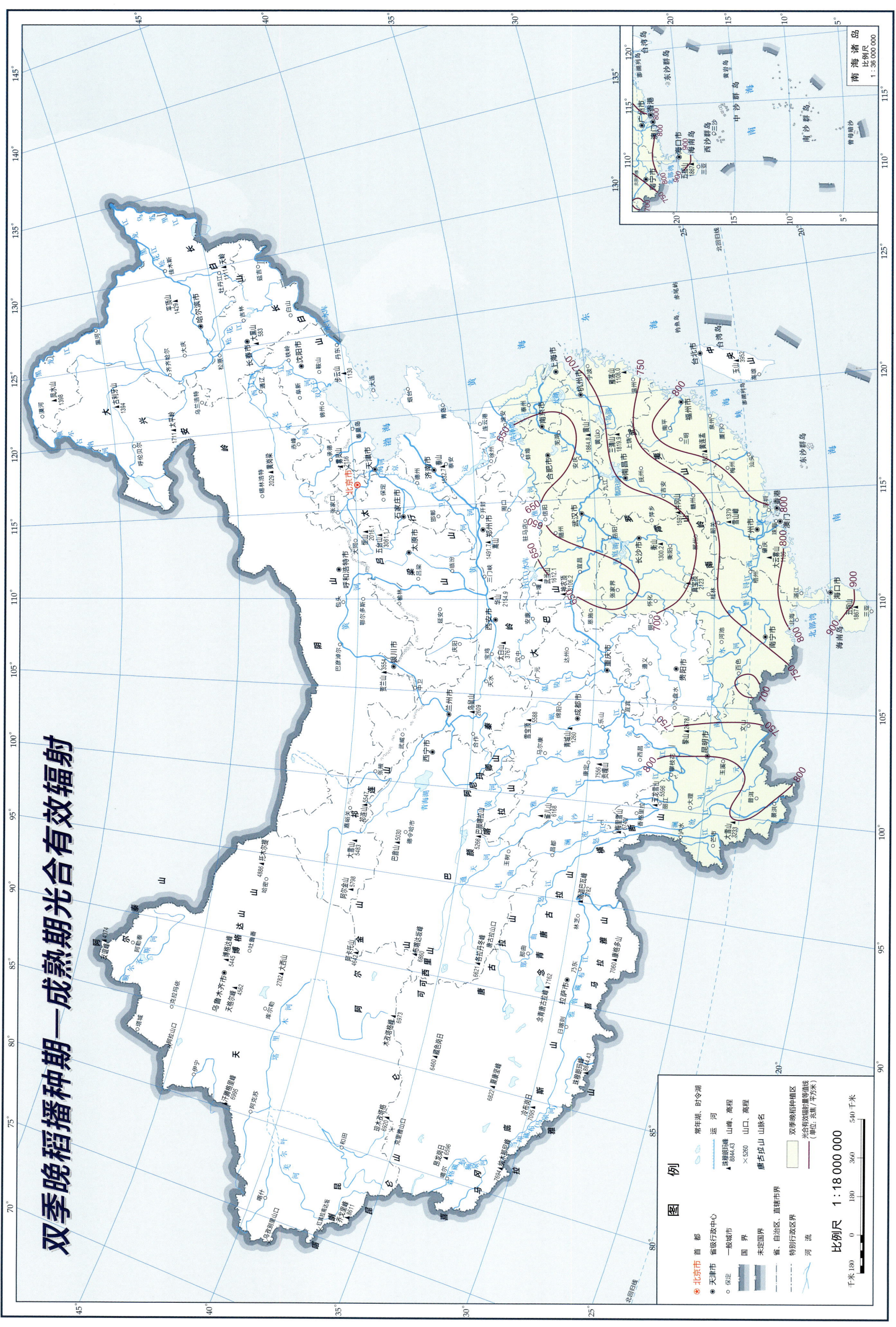

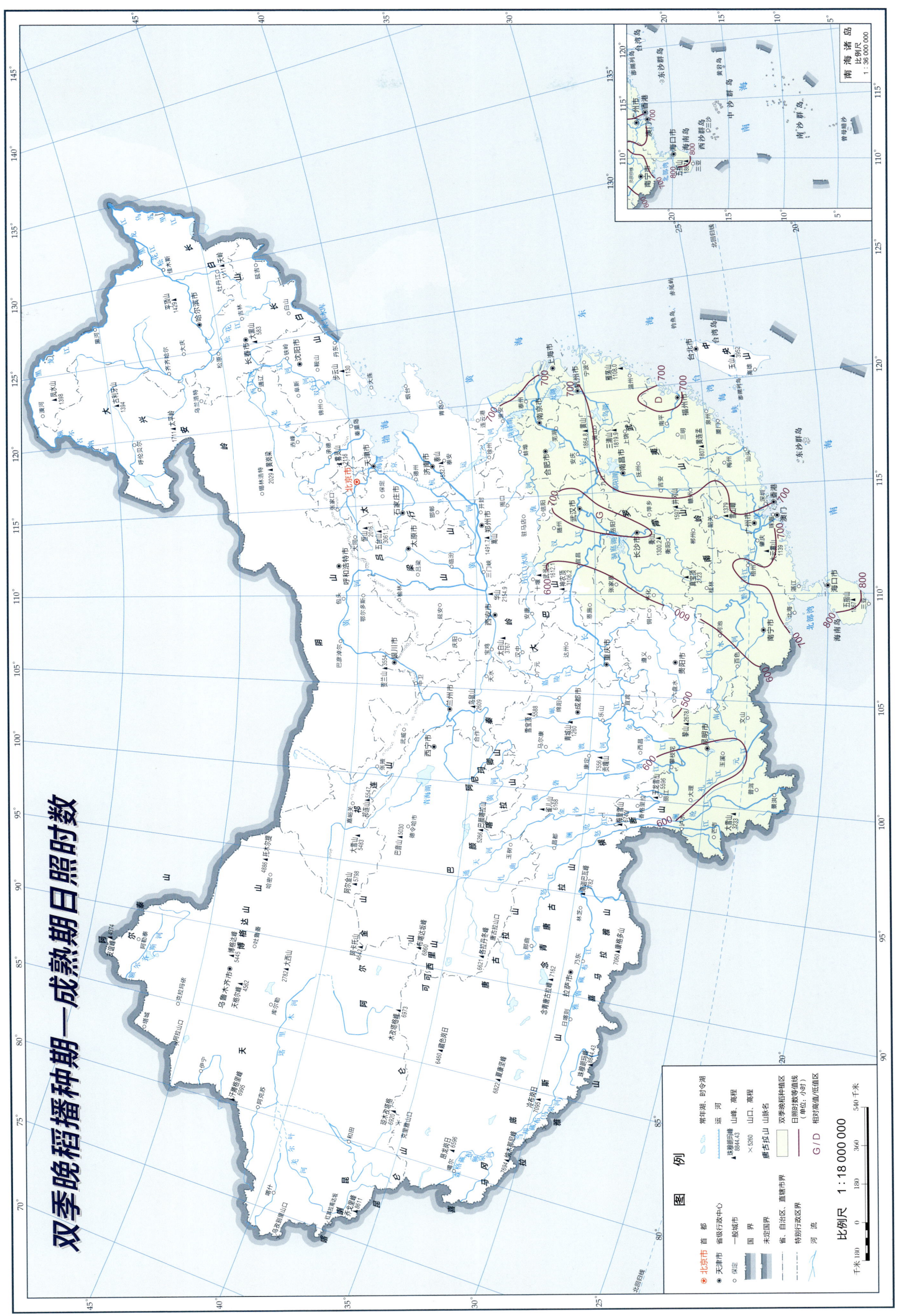

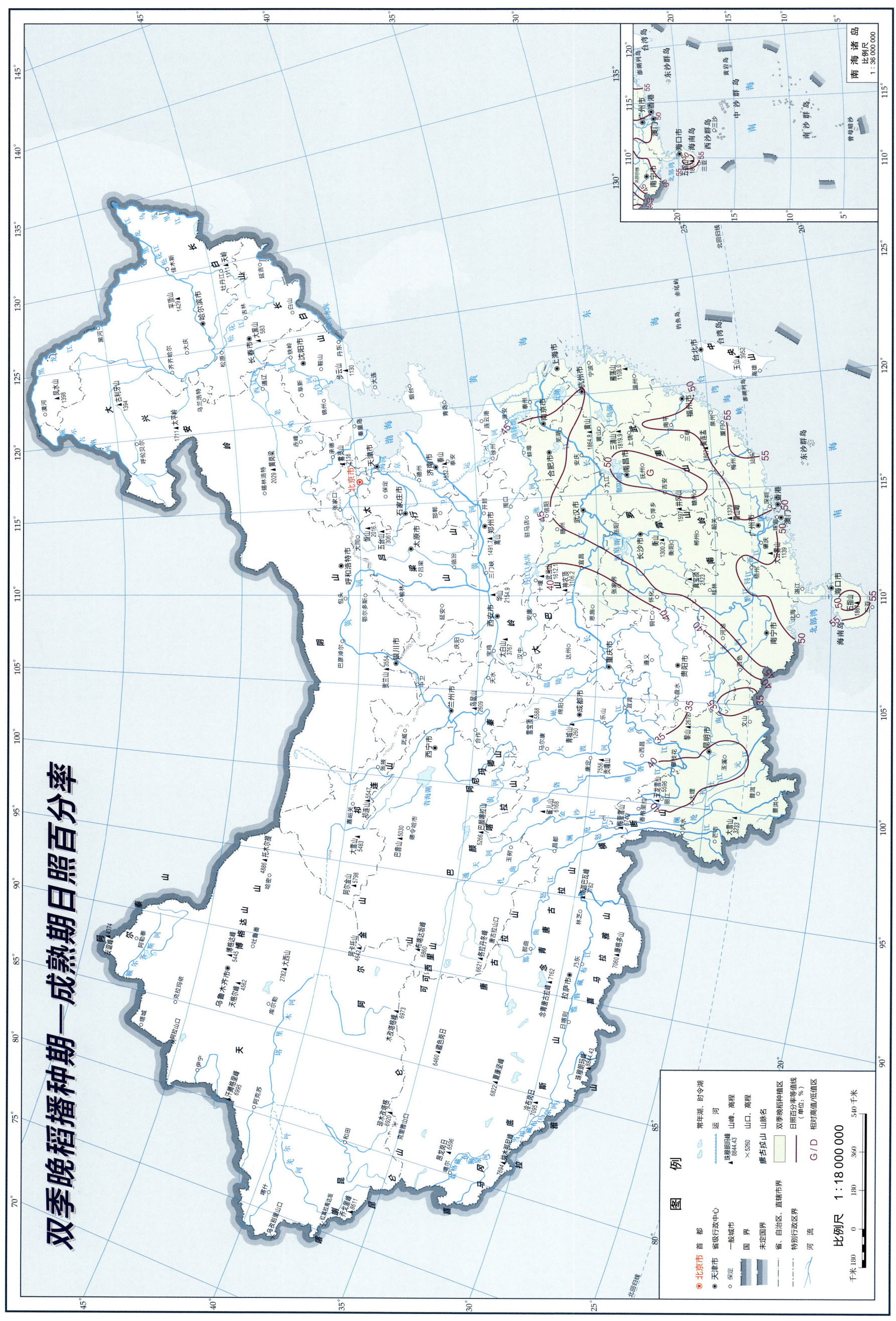

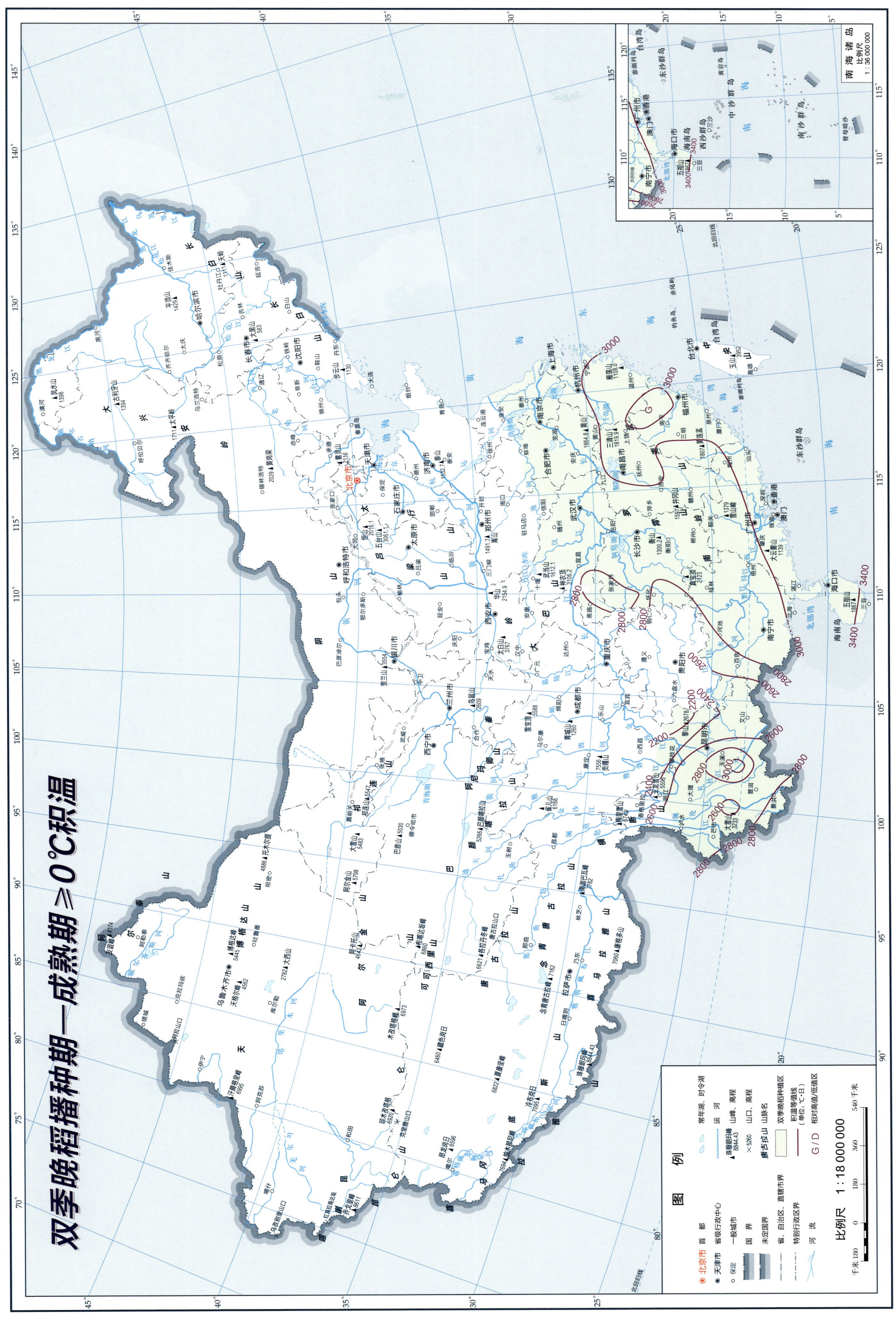

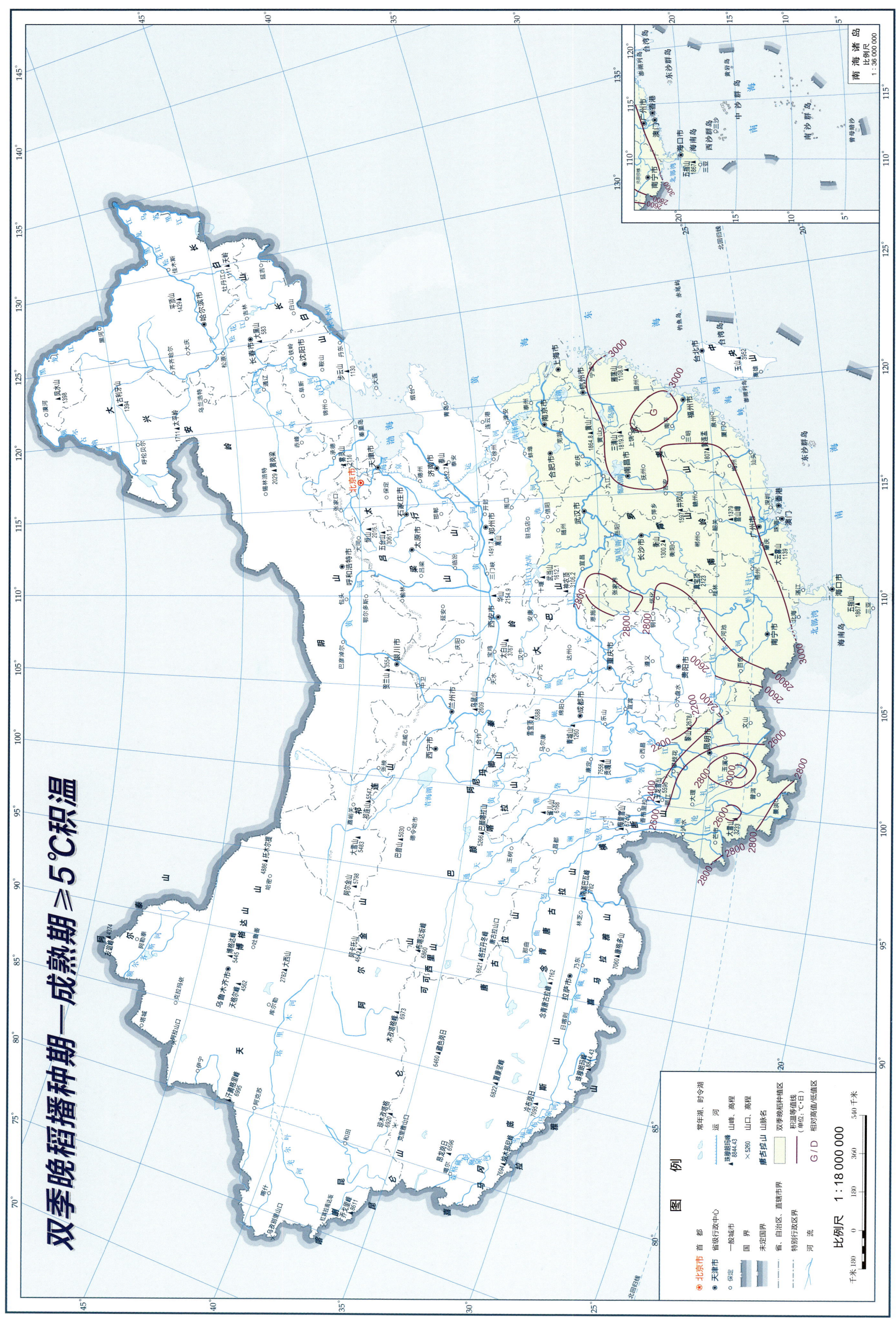

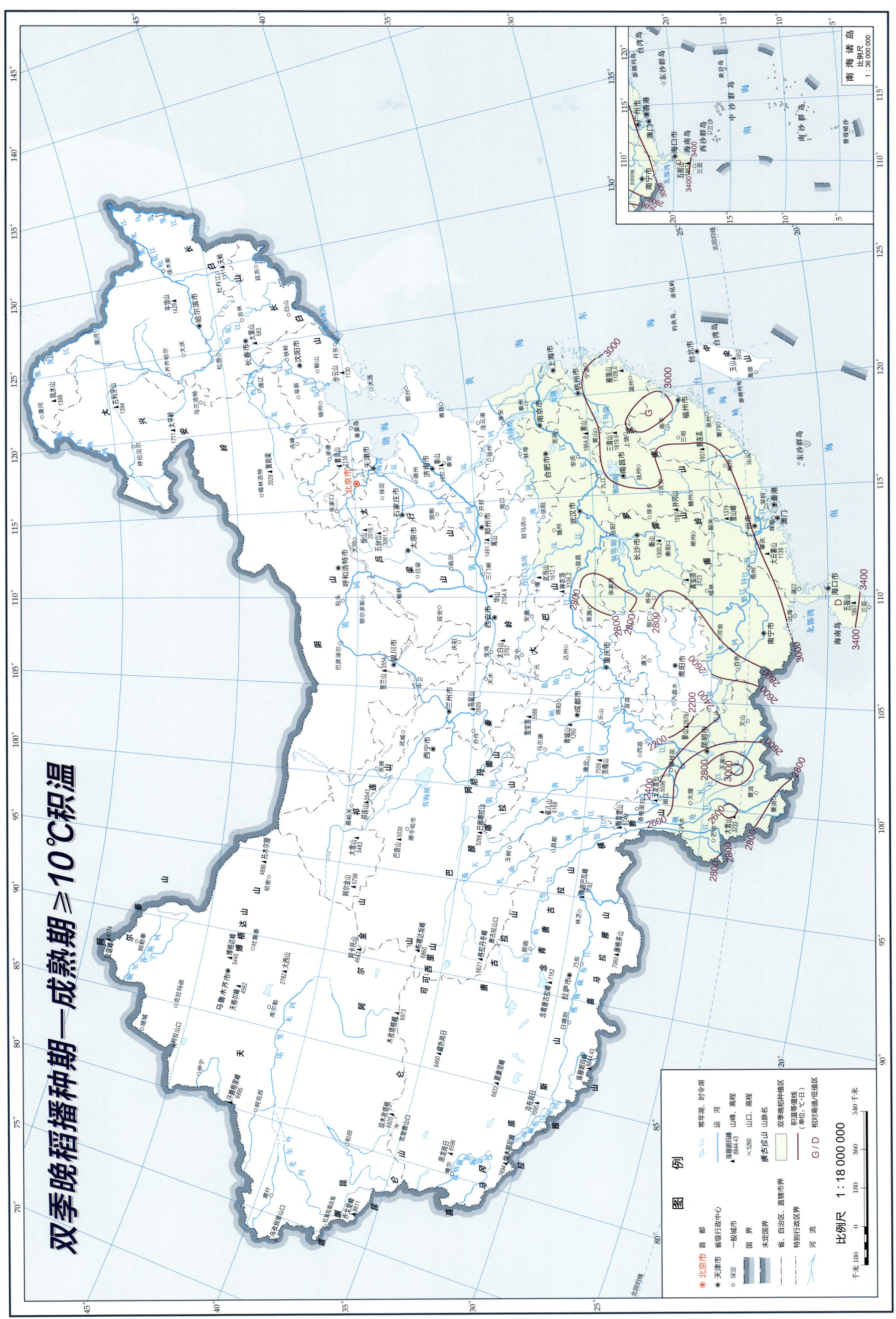

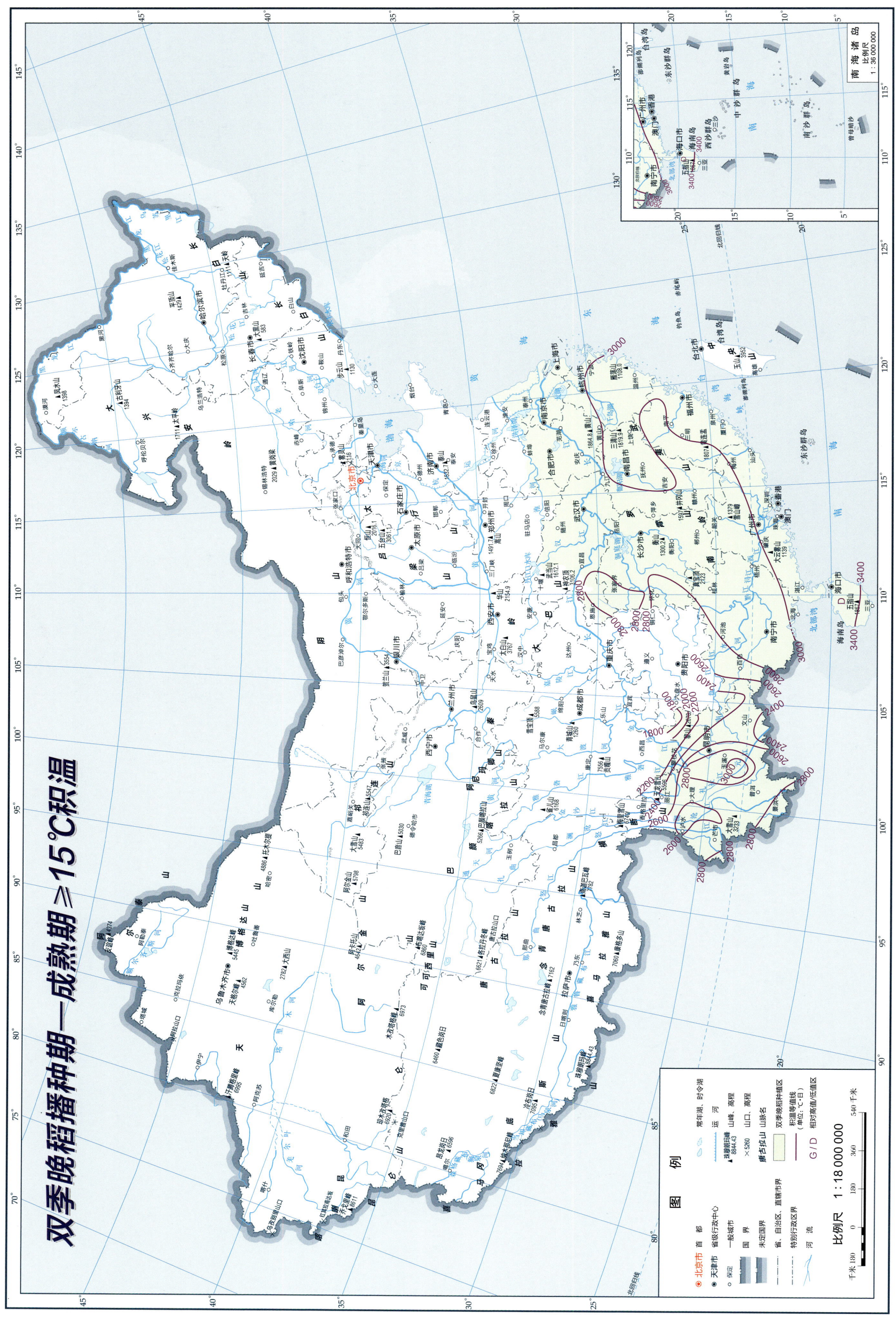

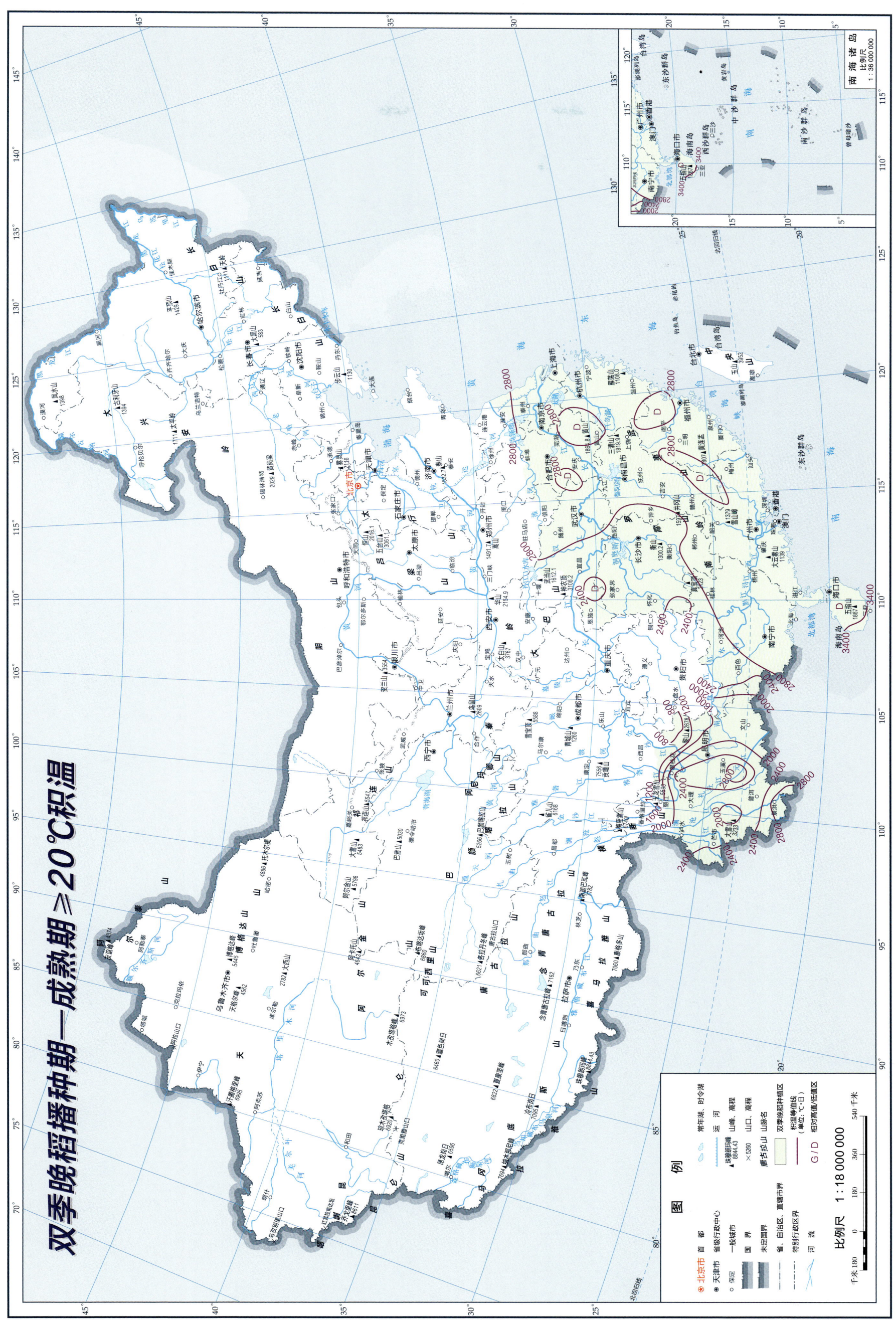

双季晚稻播种期—成熟期 ≥20℃积温

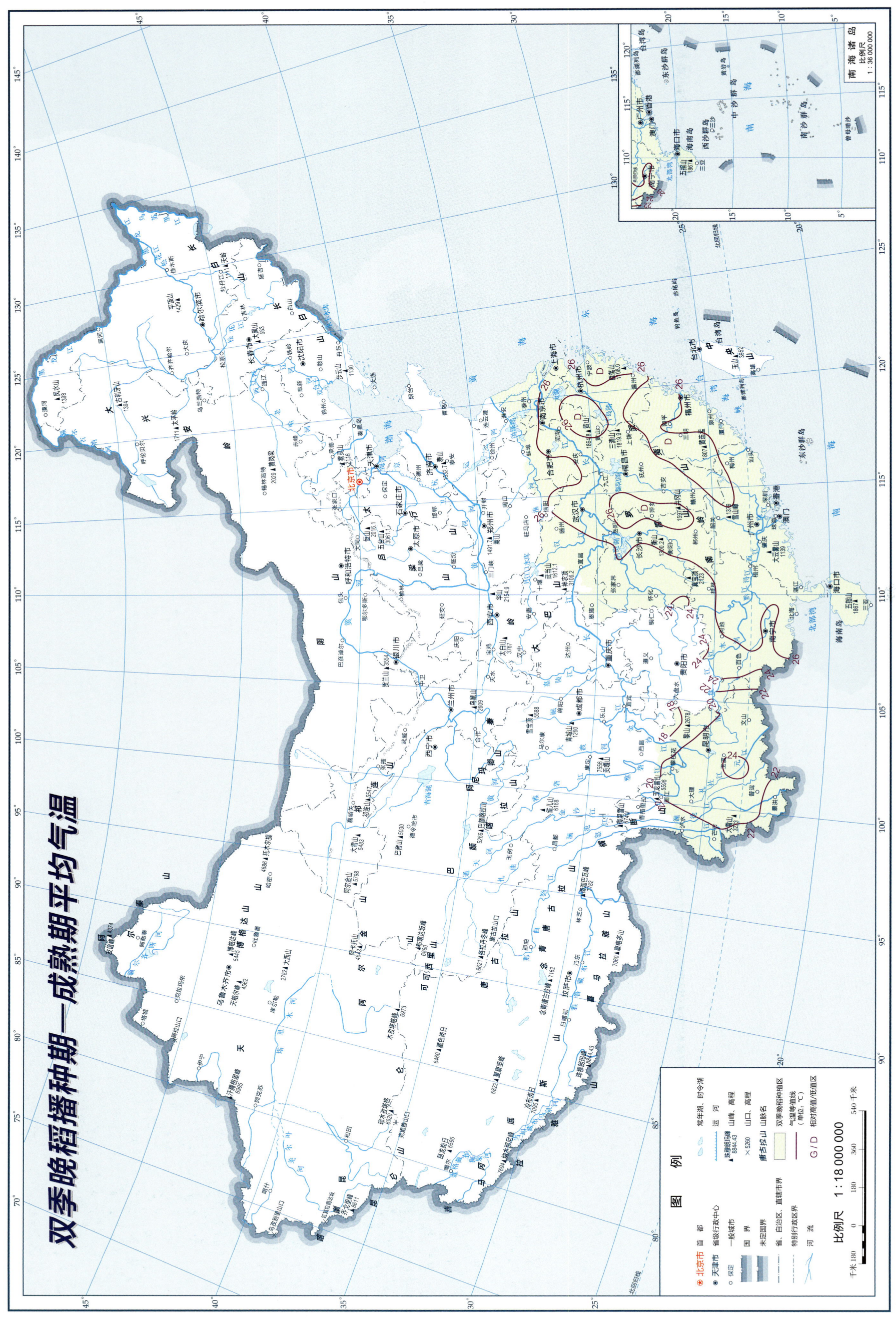

双季晚稻播种期—成熟期极端最高气温

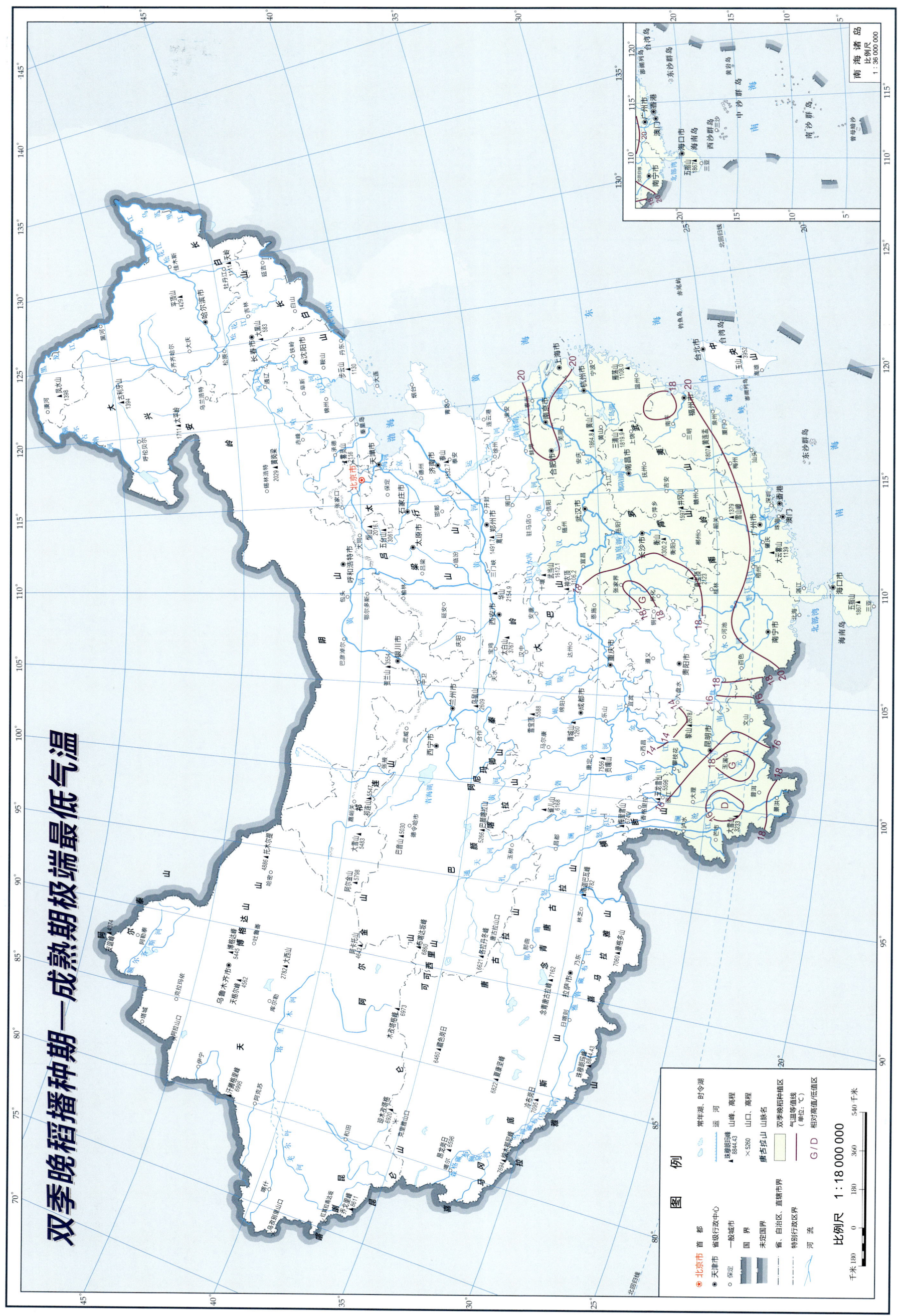

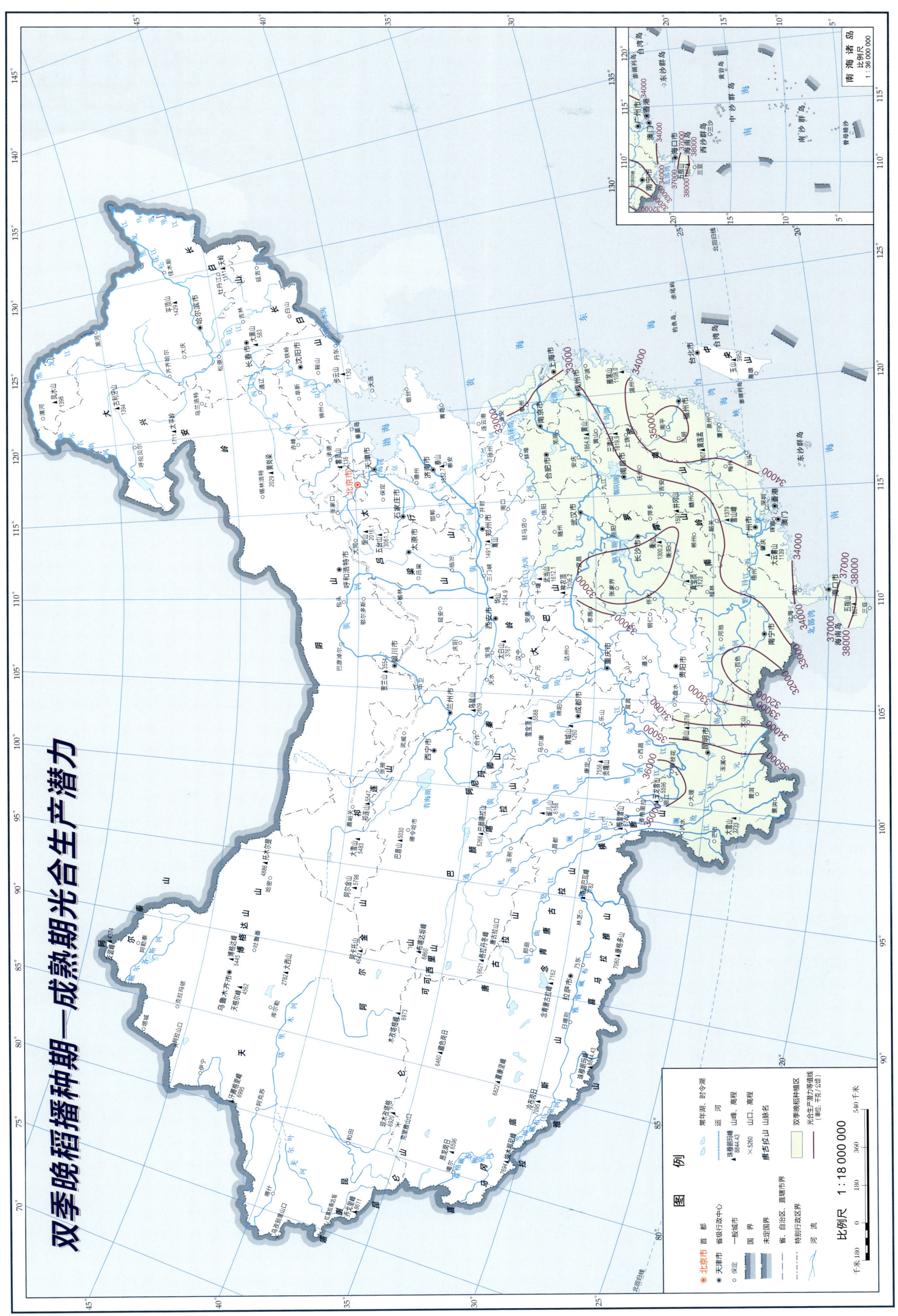

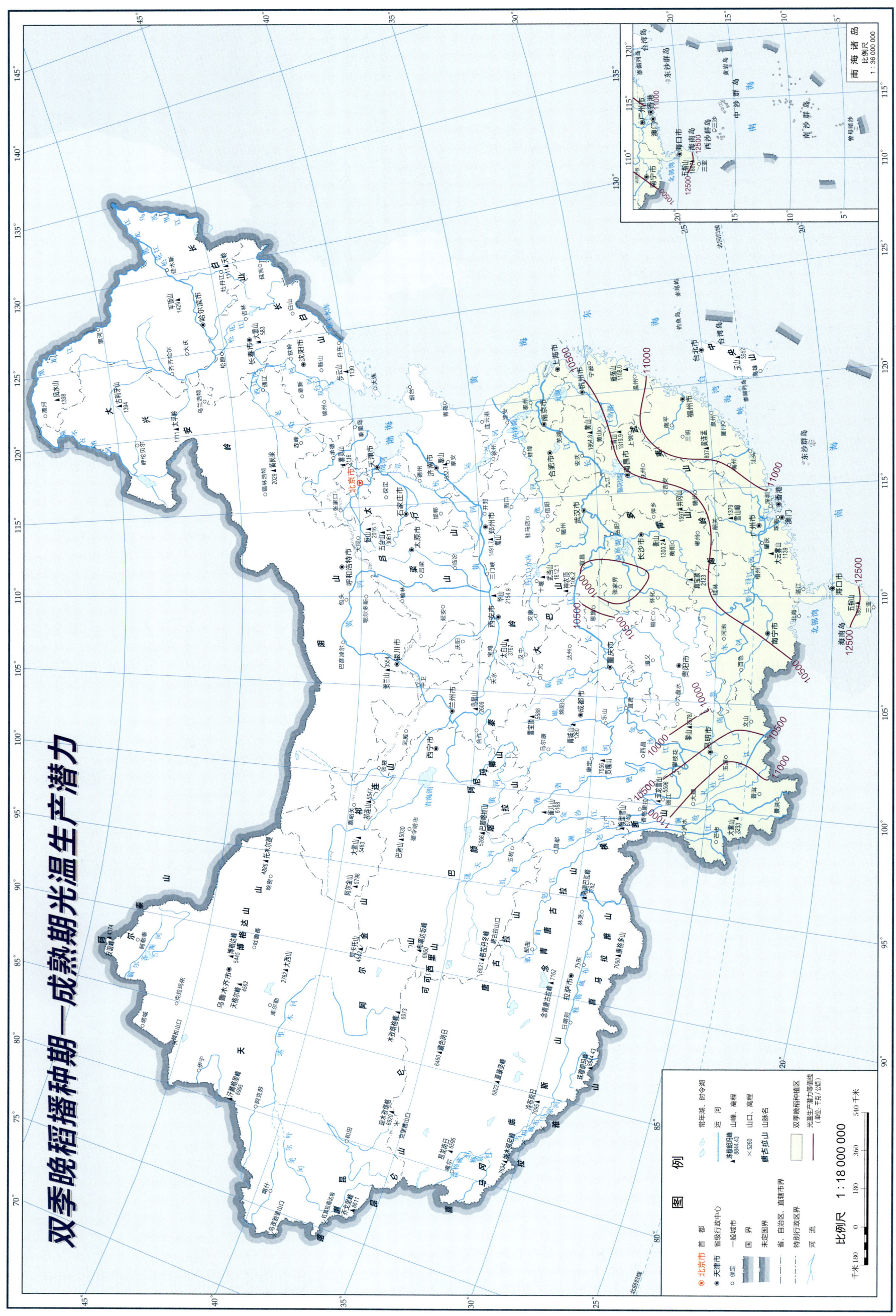

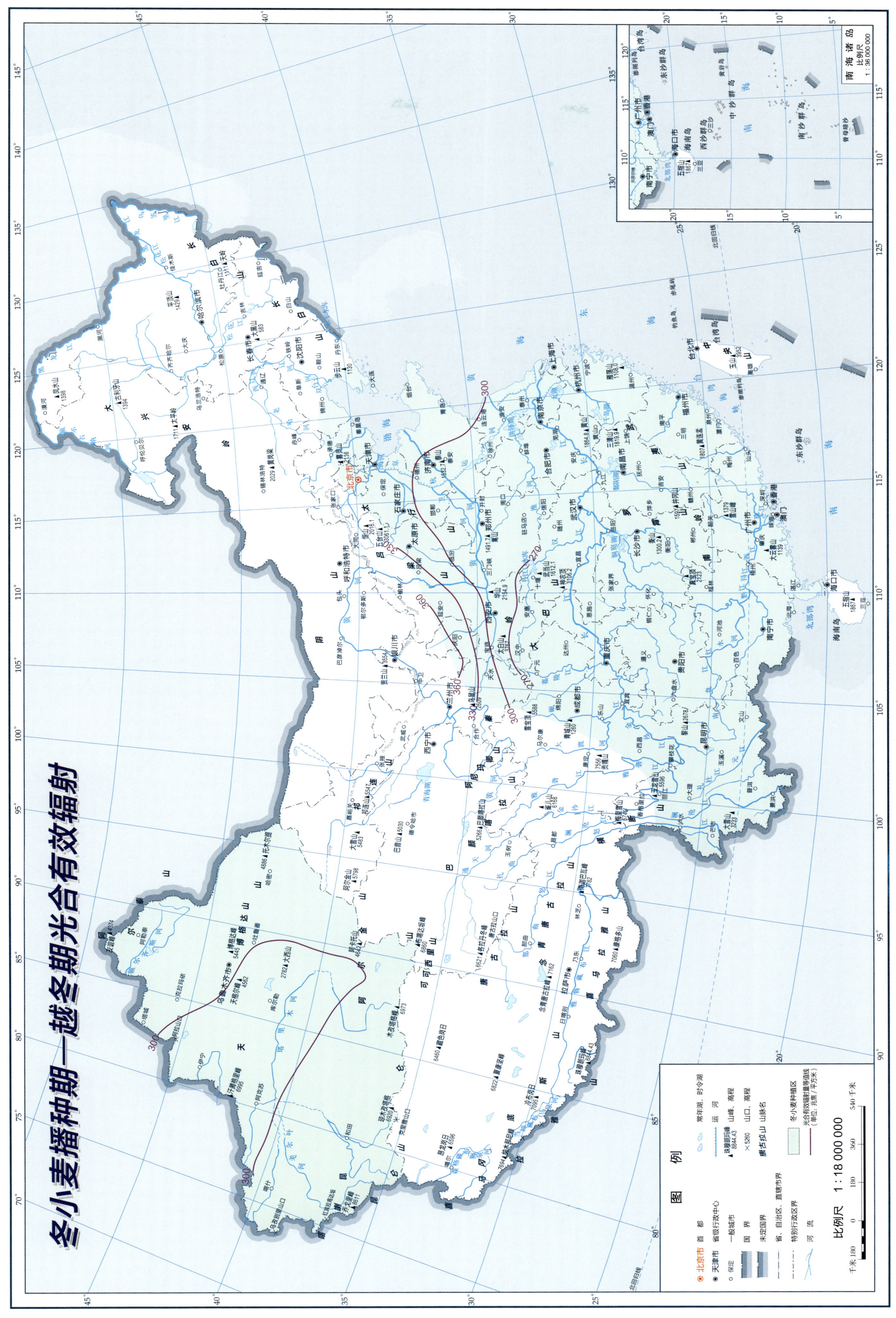

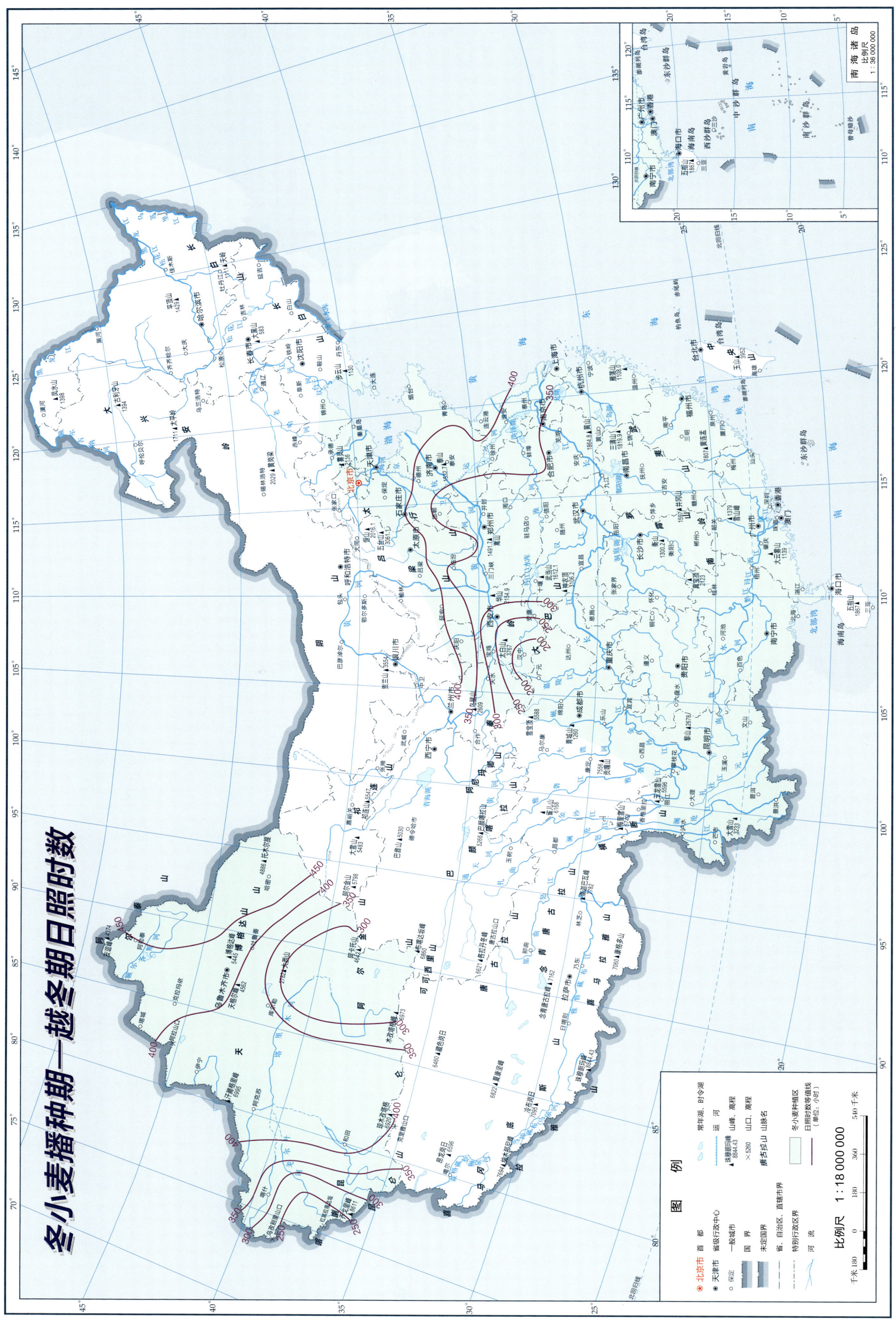

冬小麦播种期—越冬期日照百分率

作物光温资源卷

冬小麦播种期—越冬期 ≥0℃积温

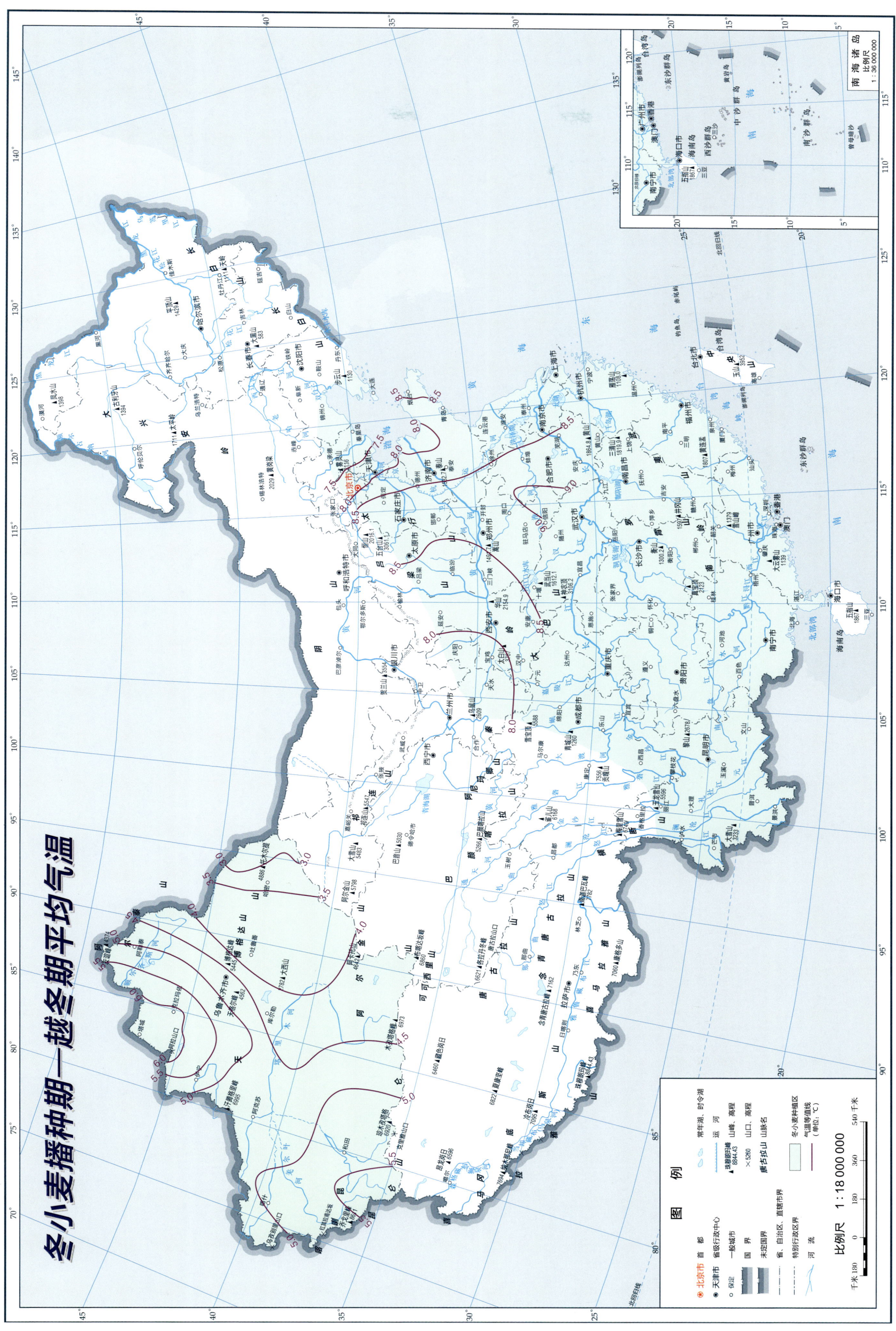

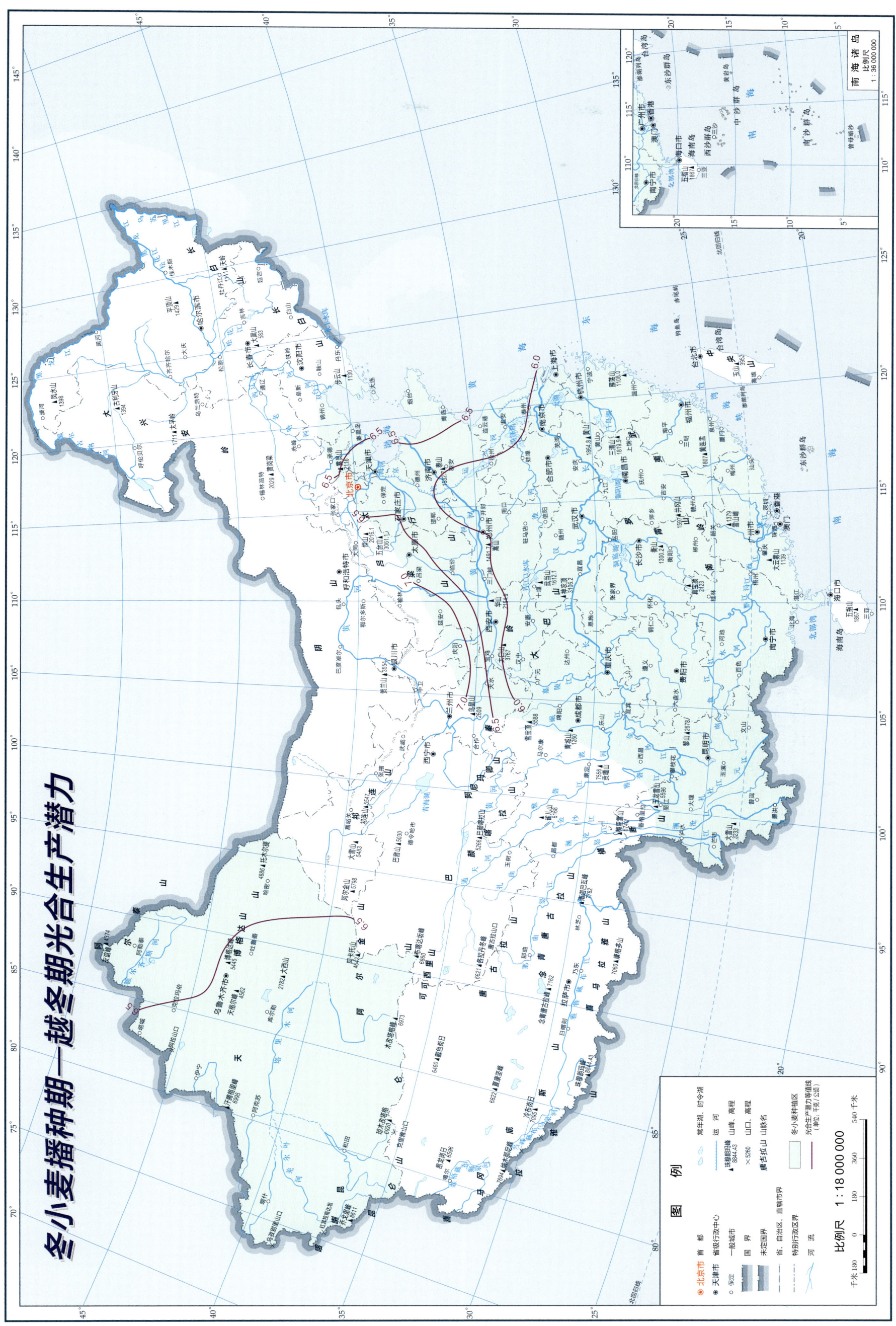

冬小麦返青期—拔节期太阳总辐射

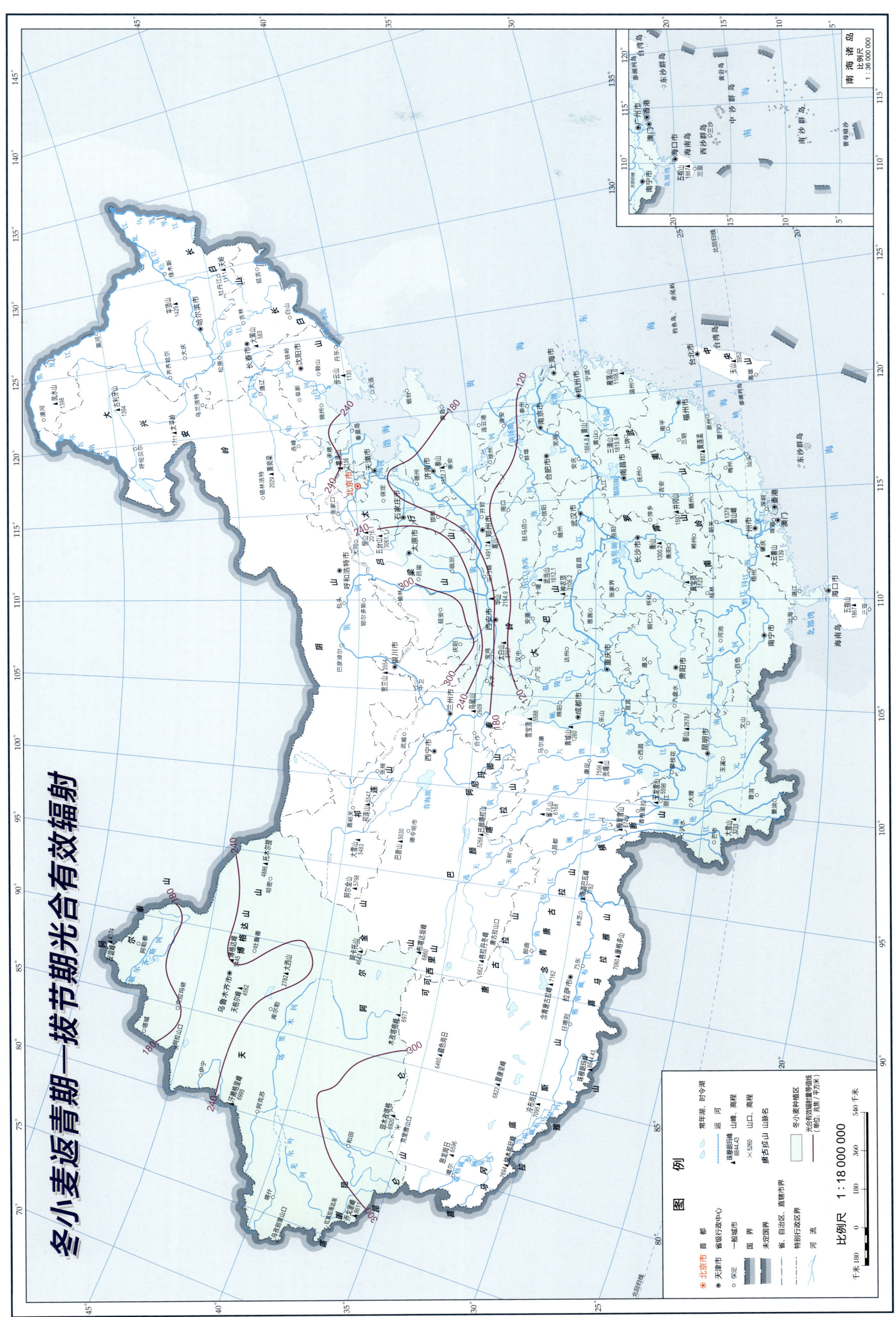

冬小麦返青期—拔节期光合有效辐射

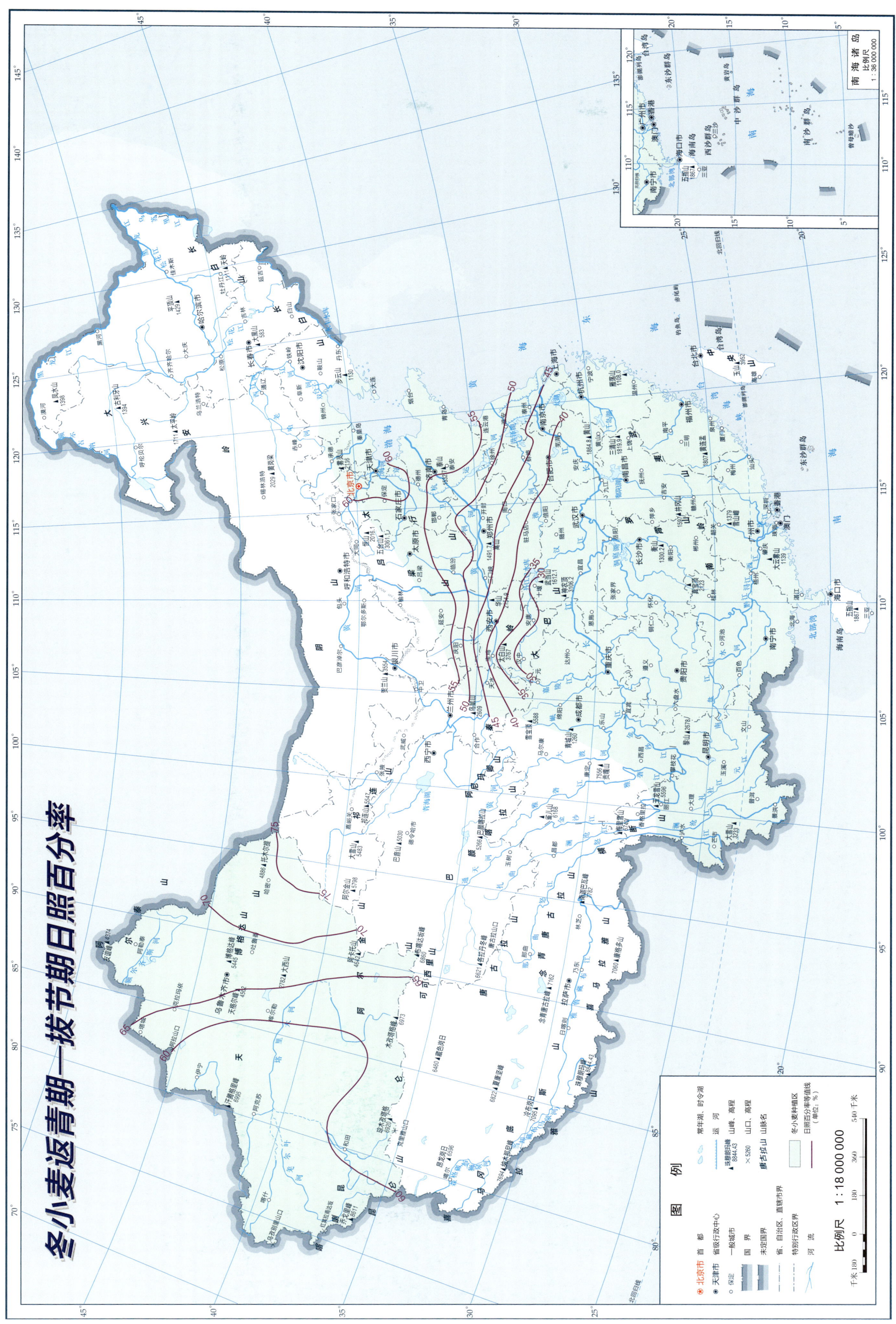

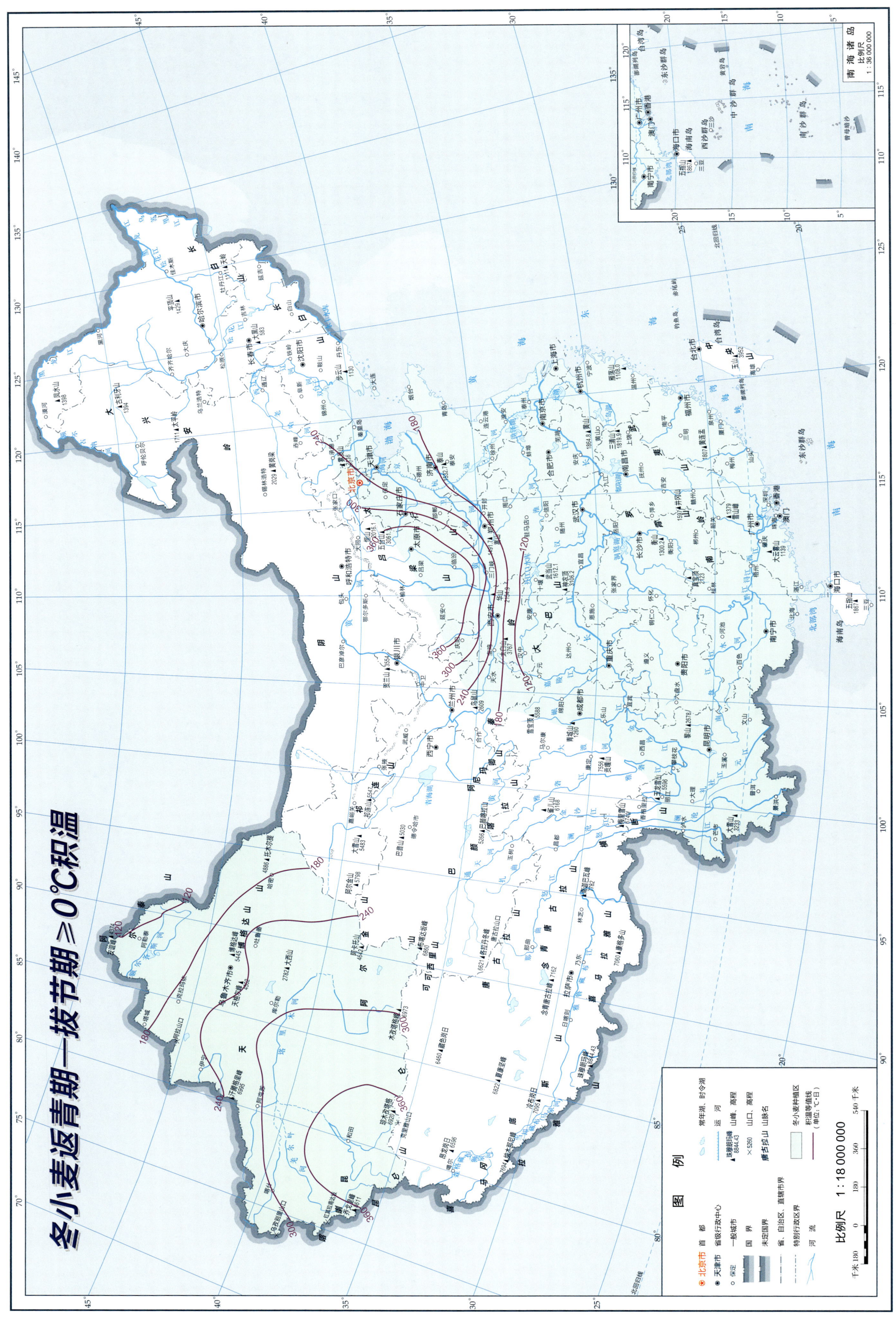

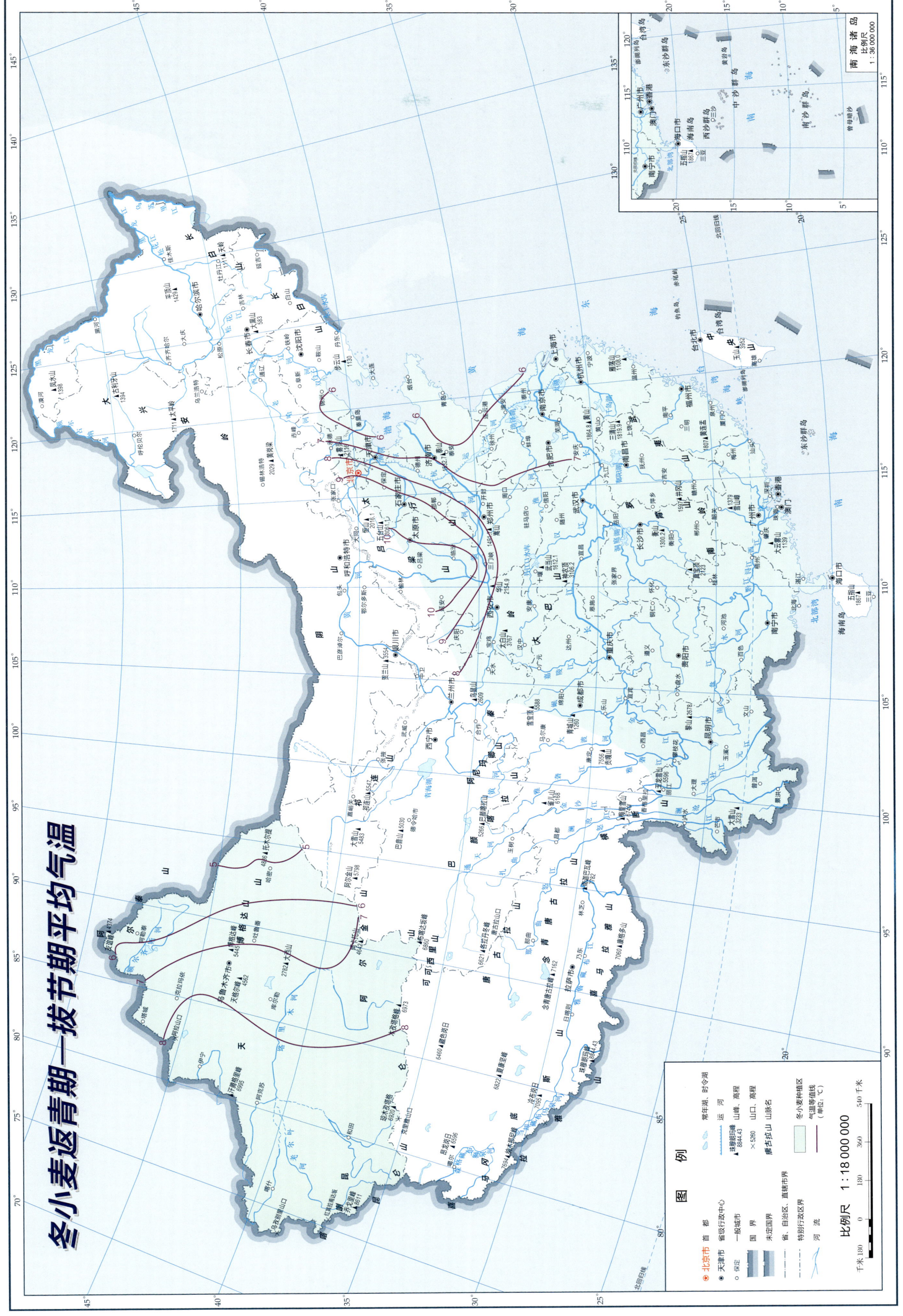

冬小麦拔节期—开花期光合有效辐射

图例

- ⊙ 北京市 首都
- ● 天津市 省级行政中心
- —— 国界
- —·— 未定国界
- —·— 省、自治区、特别行政区界
- ~~ 河流
- ~~ 常年湖、时令湖
- ~~ 运河
- ▲5250 山峰、高程
- × 山口、高程
- 摩天岭 山脉名
- 冬小麦种植区
- —300— 光合有效辐射等值线（单位：兆焦/平方米）

比例尺 1:18 000 000

南海诸岛 比例尺 1:36 000 000

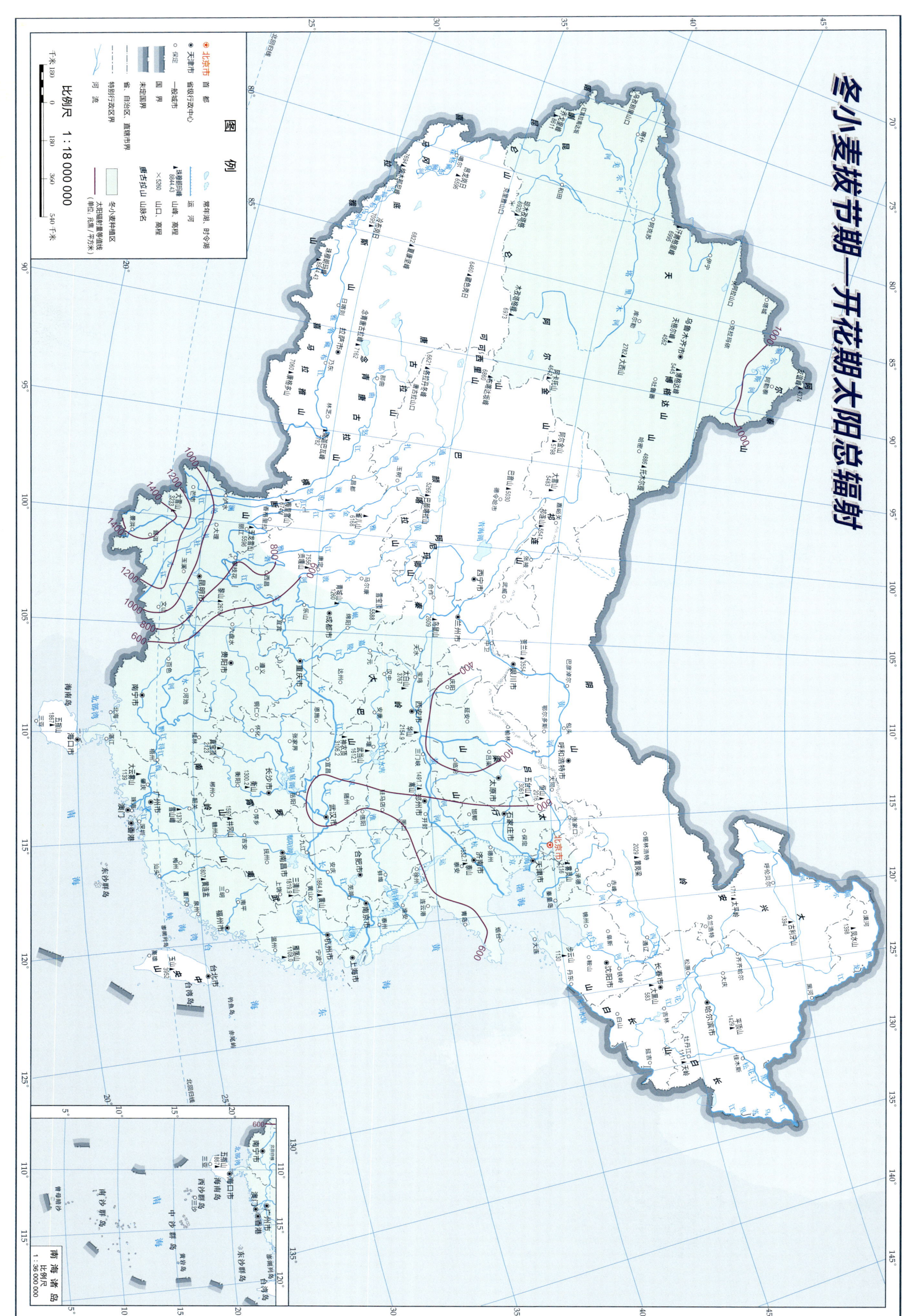

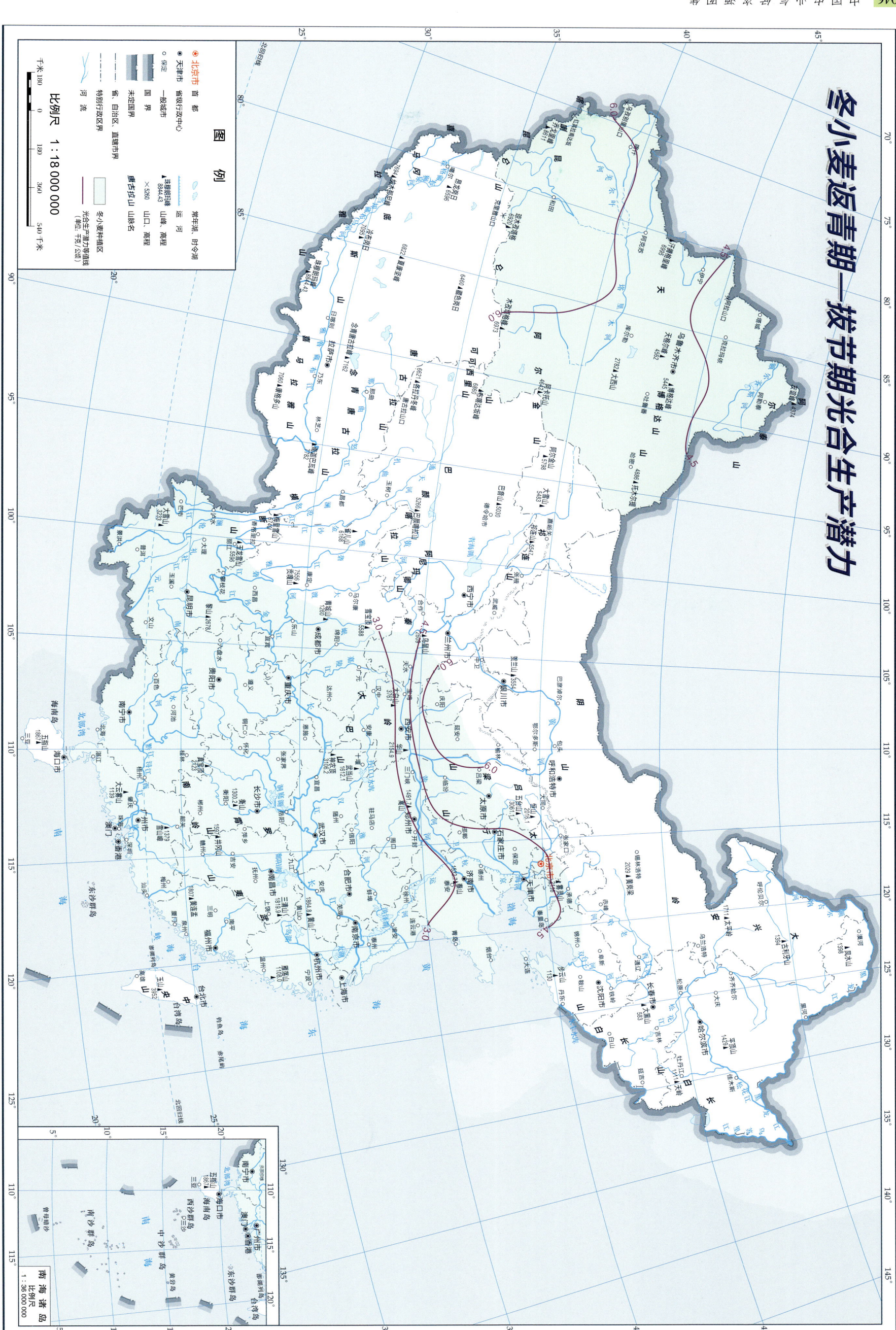

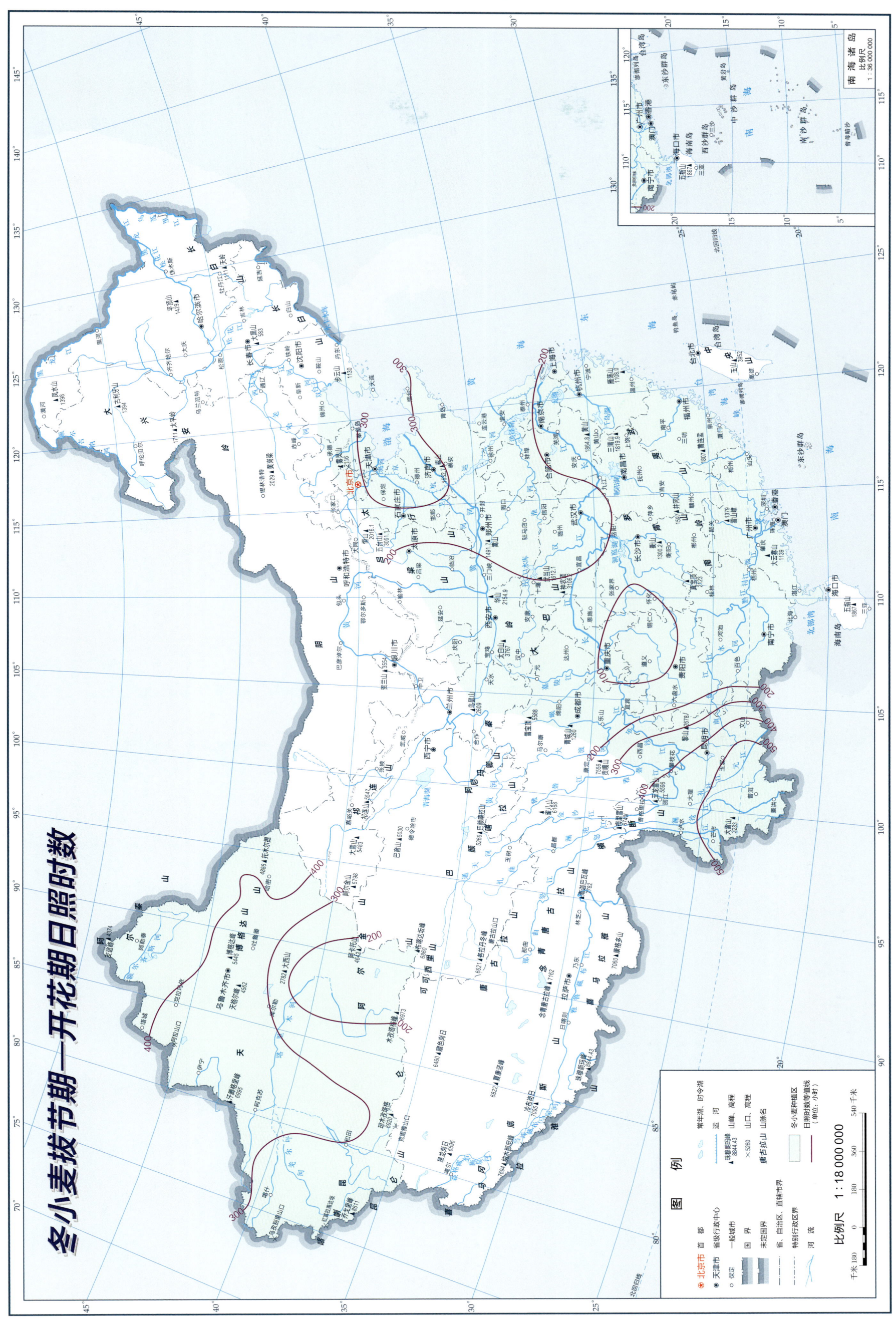

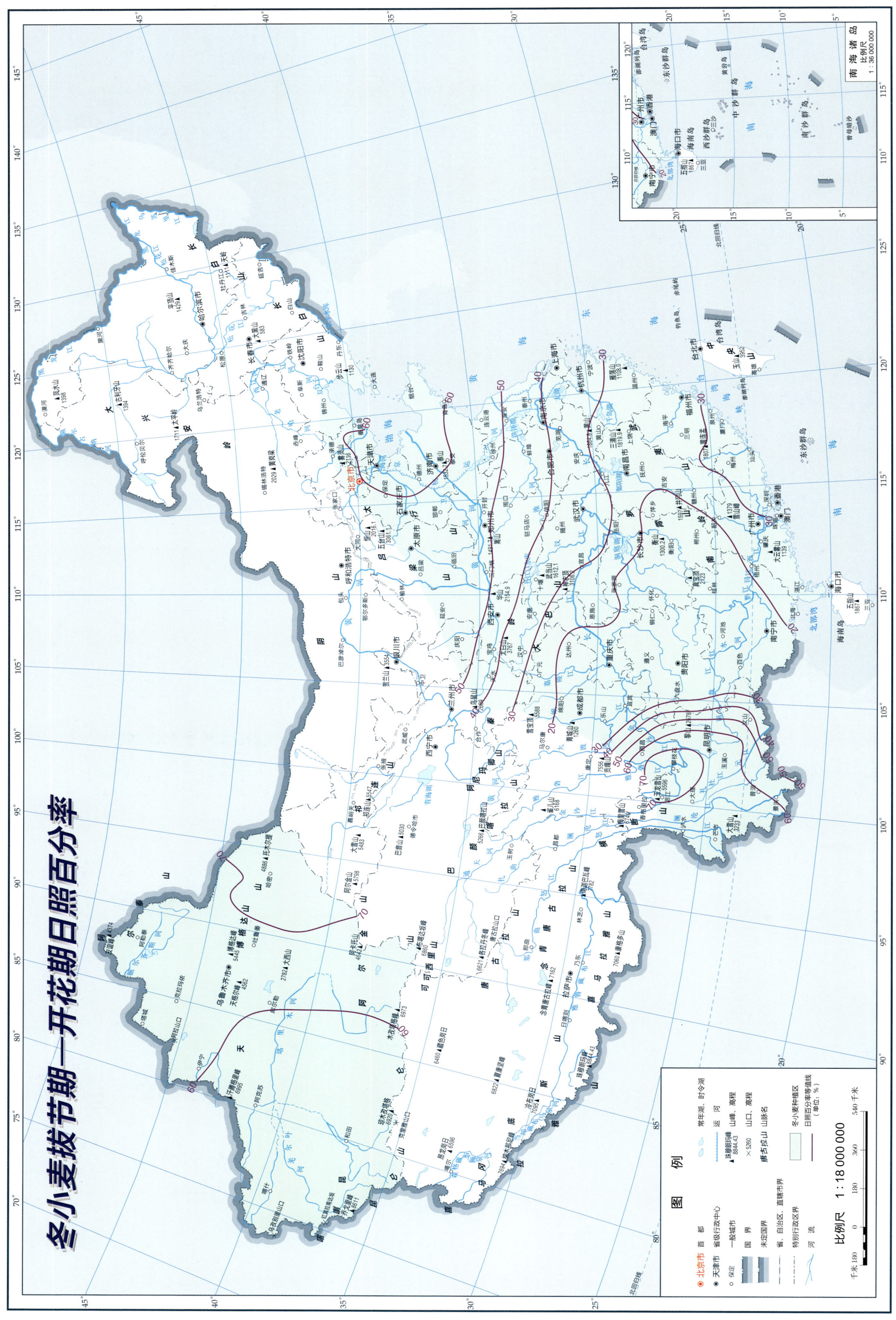

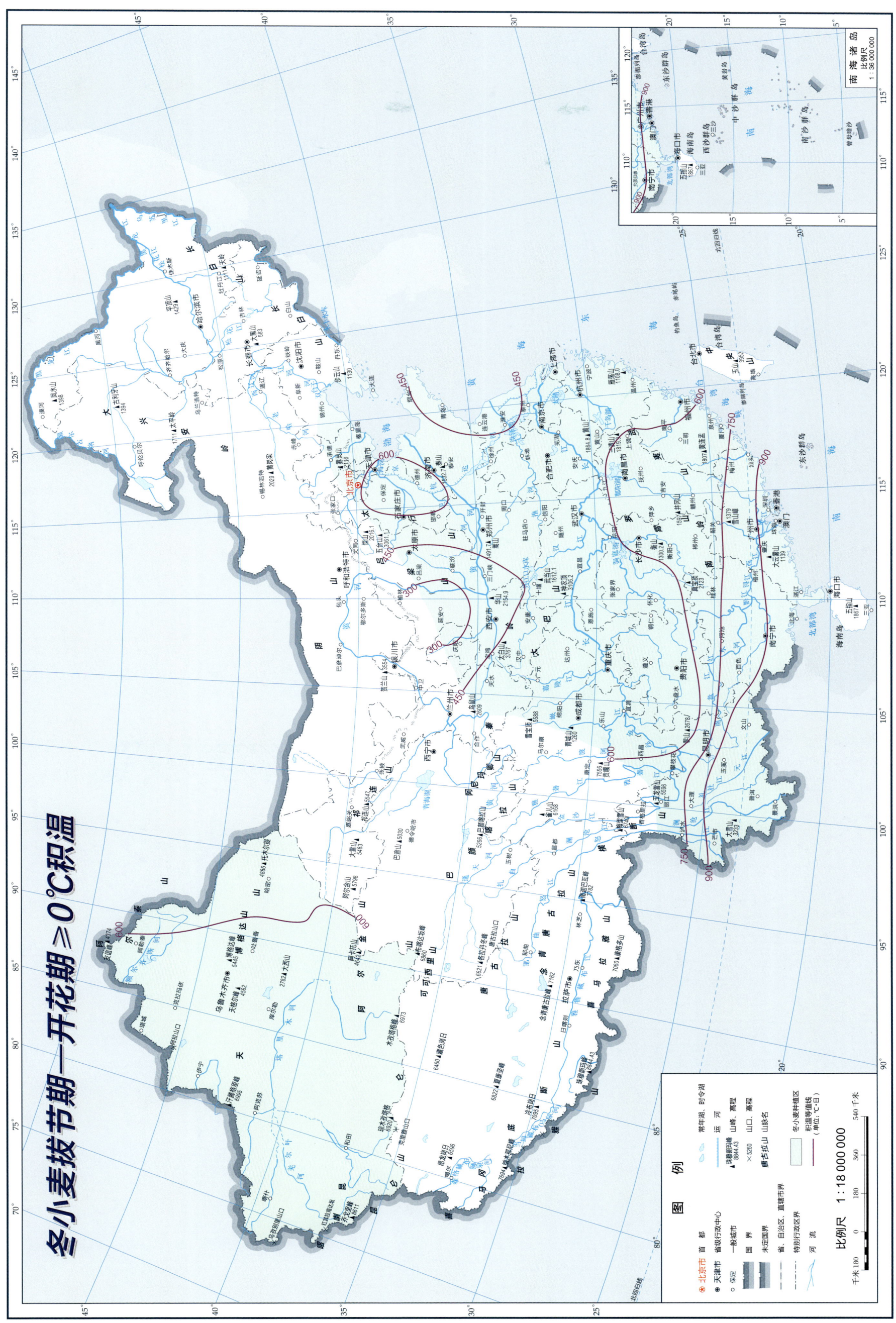

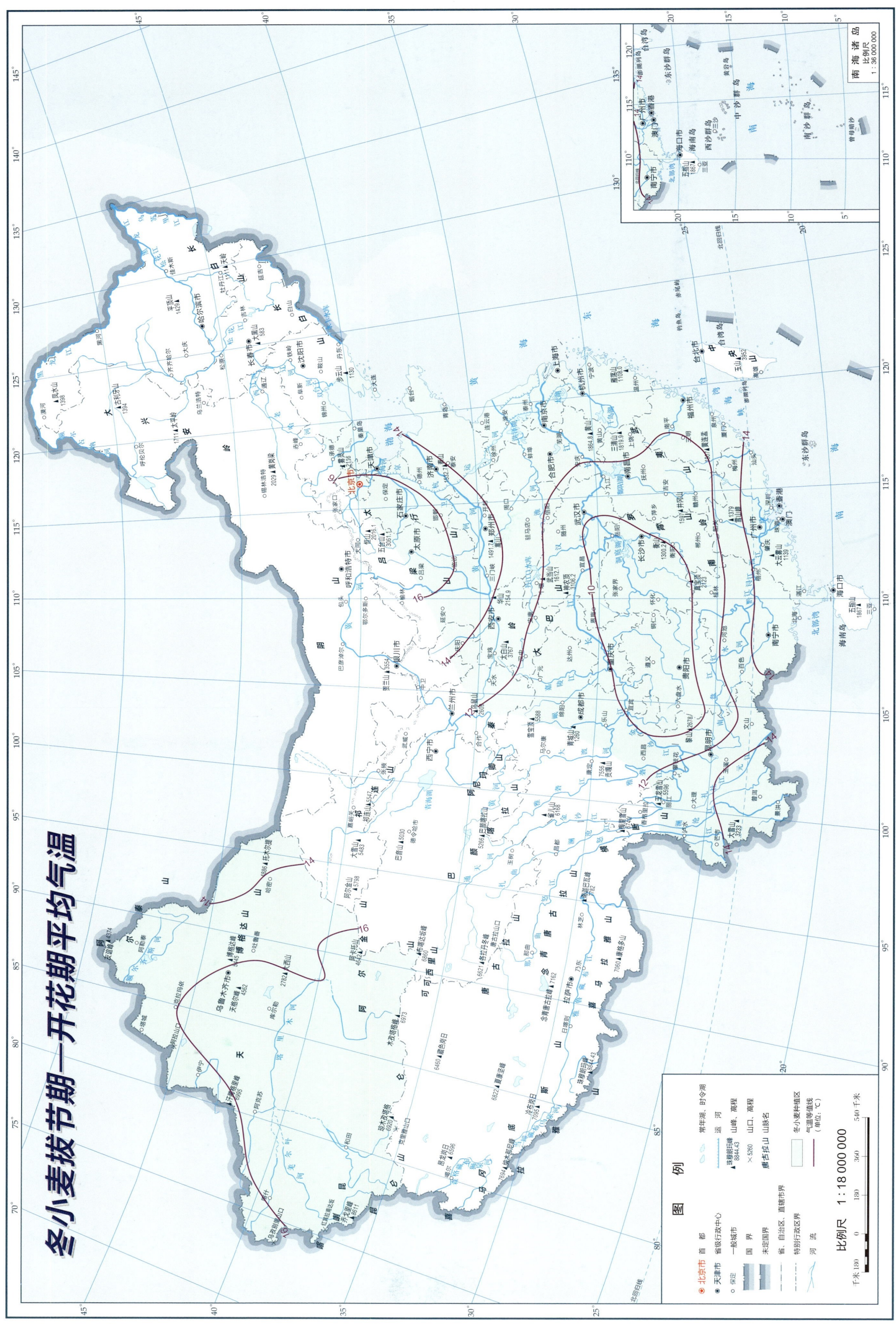

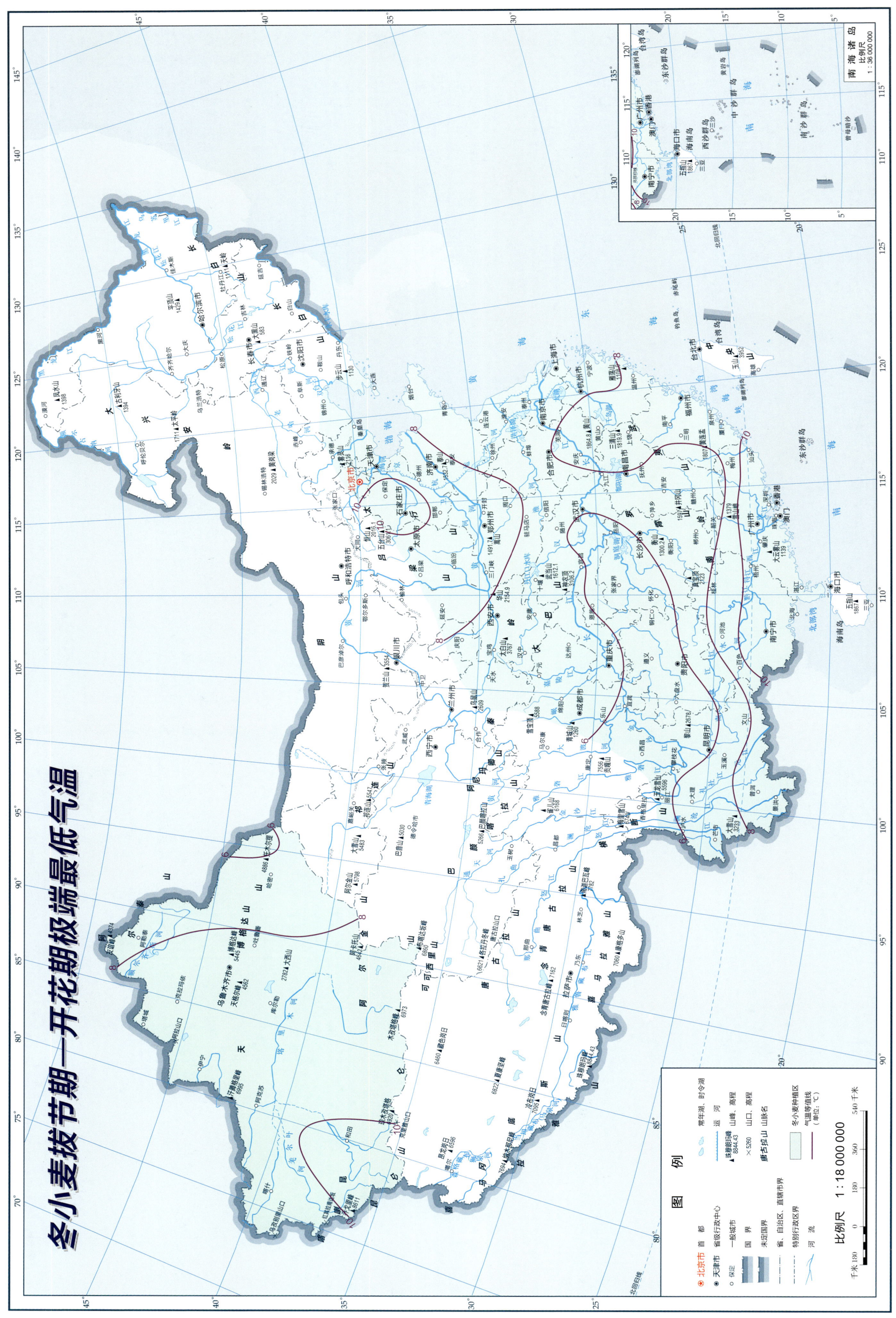

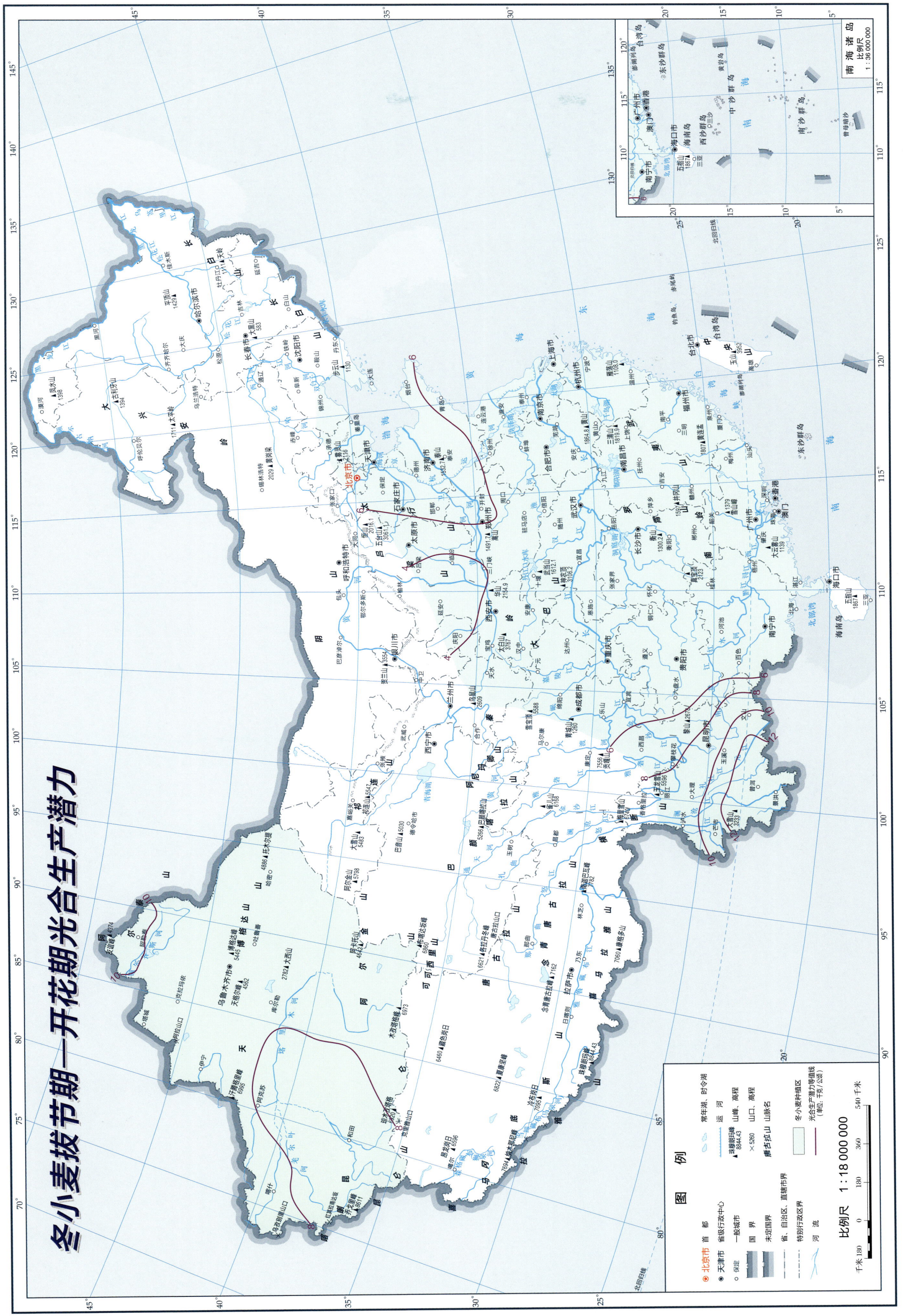

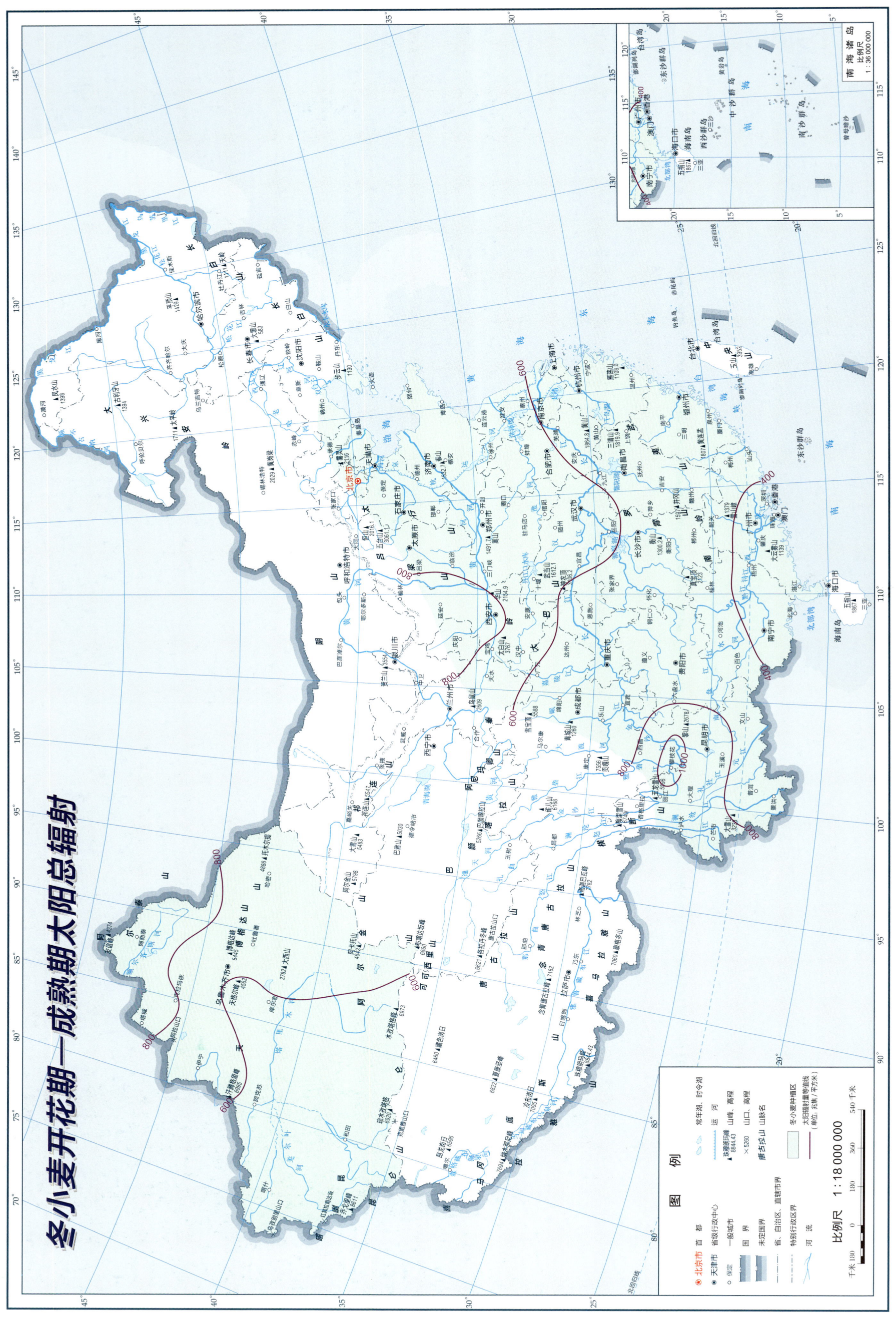

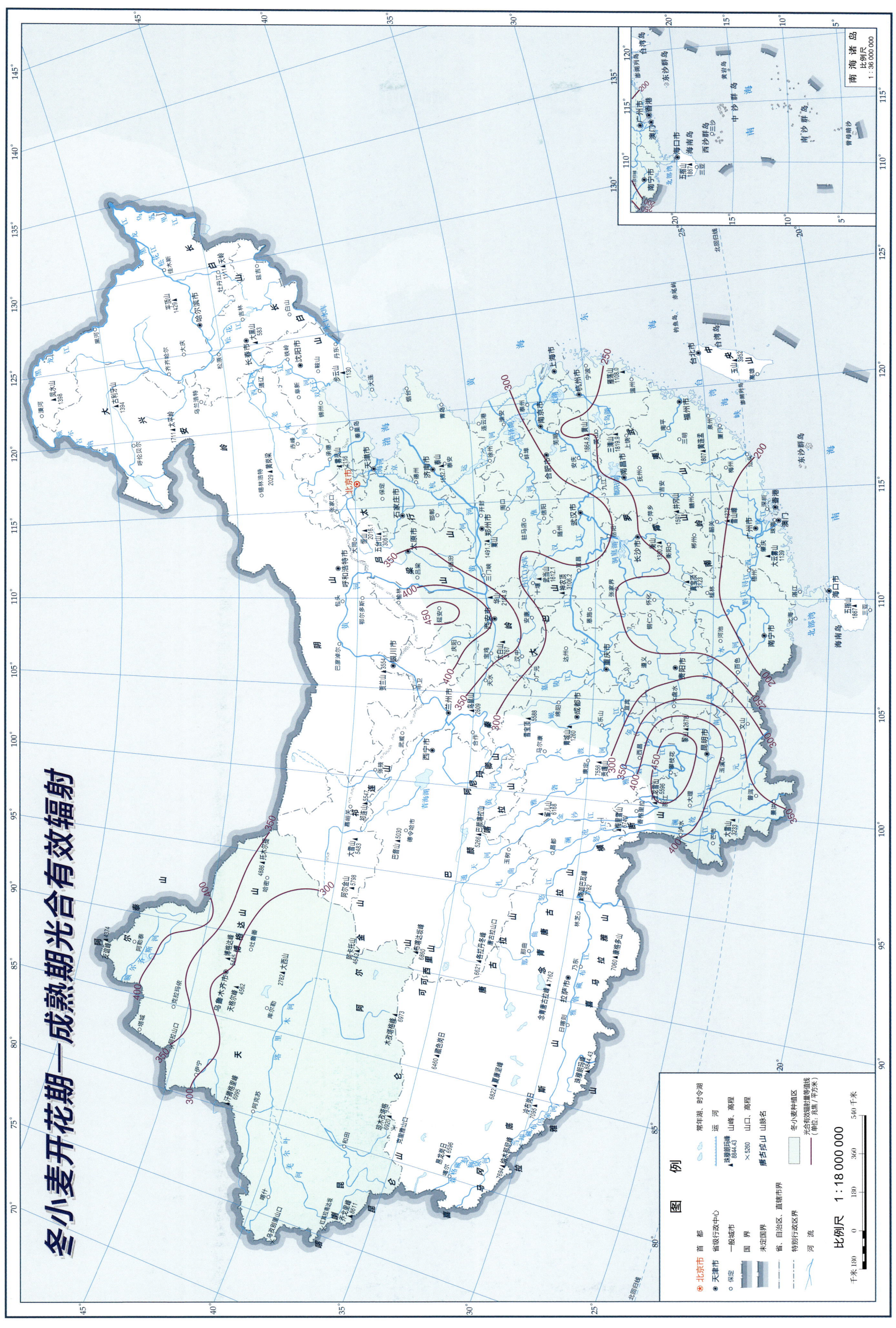

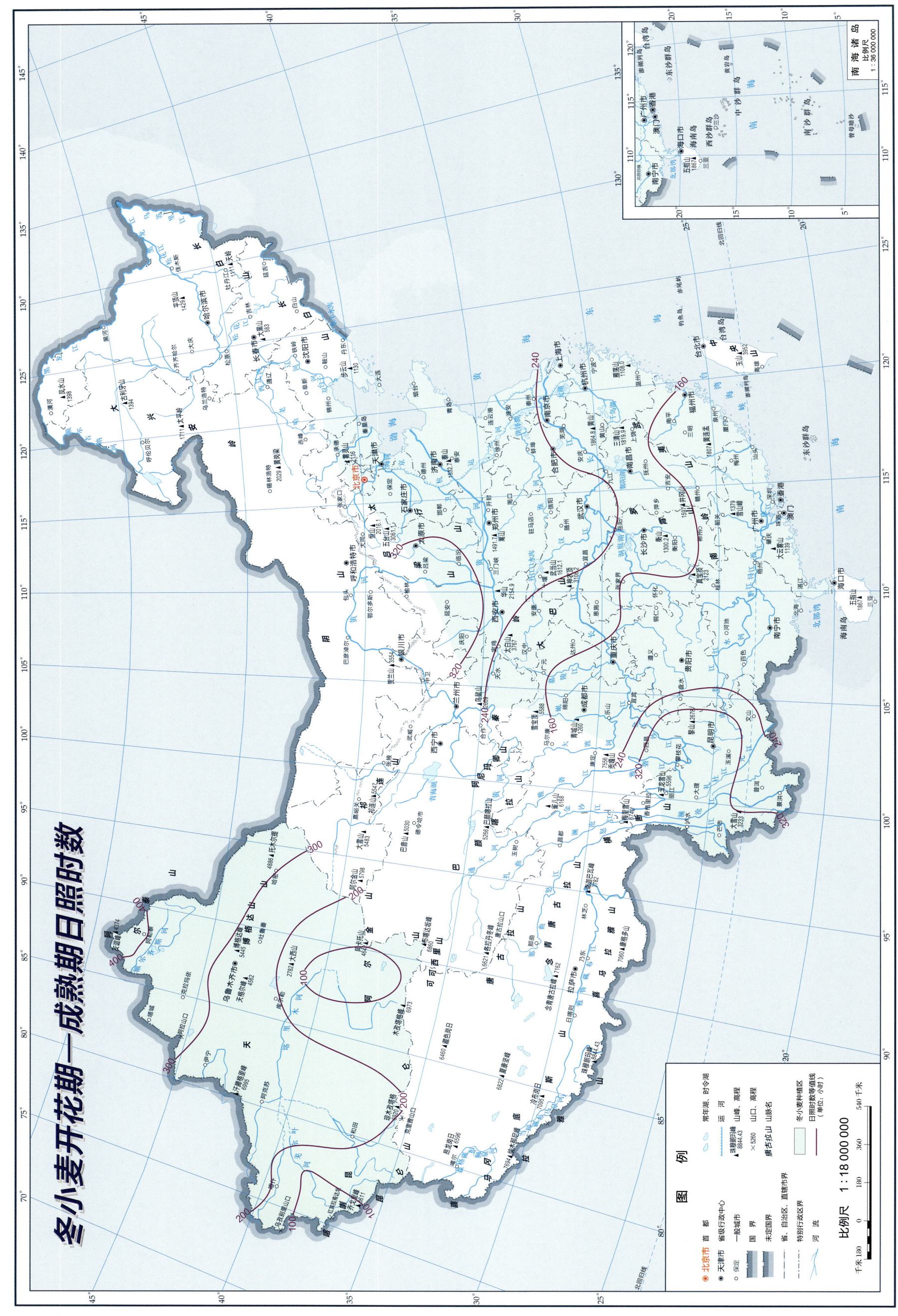

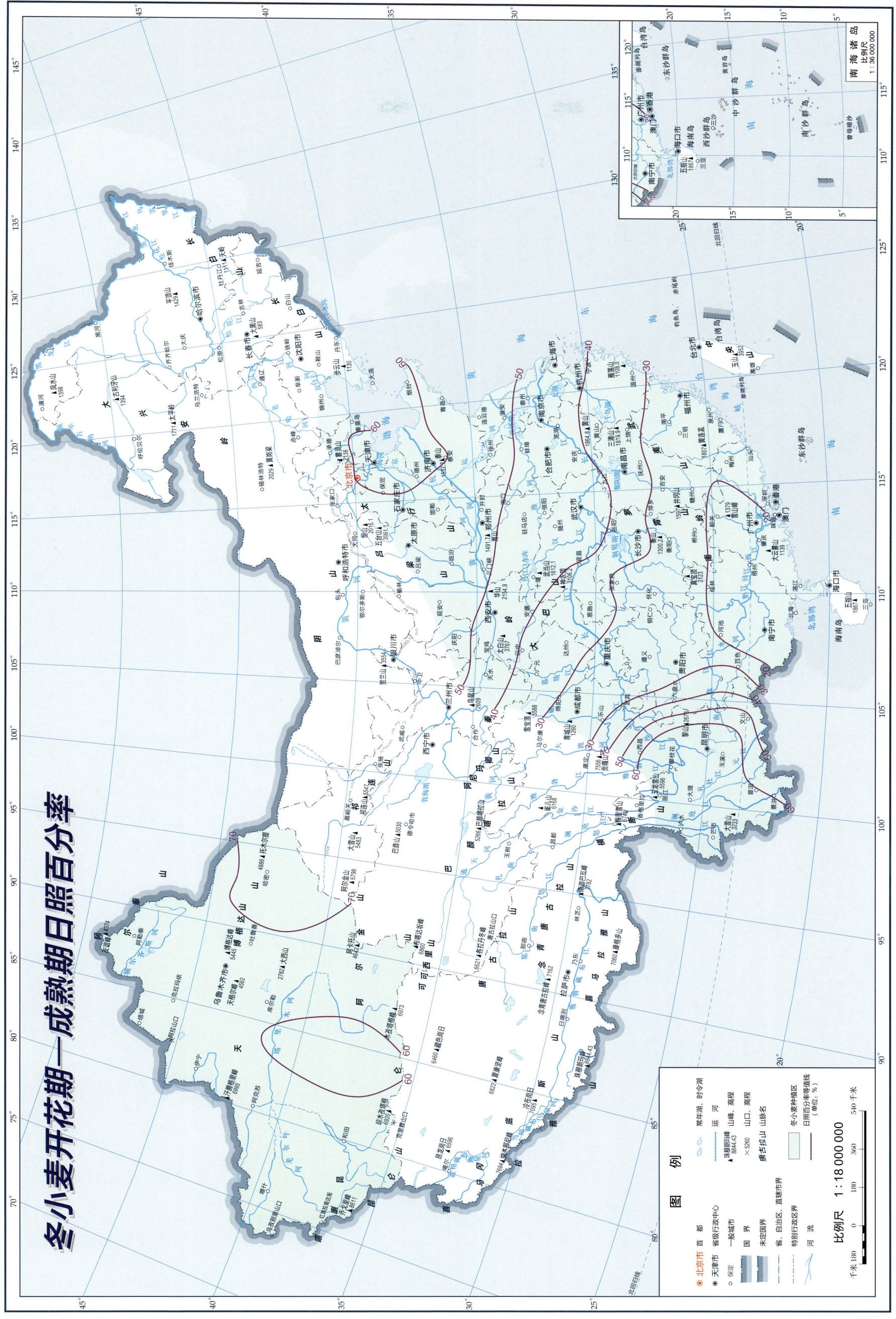

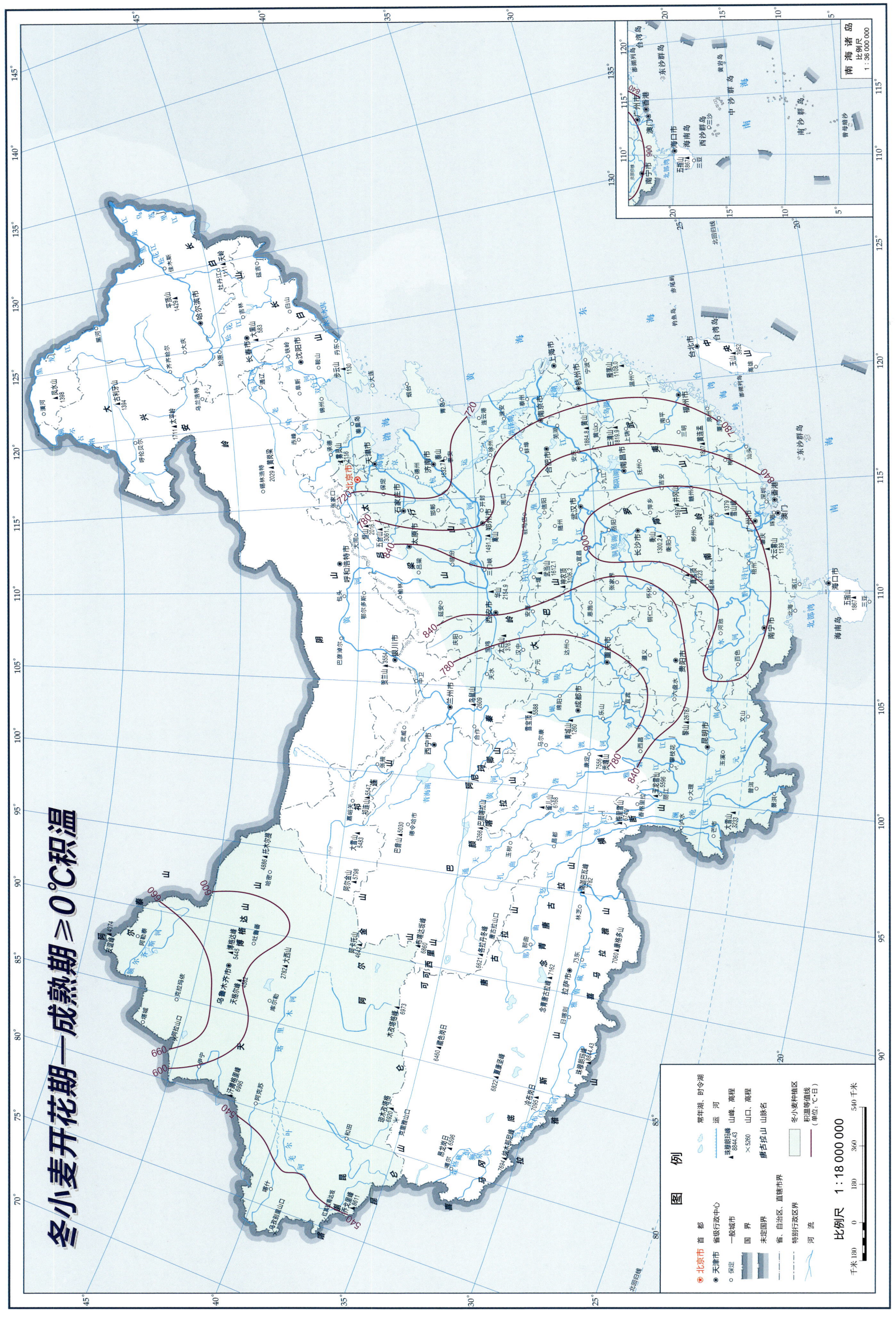

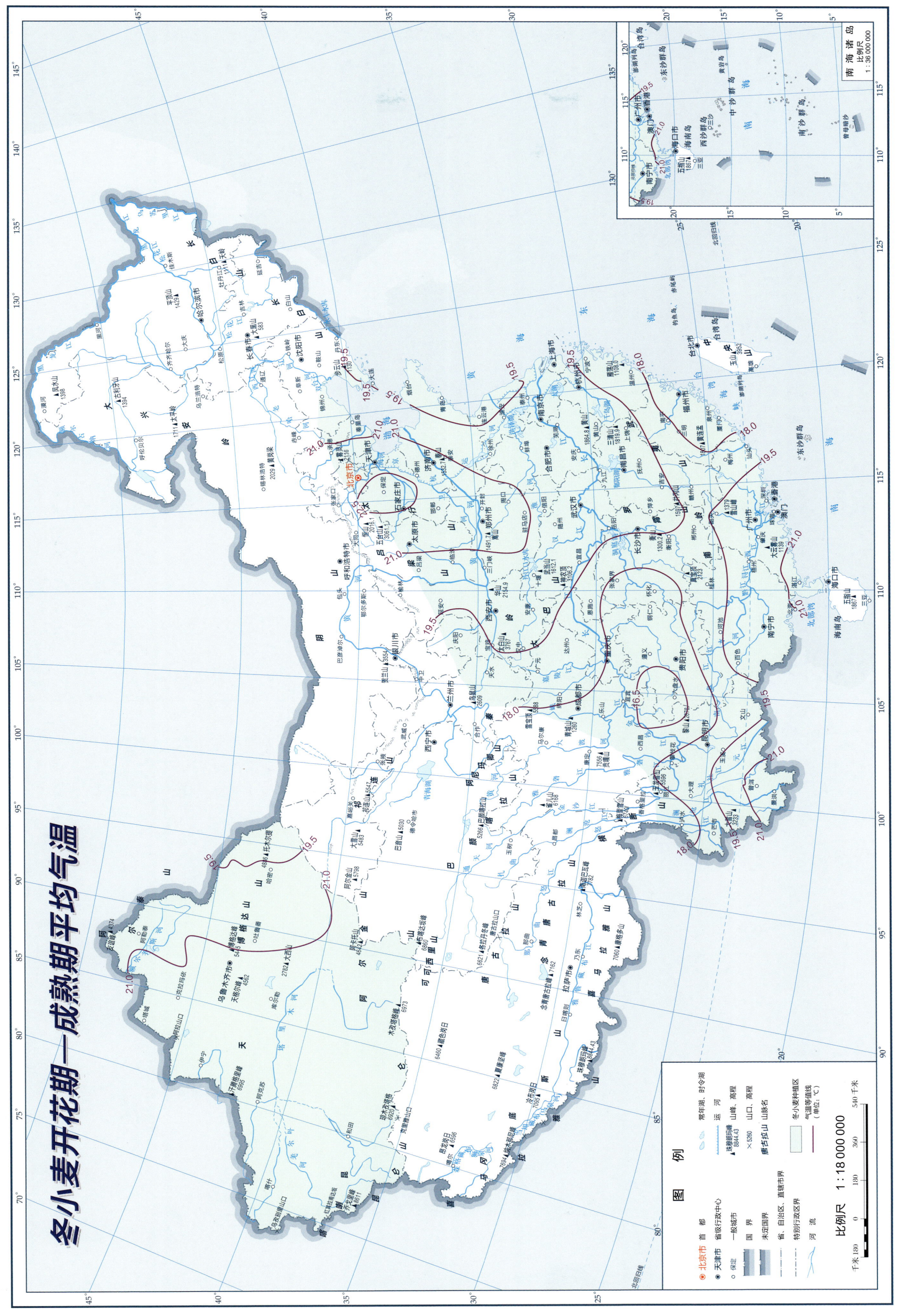

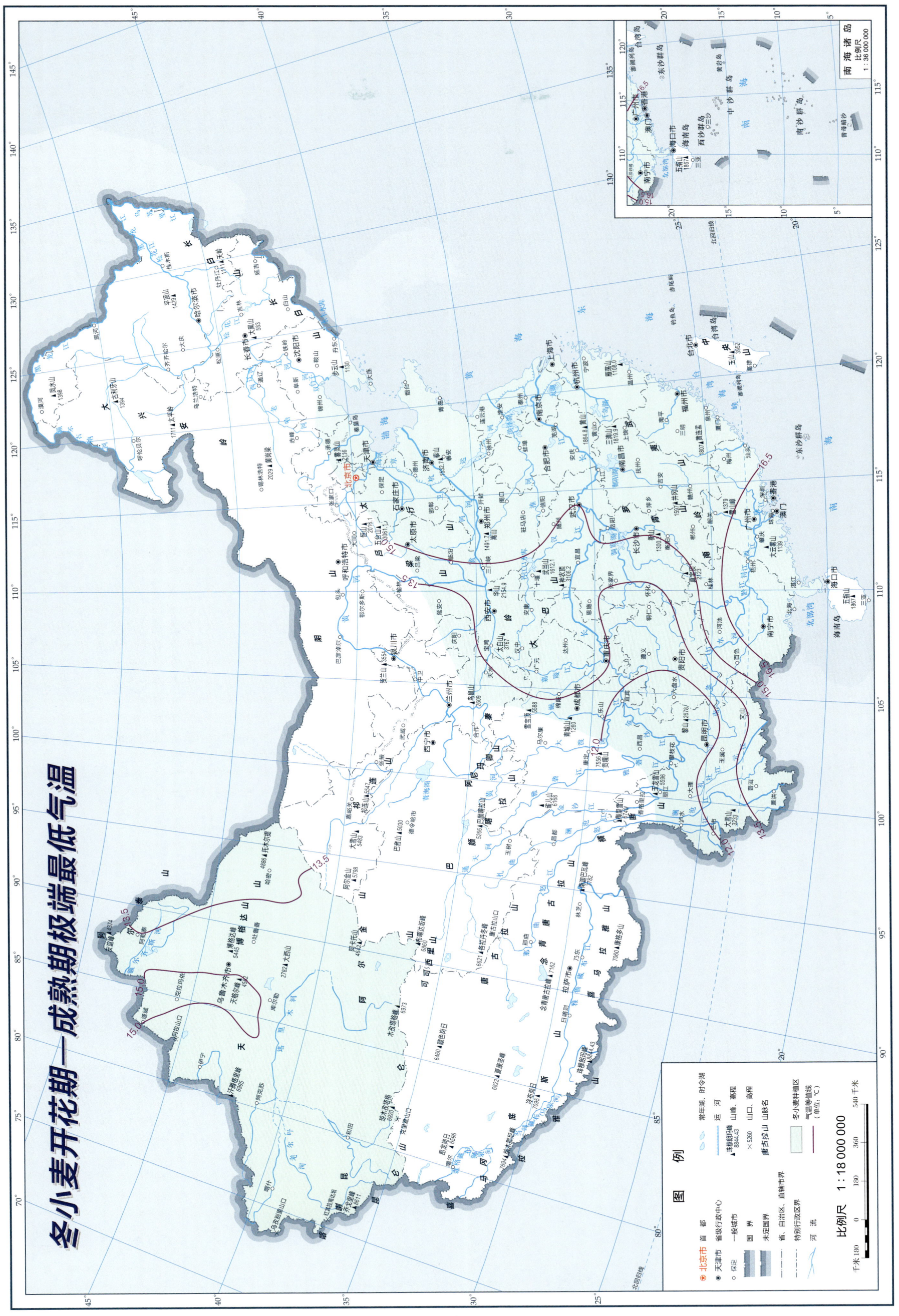

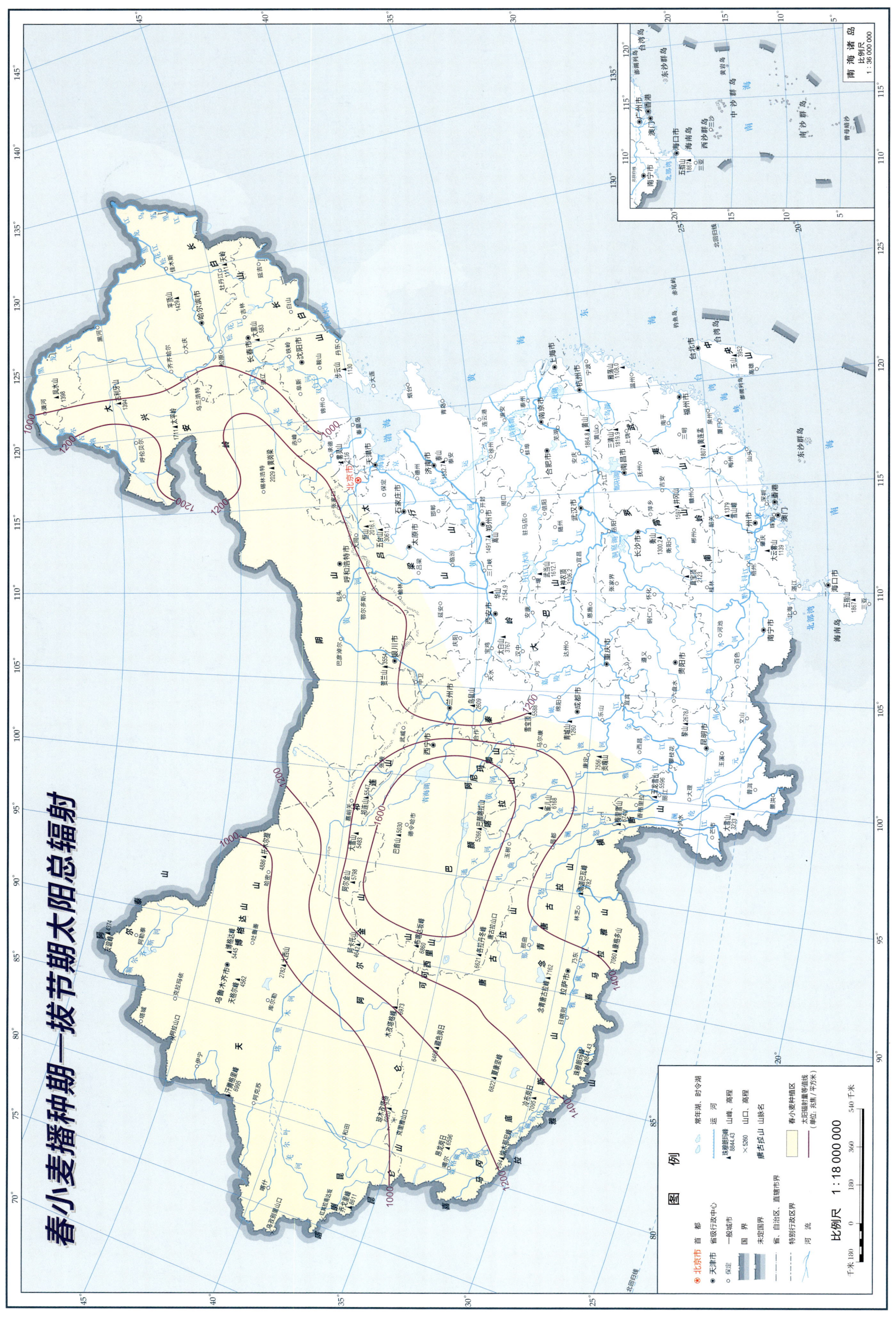

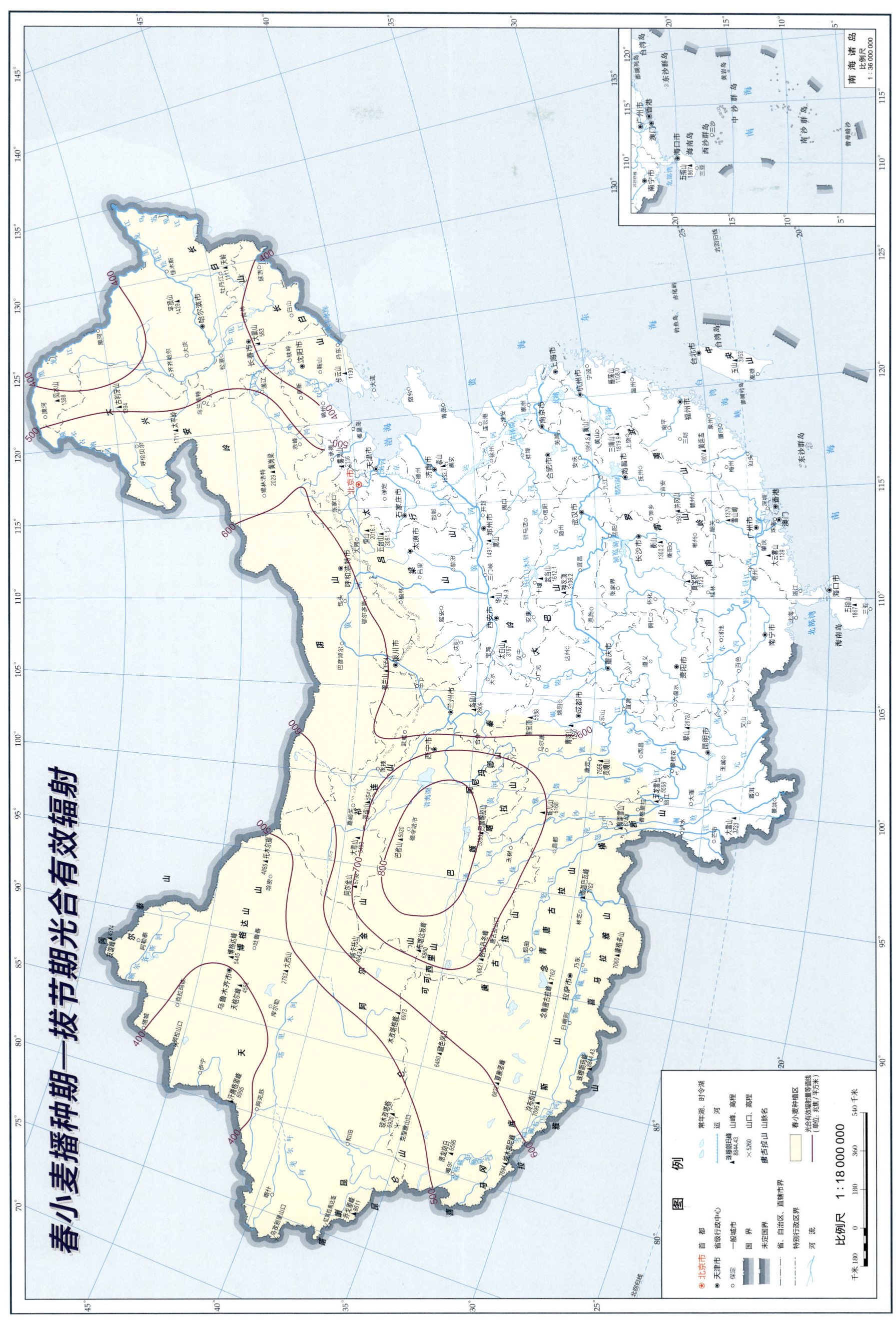

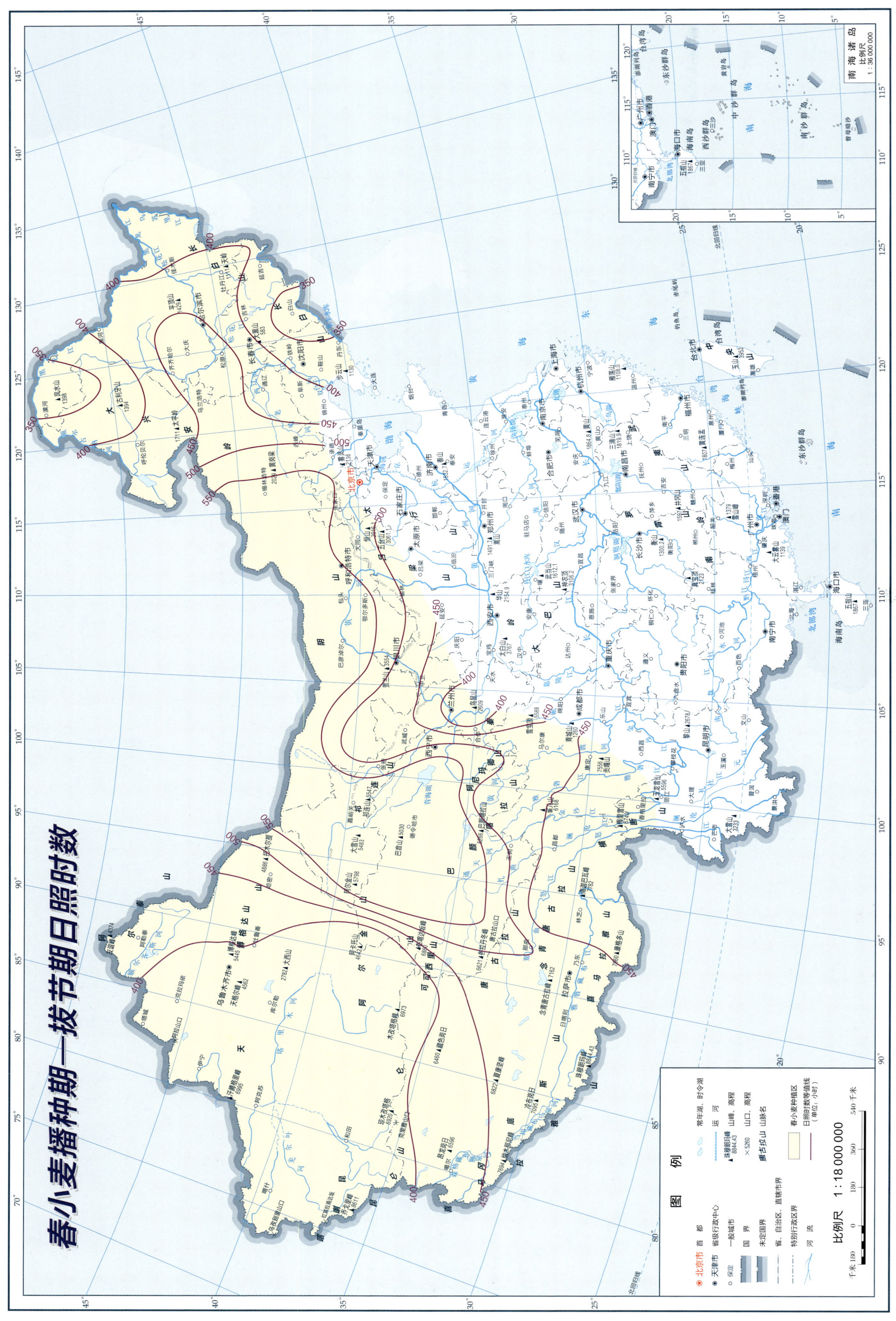

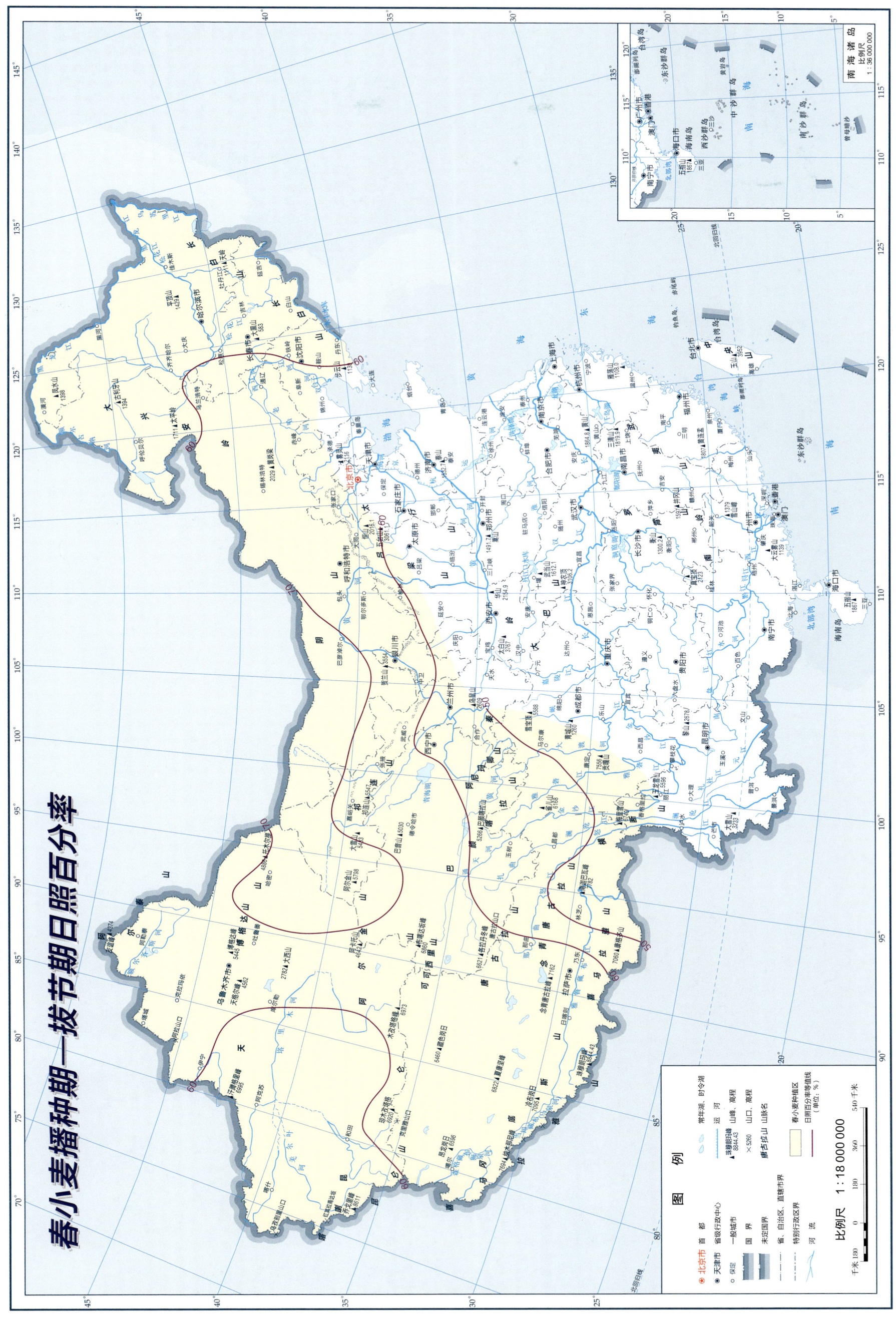

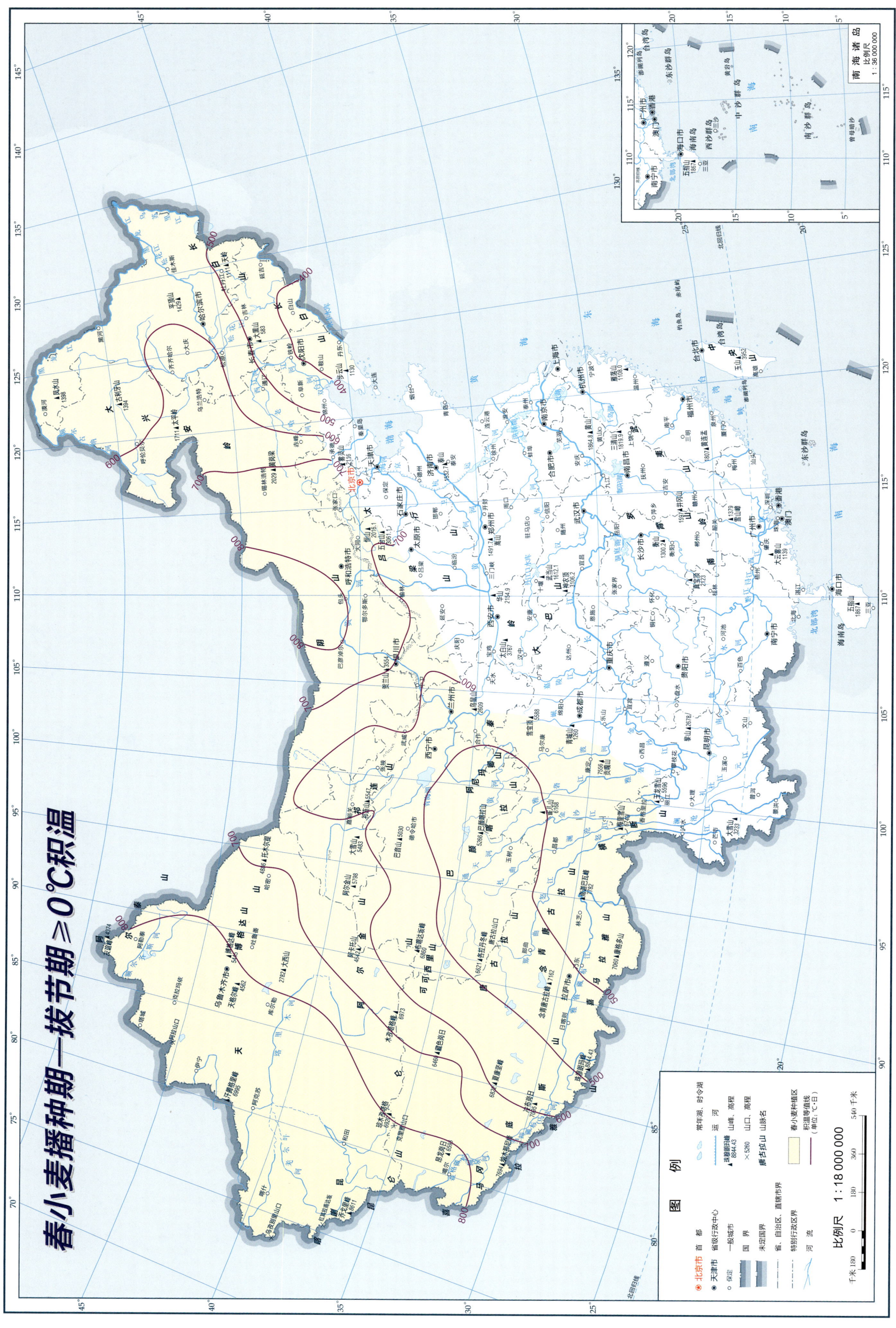

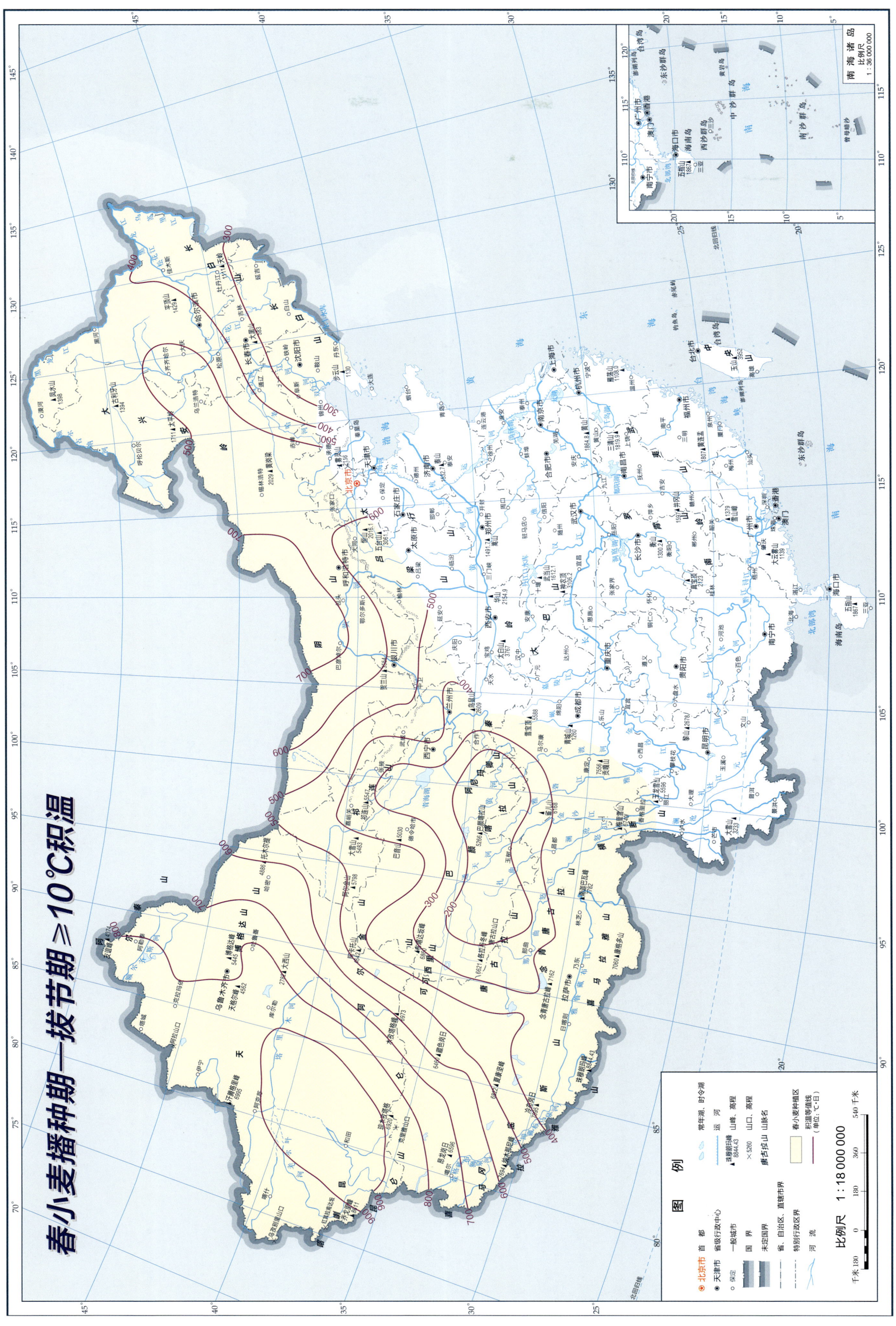

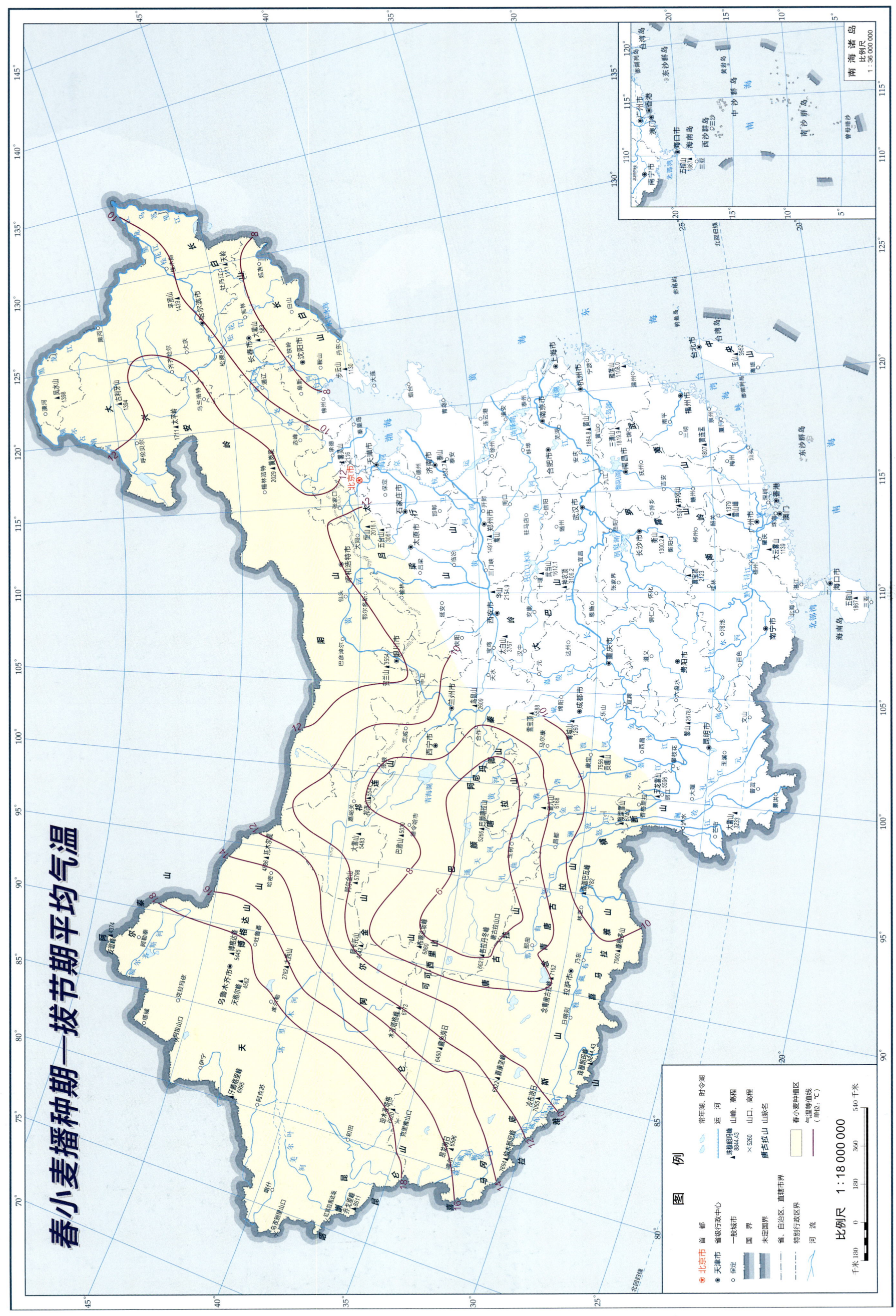

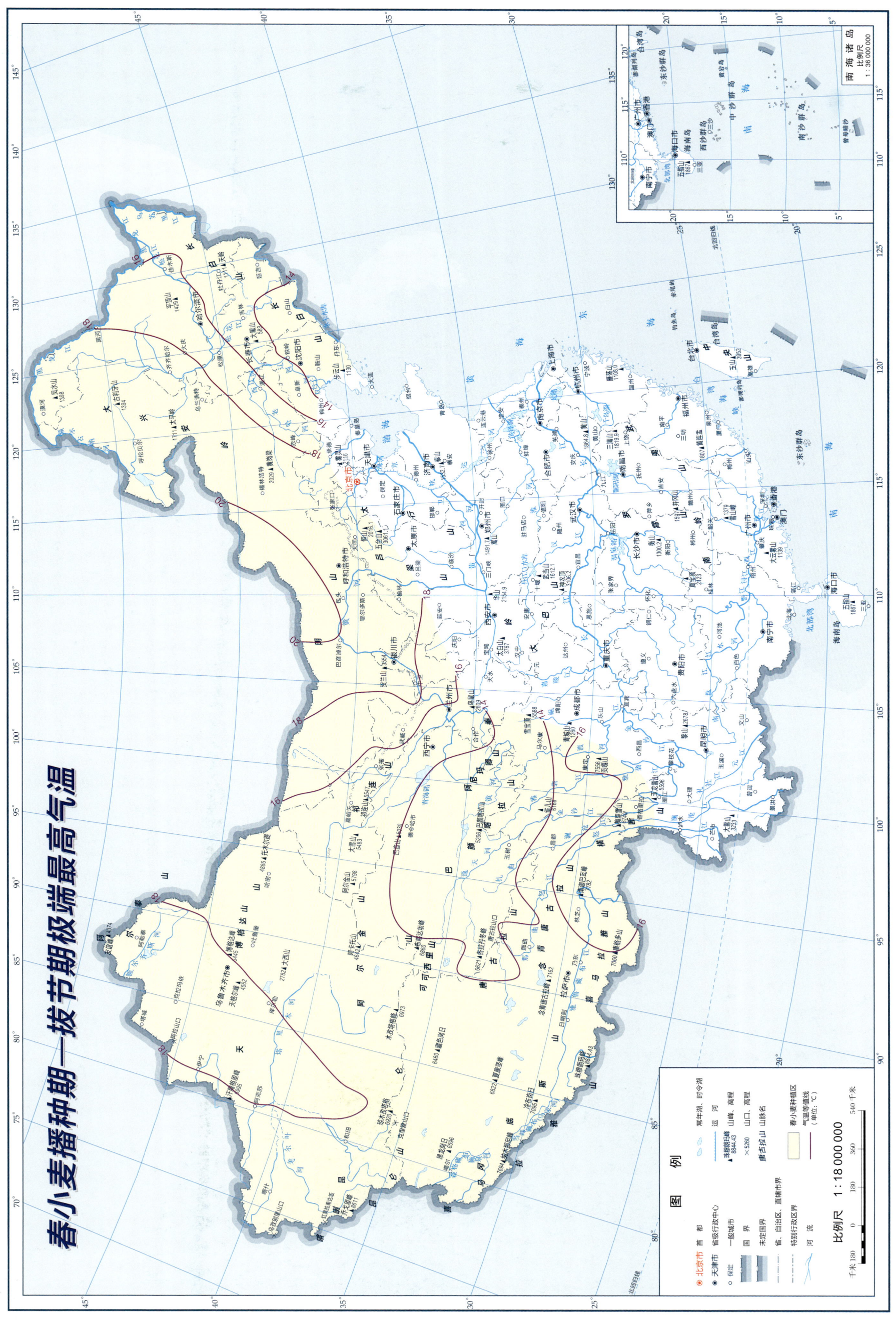

春小麦播种期—拔节期极端最低气温

春小麦播种期—拔节期光合生产潜力

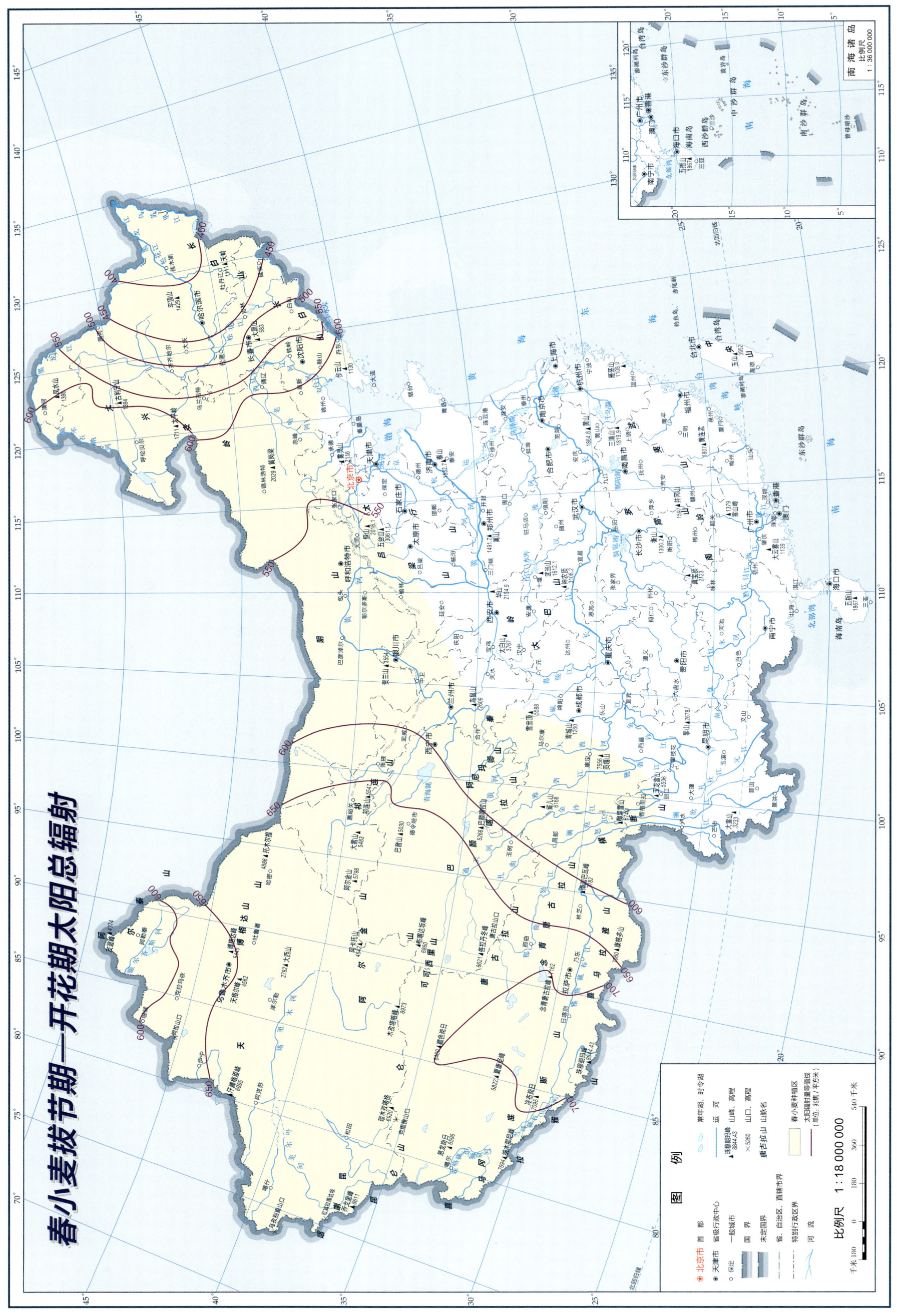

春小麦拔节期—开花期太阳总辐射

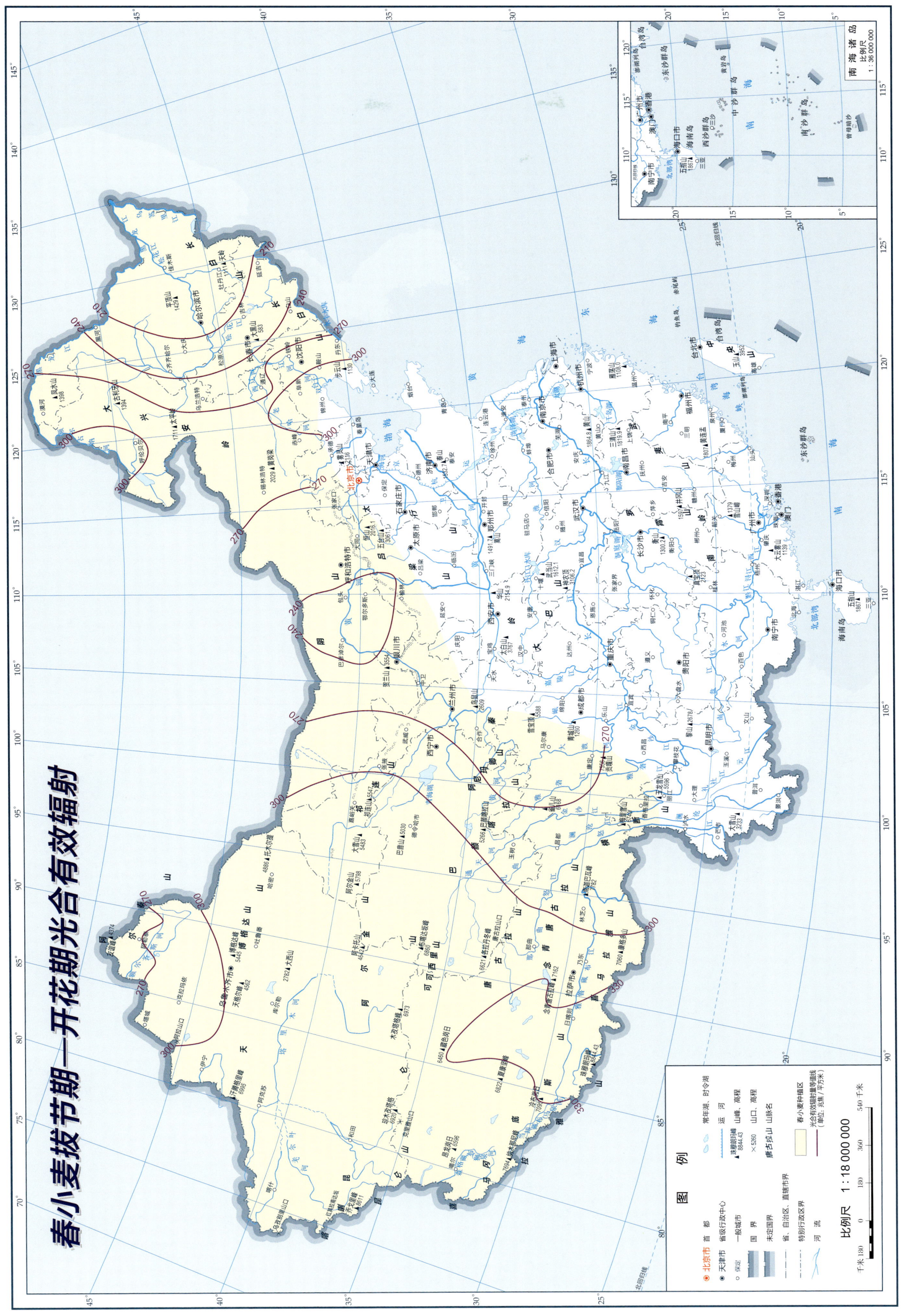

春小麦拔节期—开花期光合有效辐射

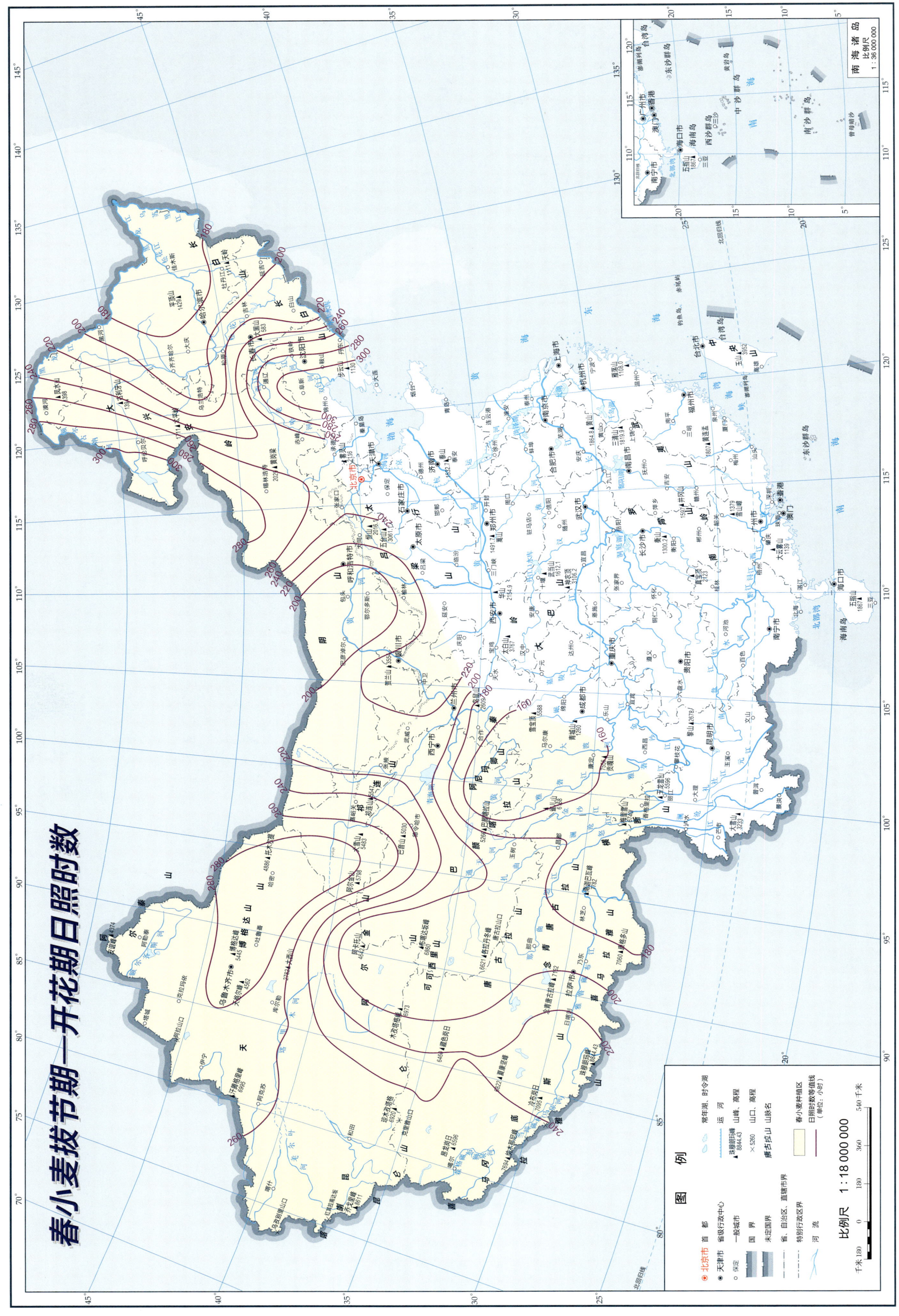

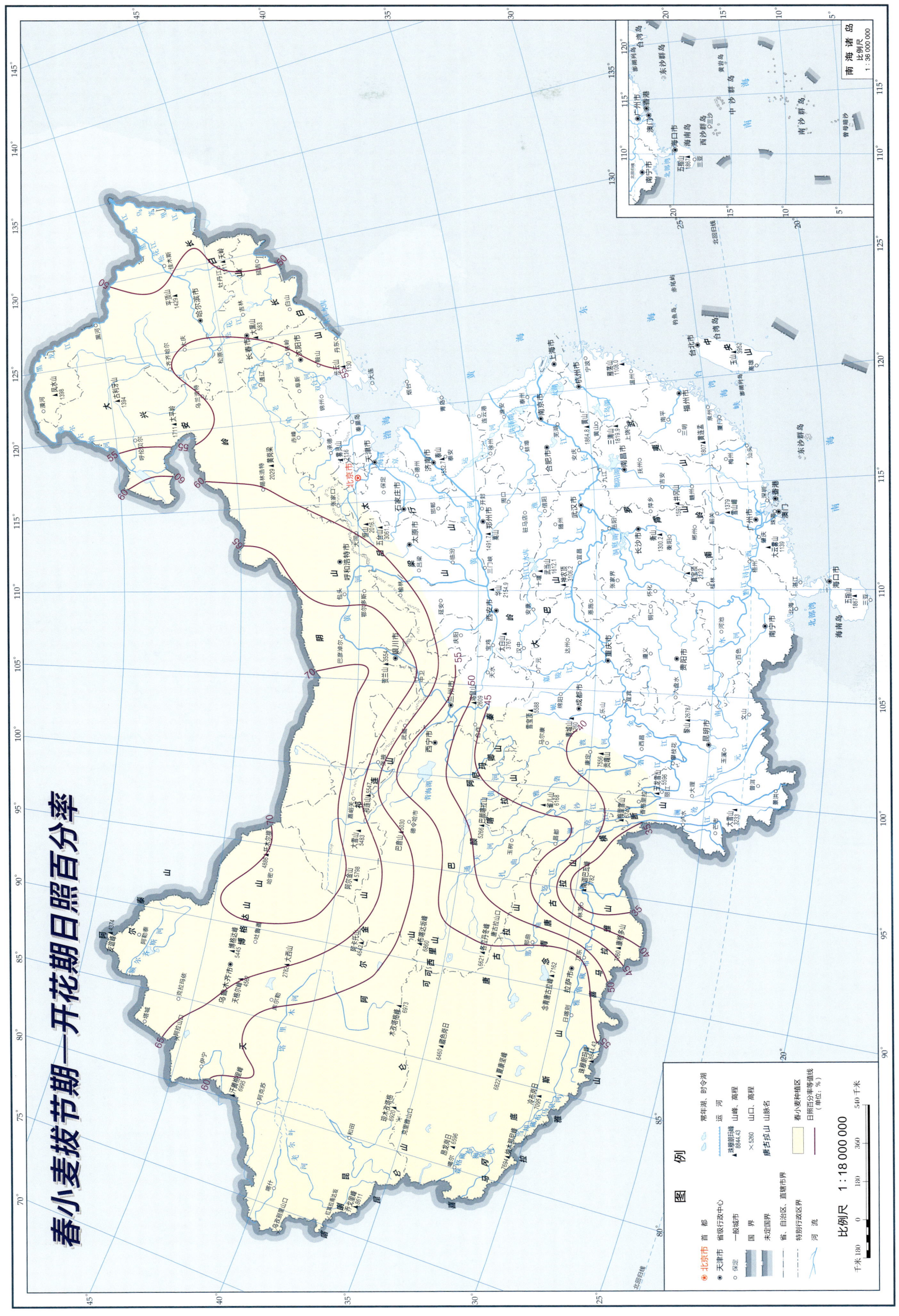

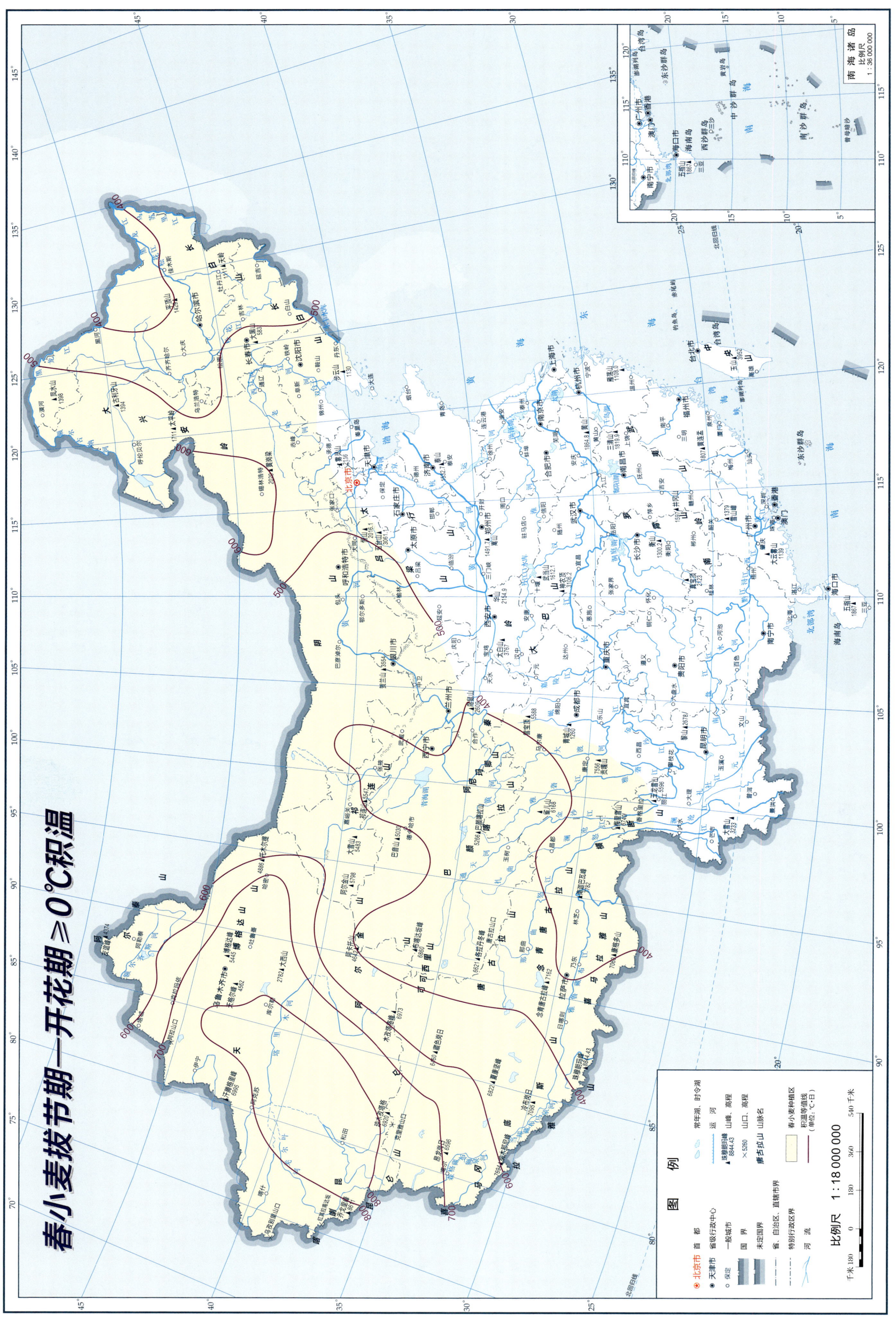

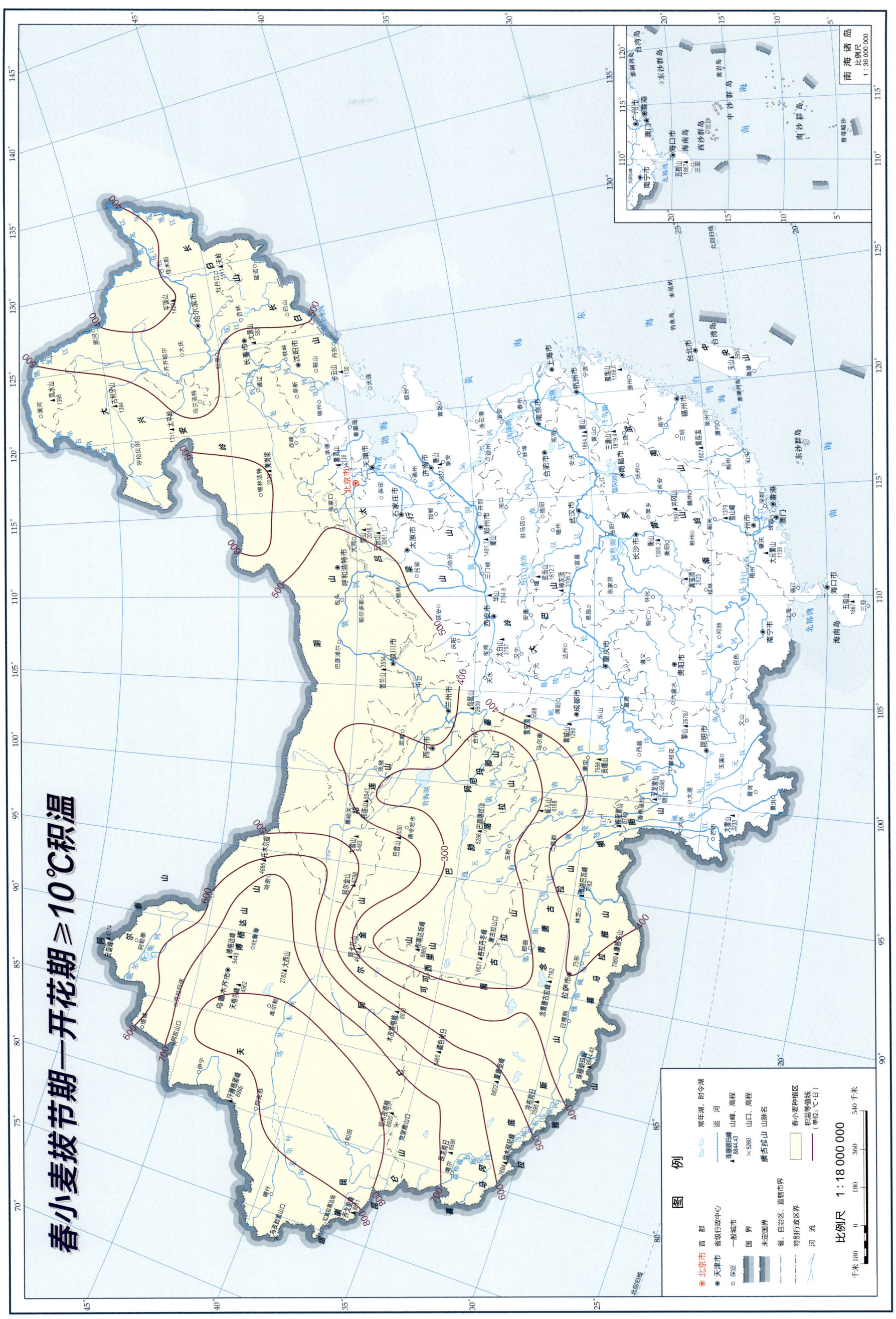

春小麦拔节期—开花期≥10℃积温

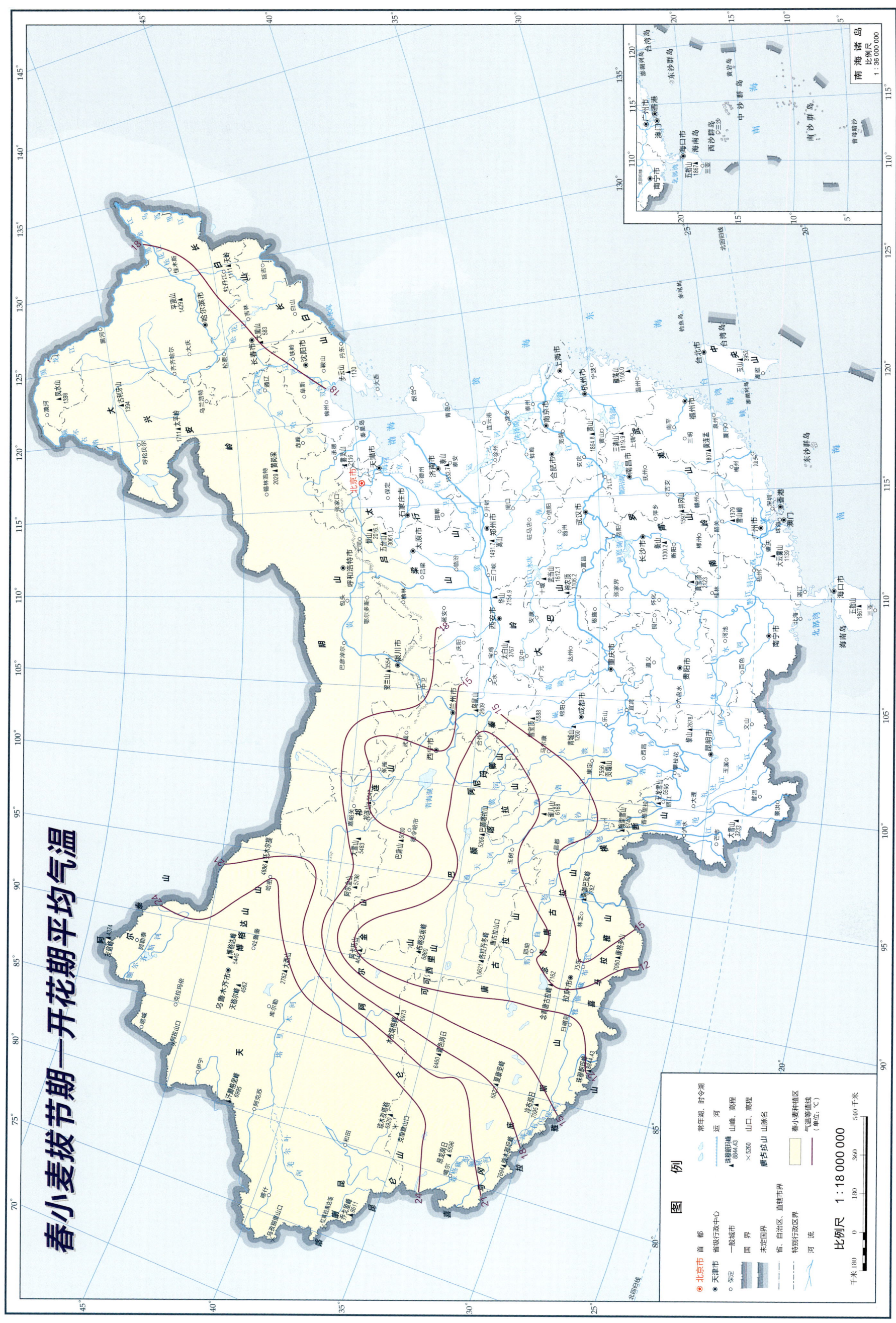

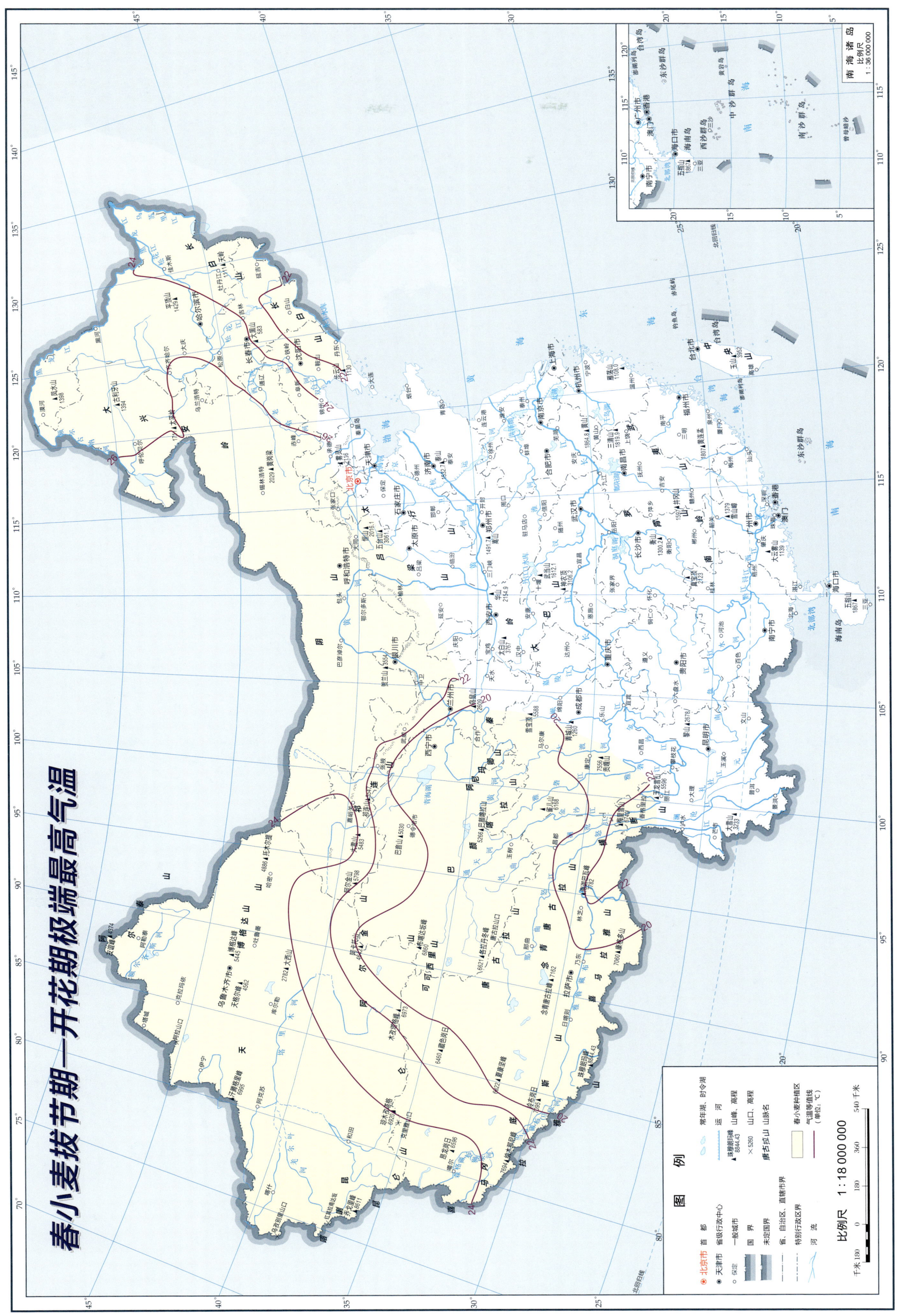

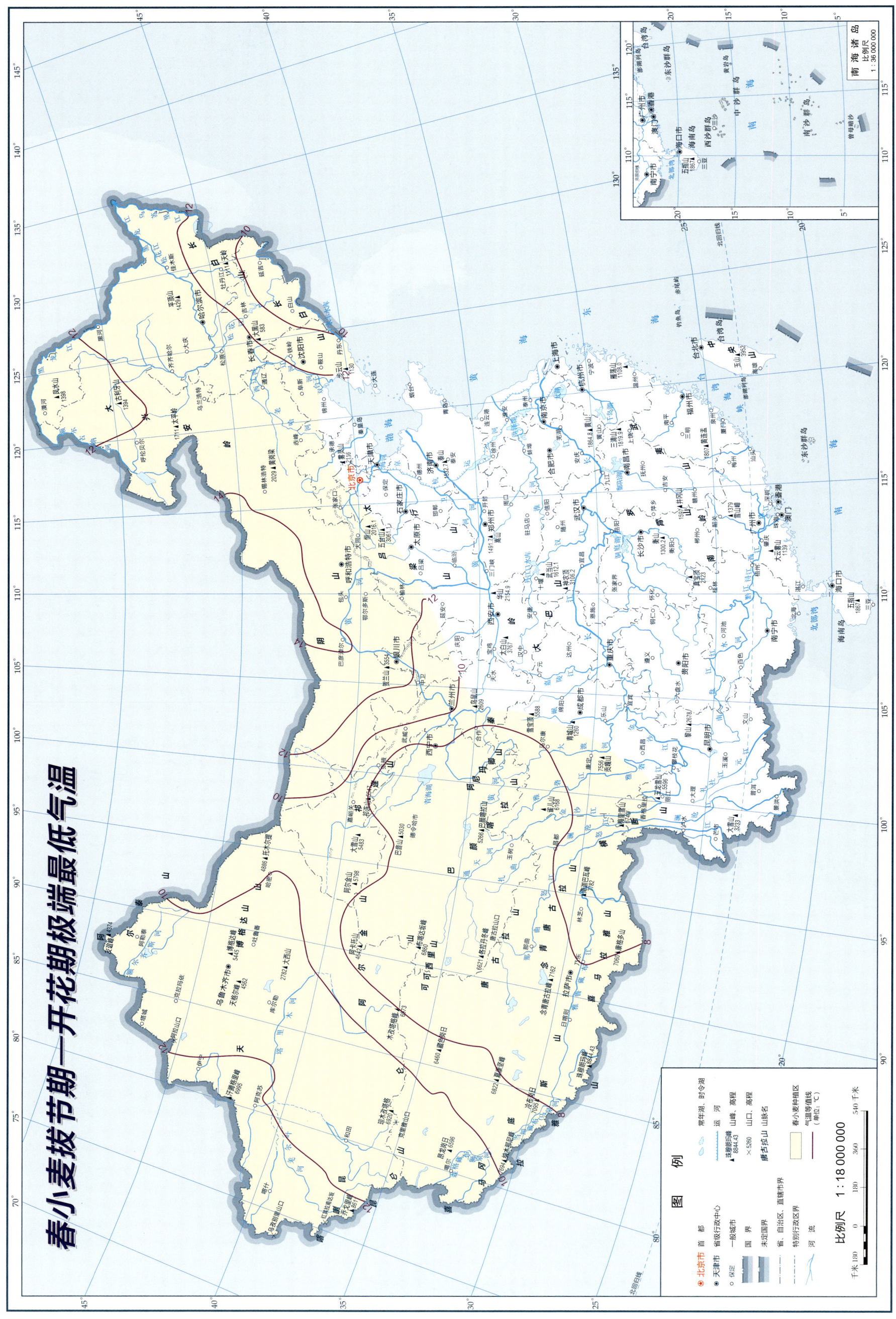

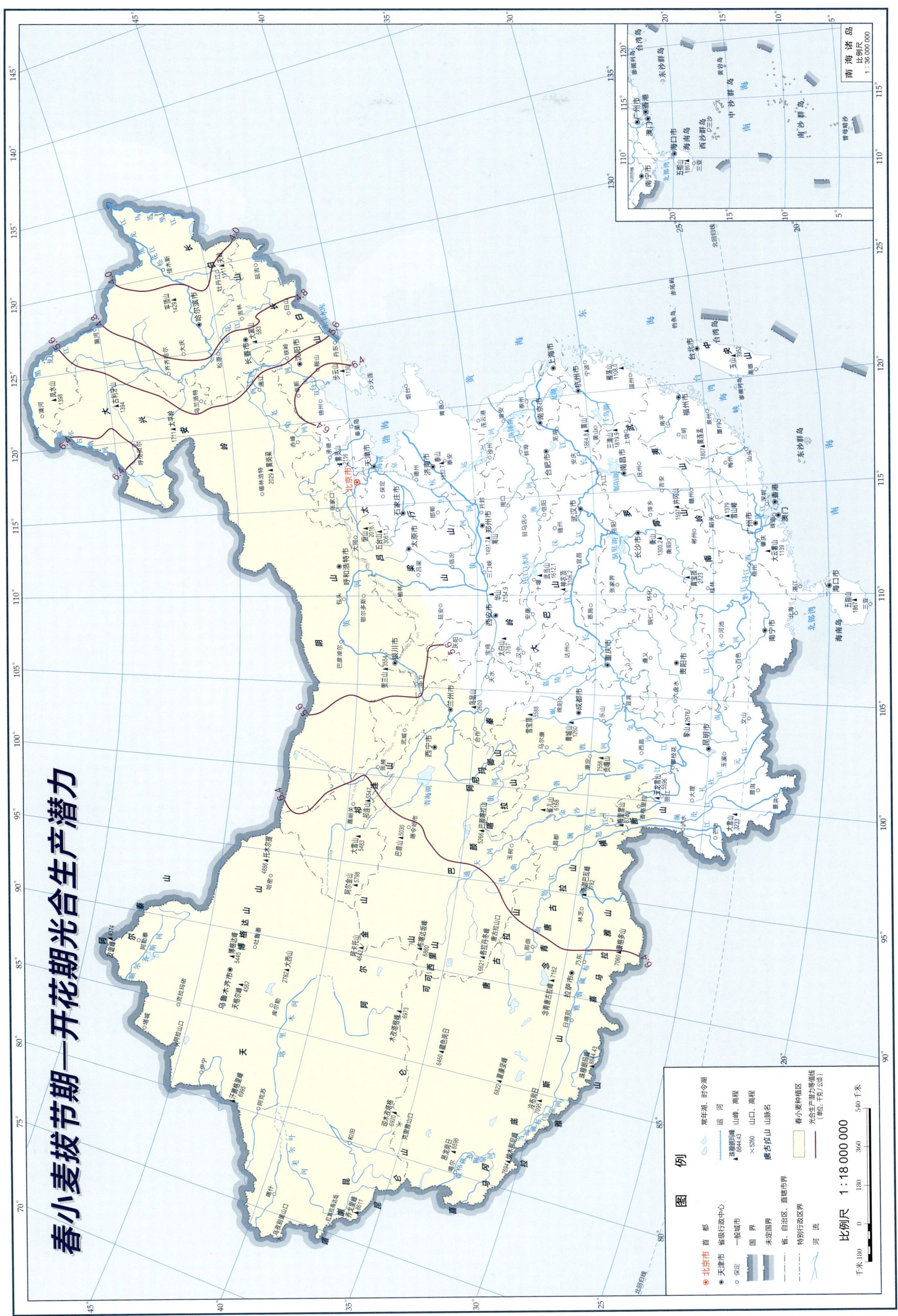
春小麦拔节期—开花期光合生产潜力

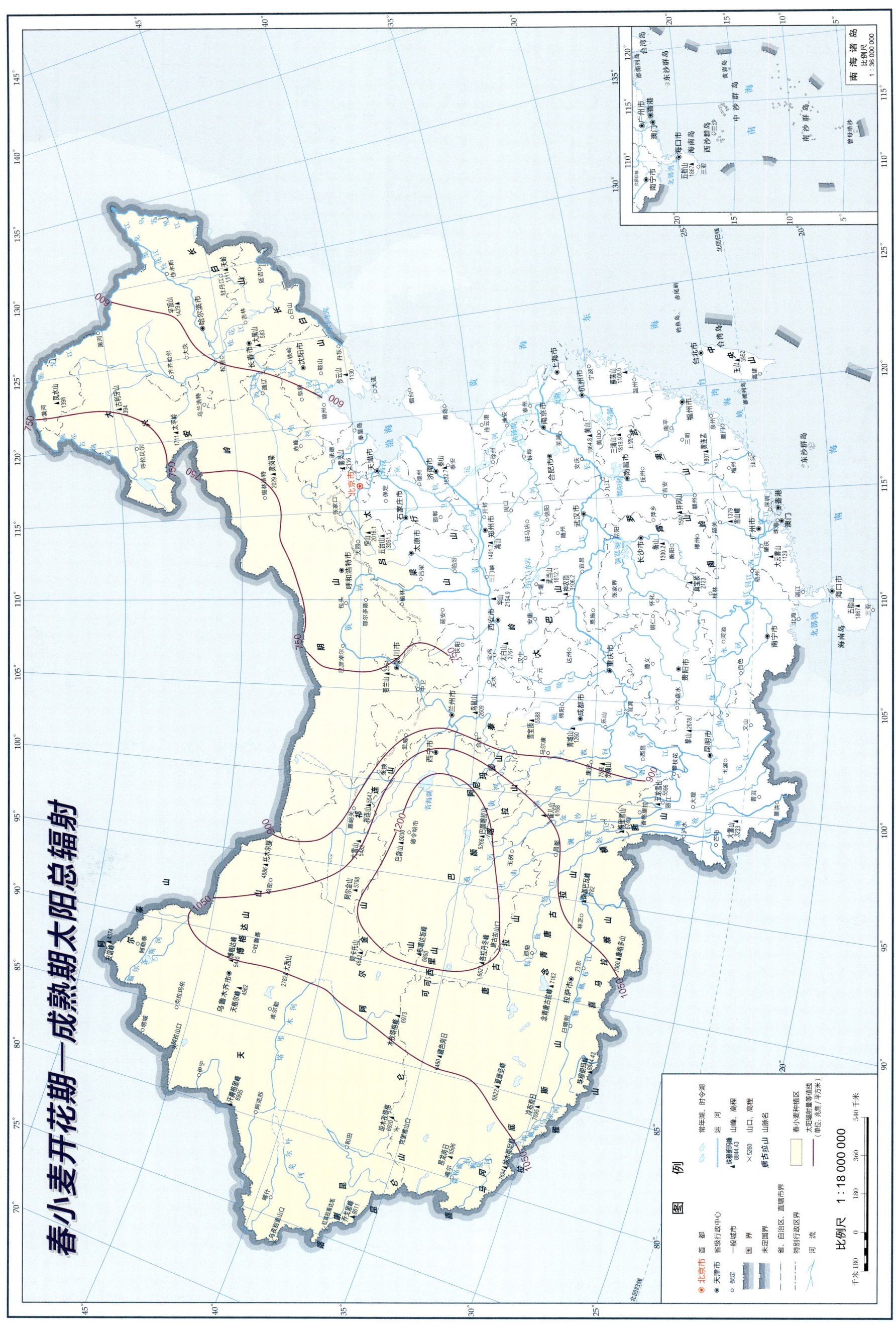

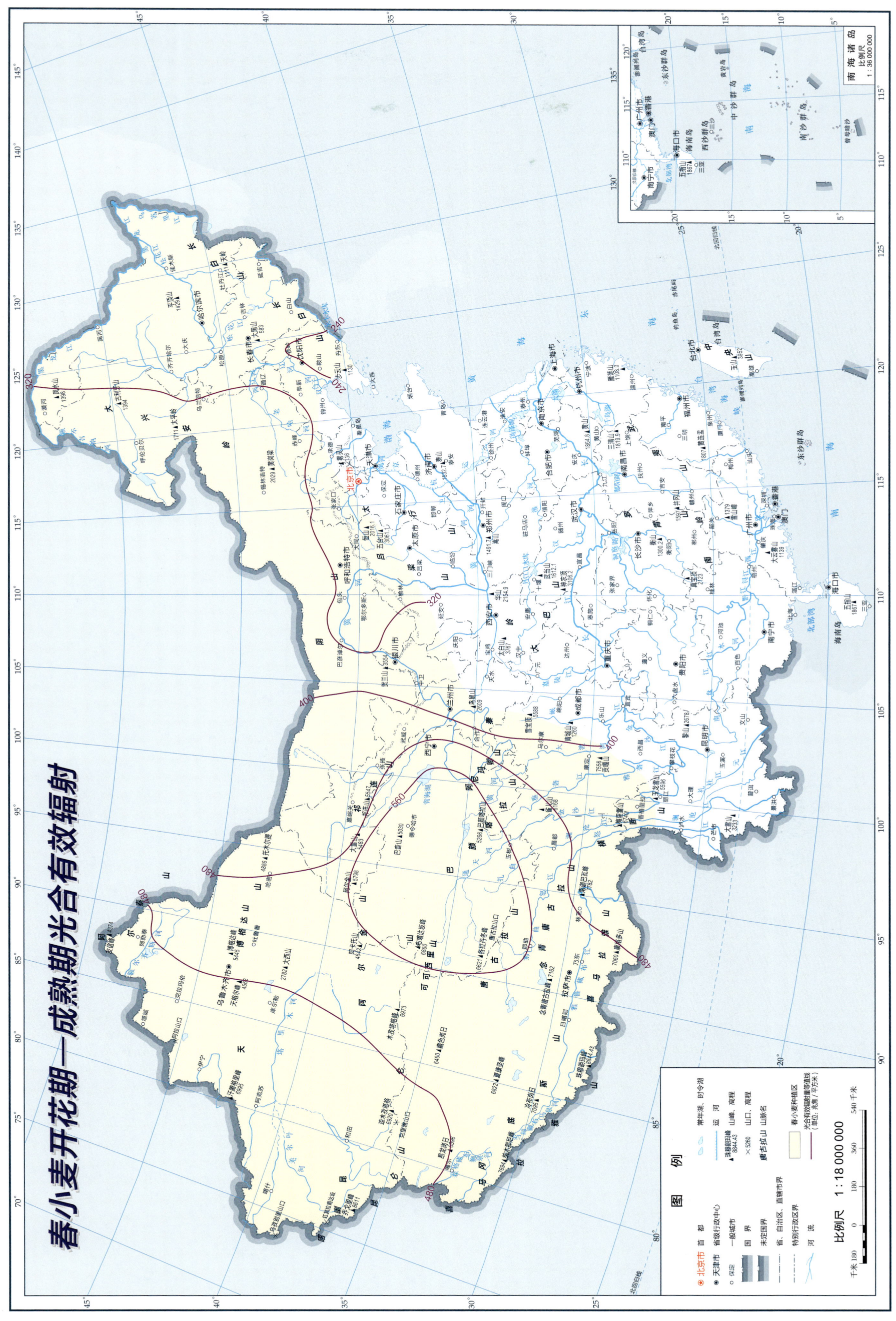

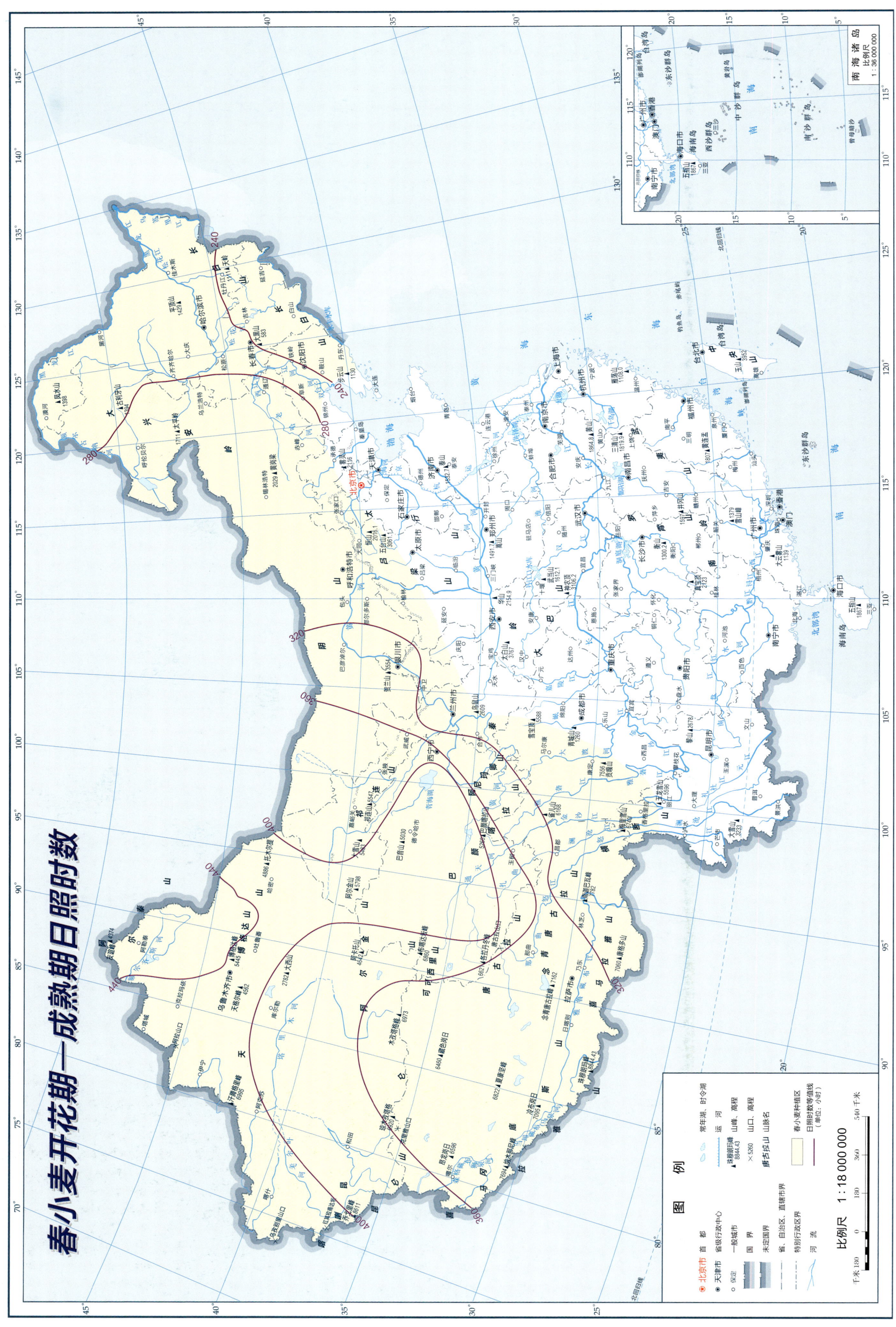

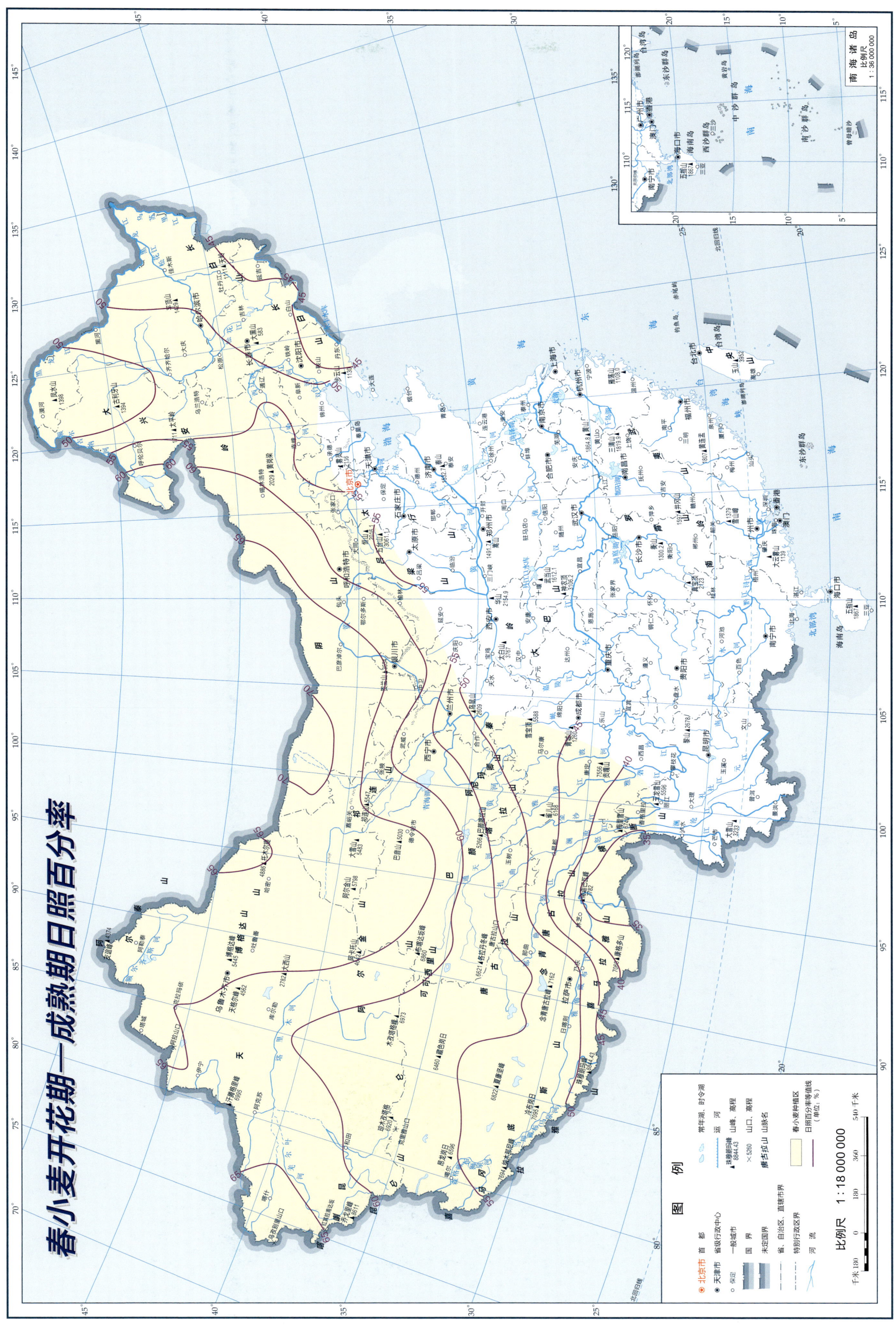

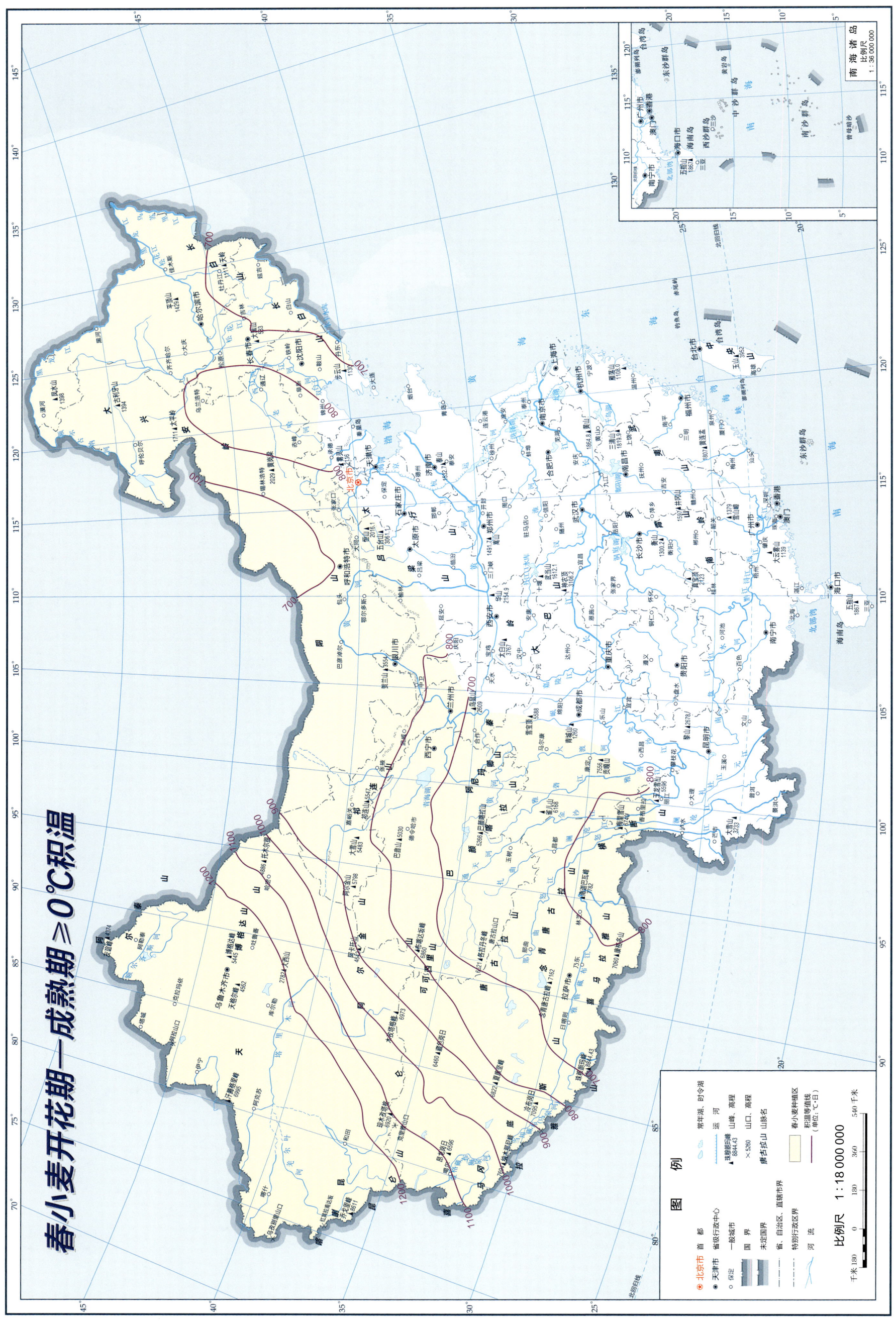

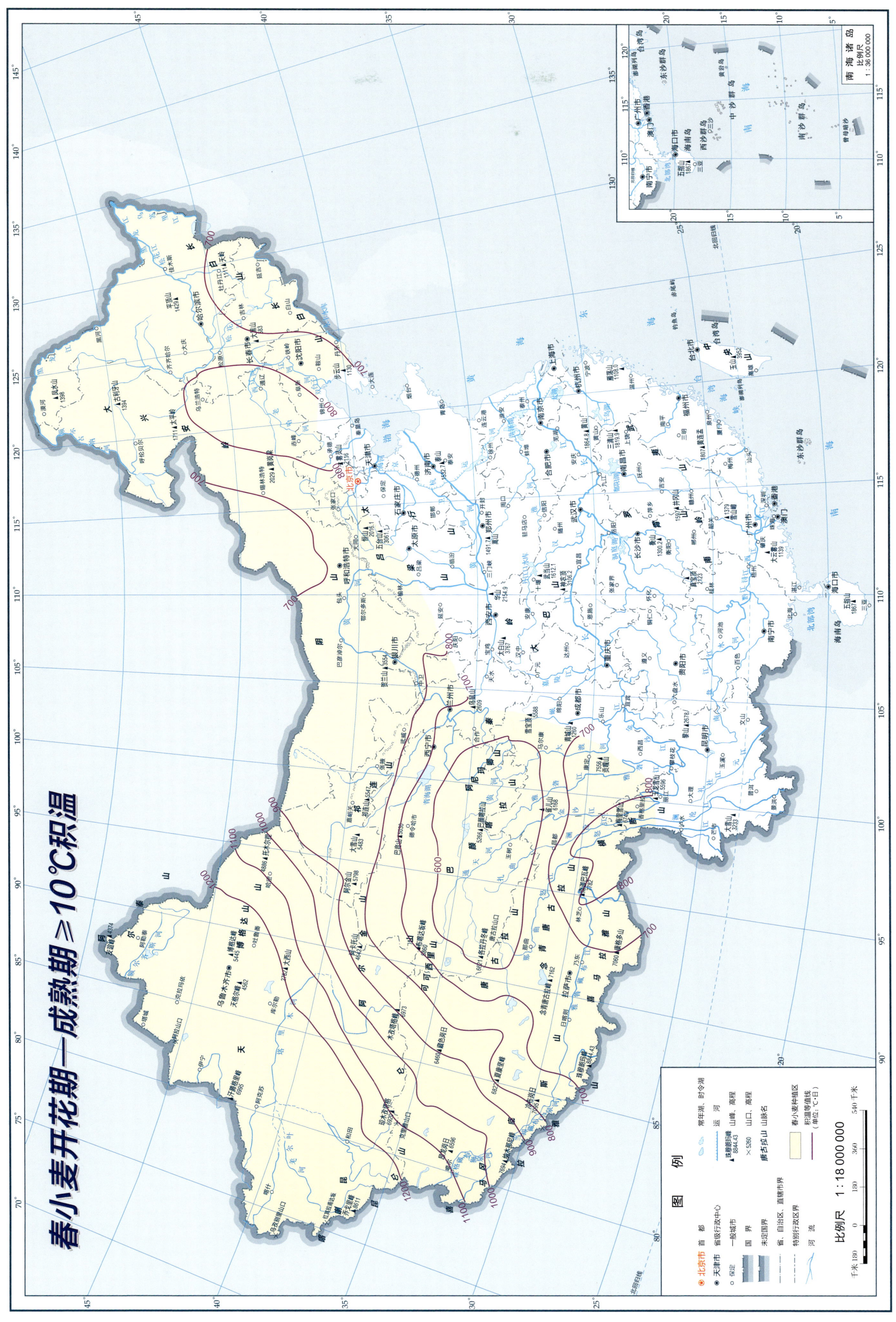

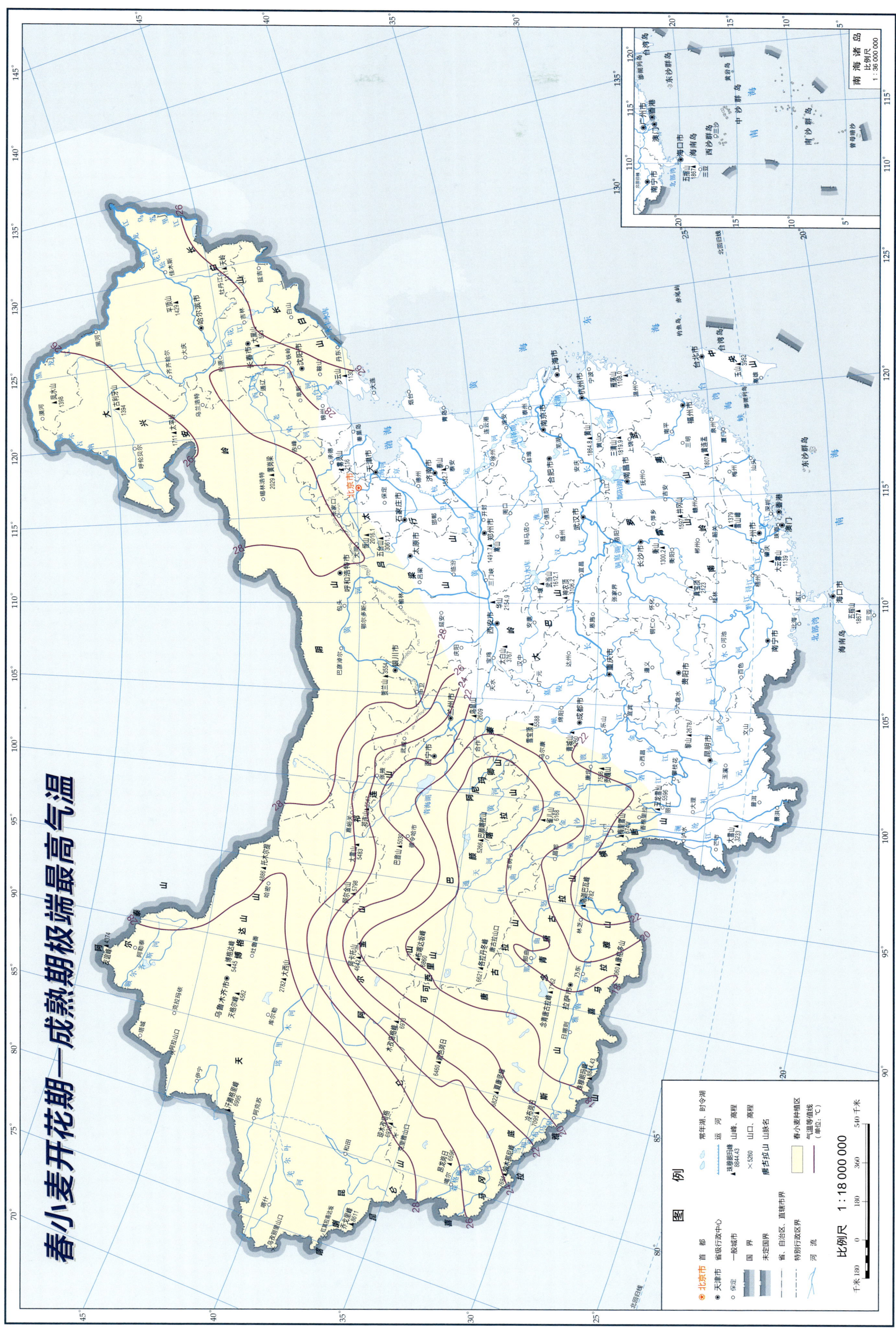

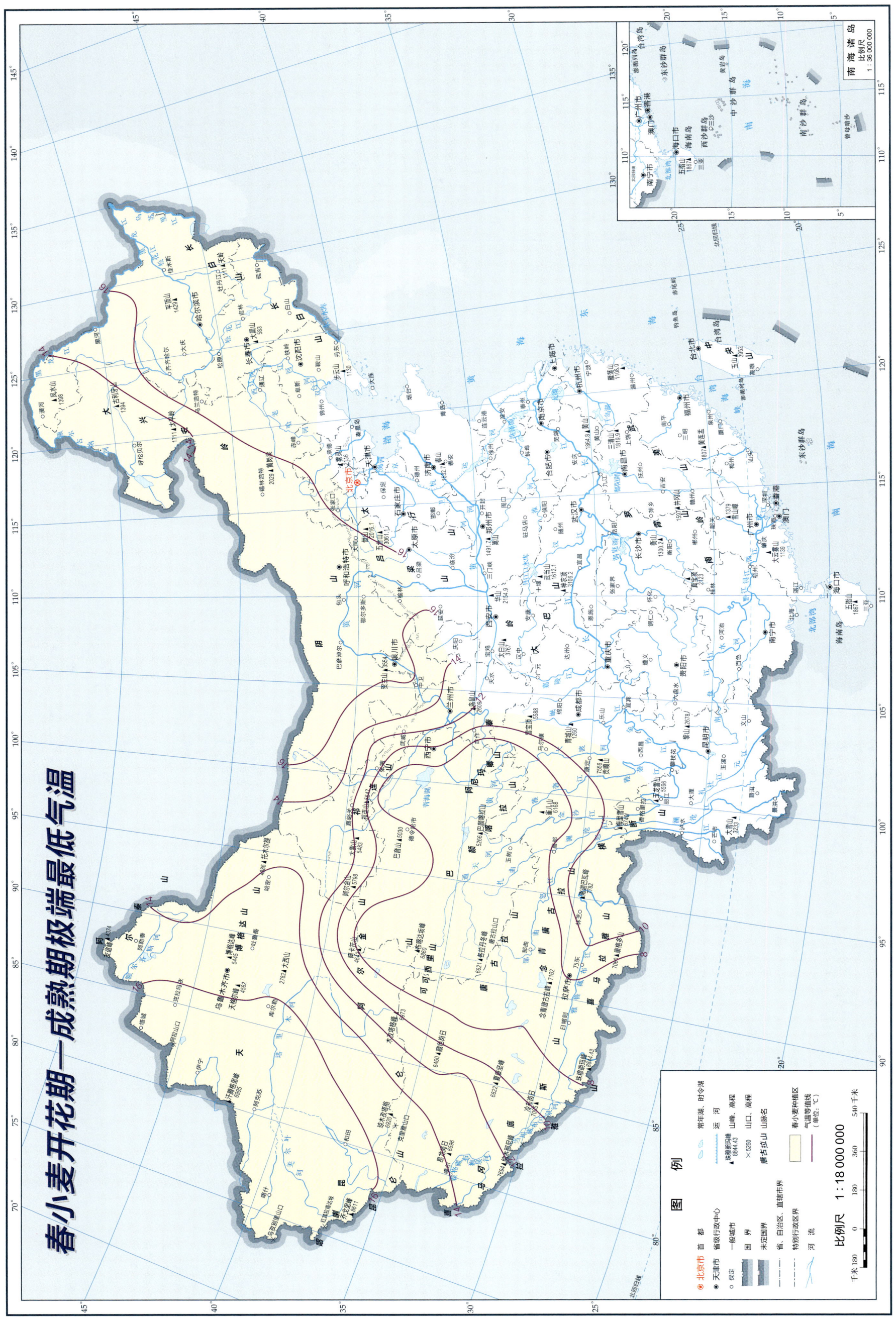

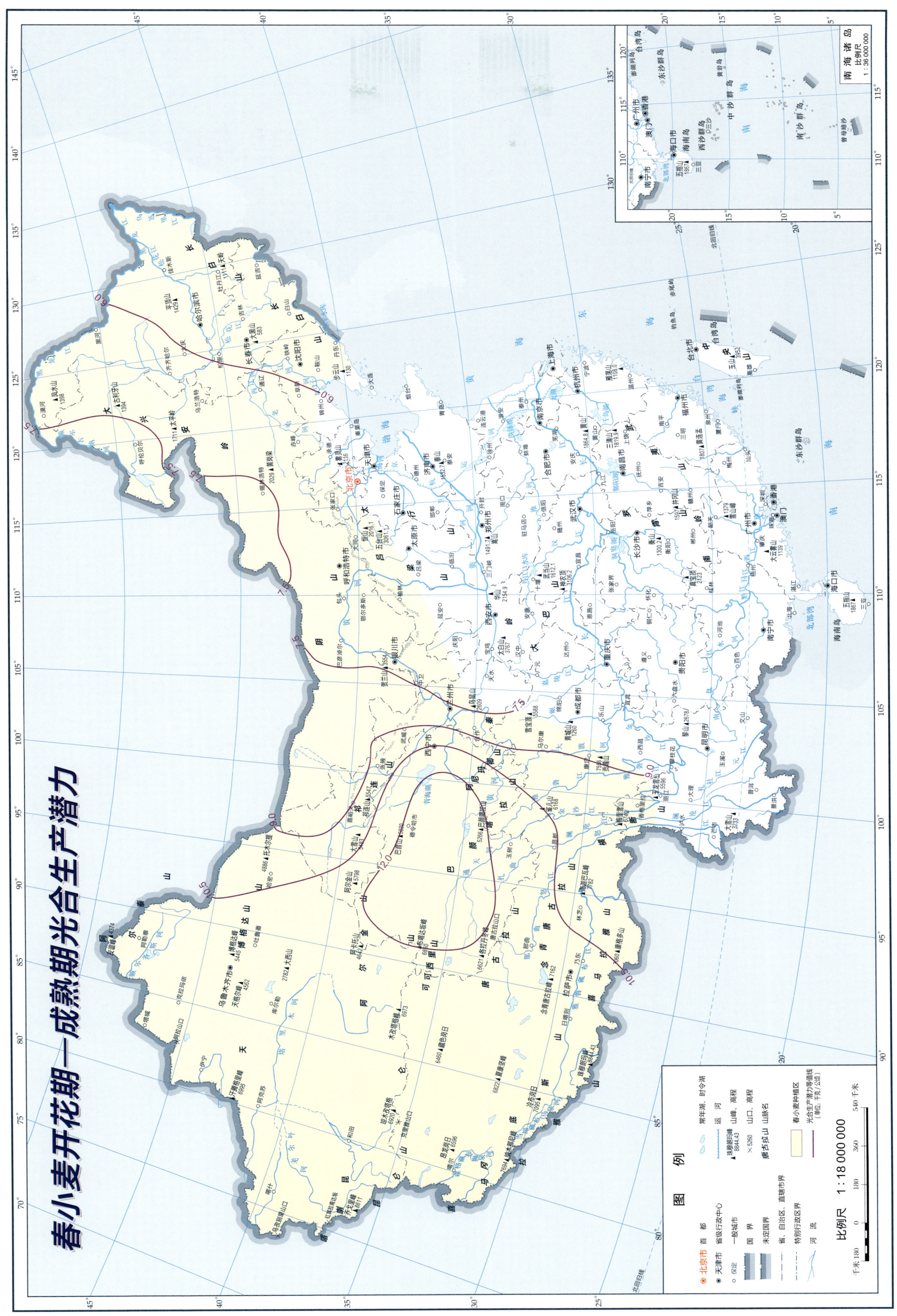

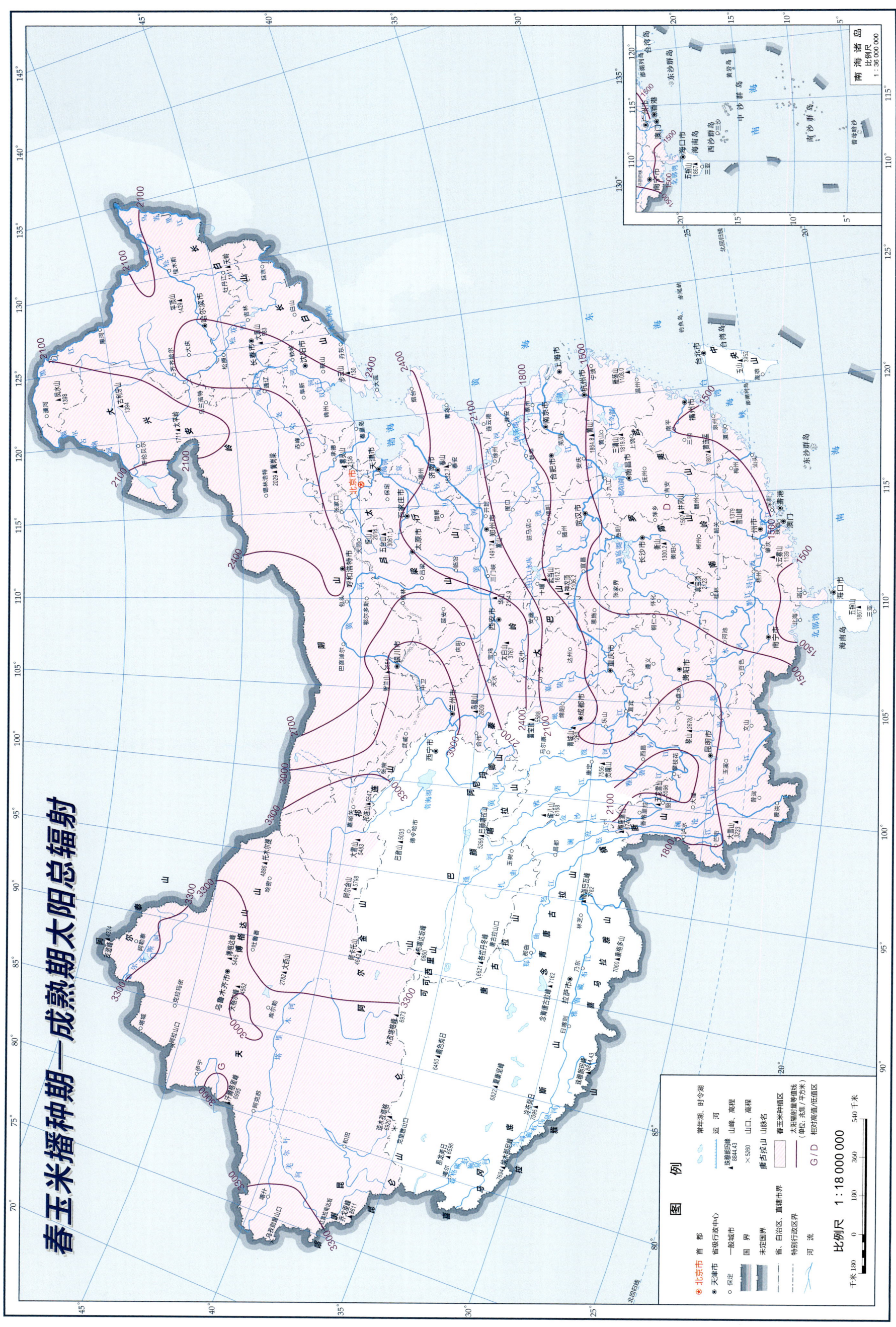

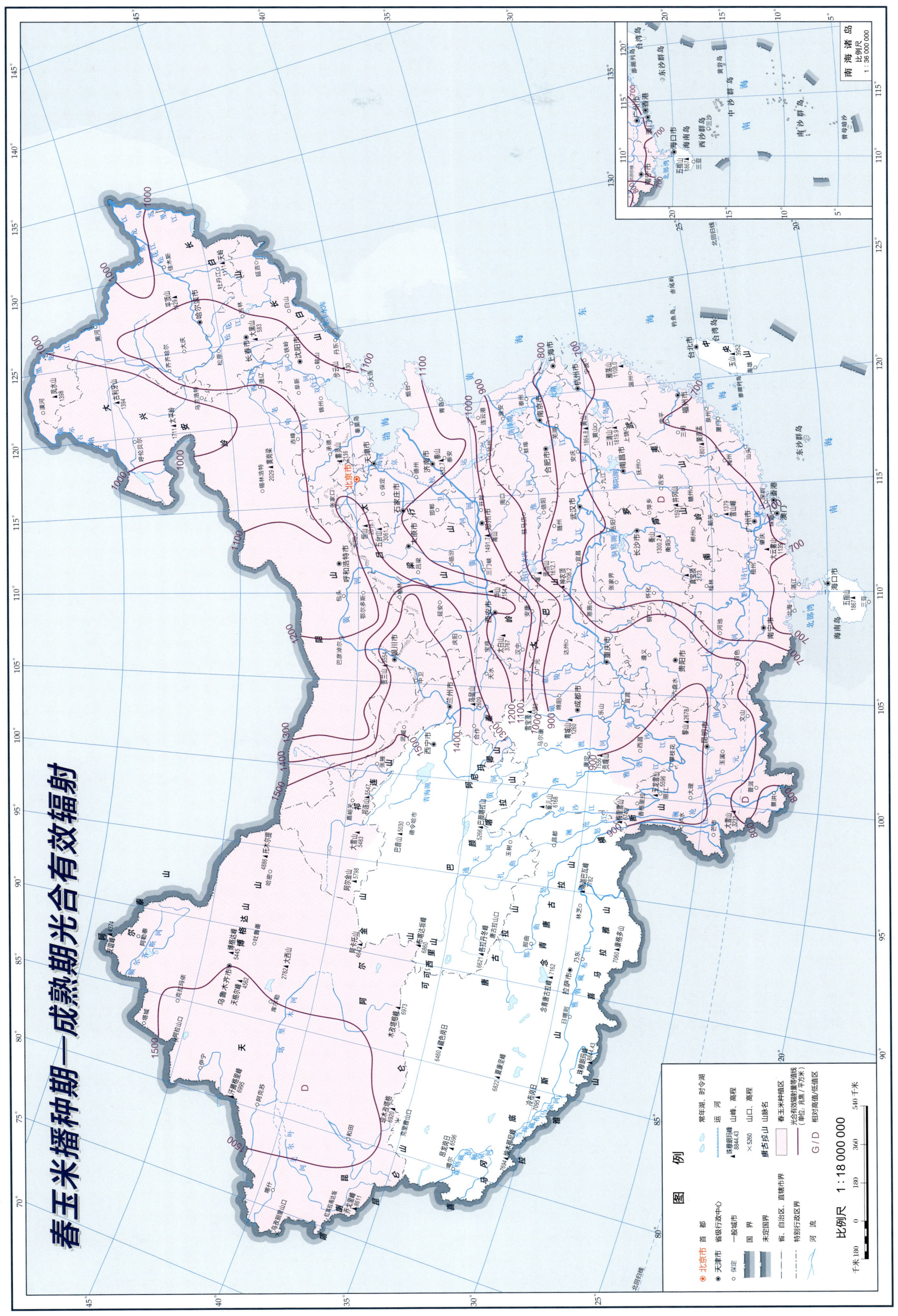

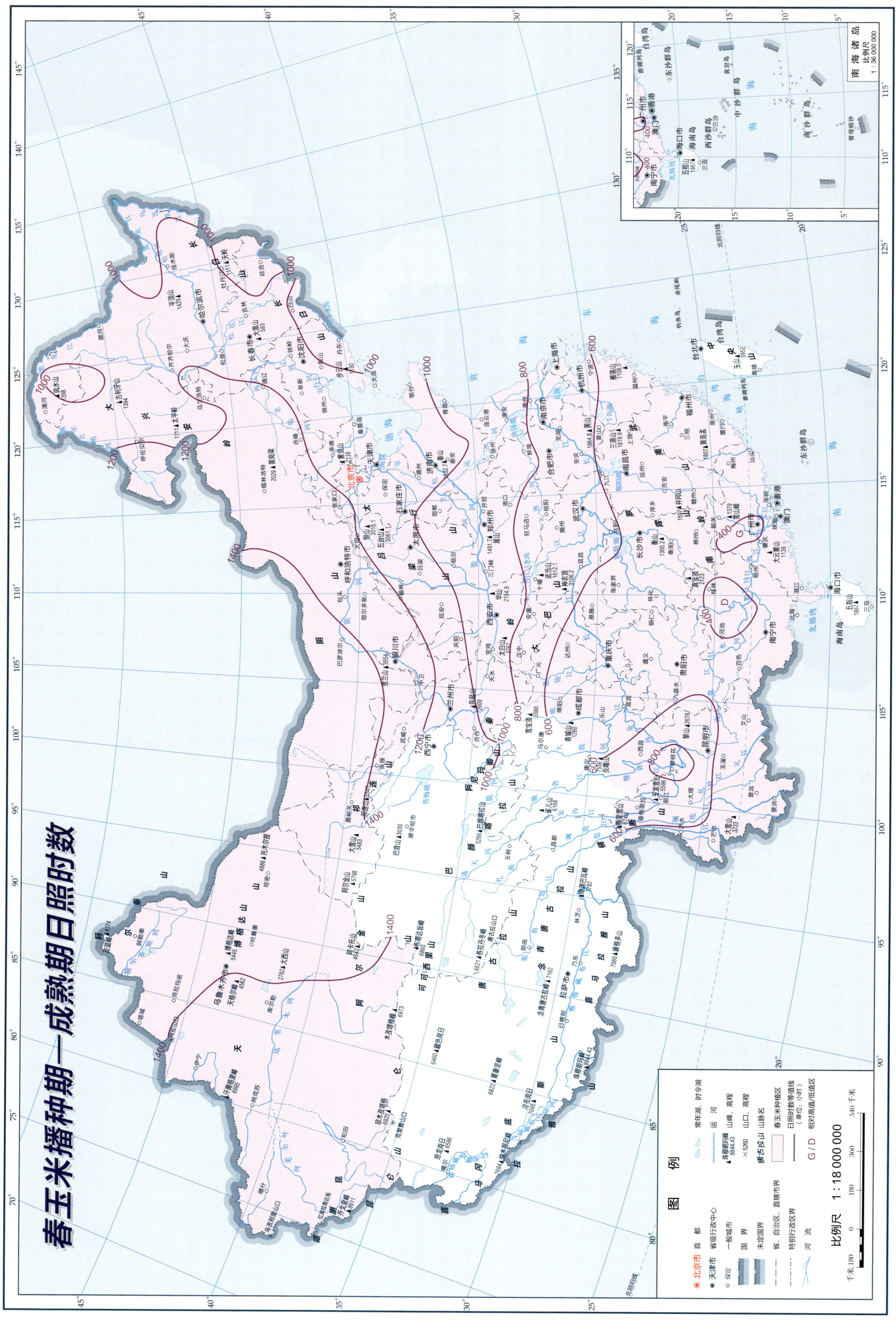

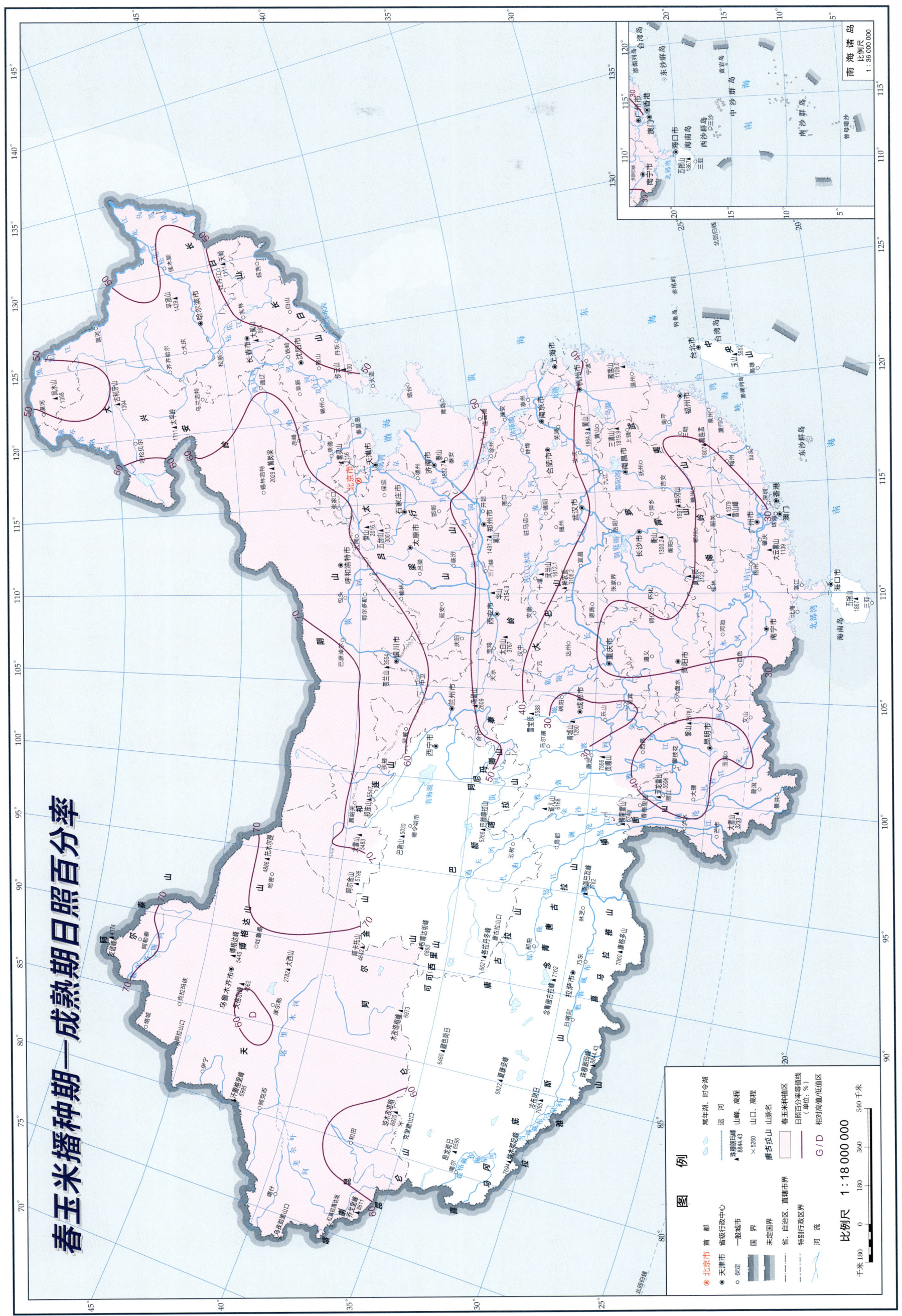

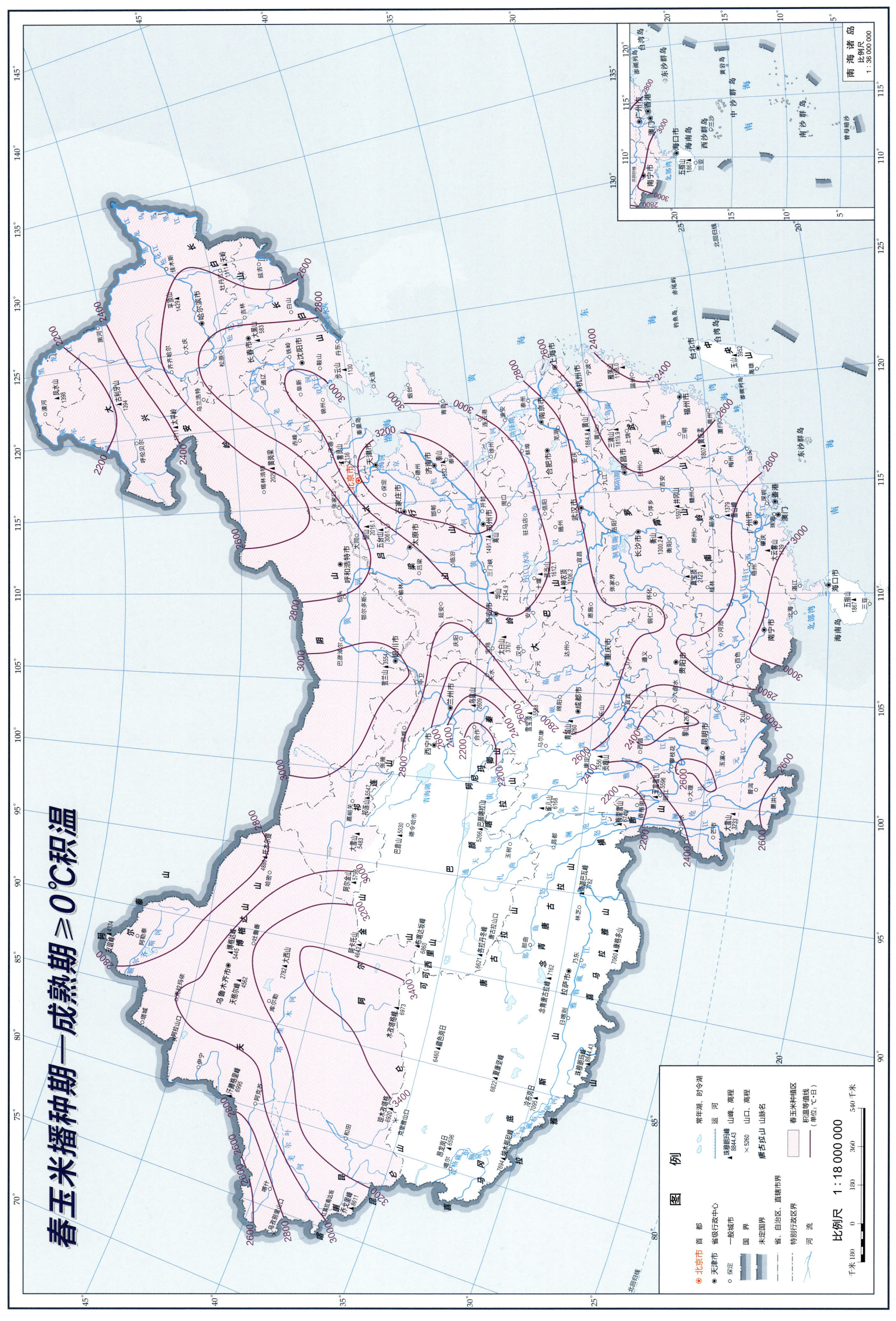

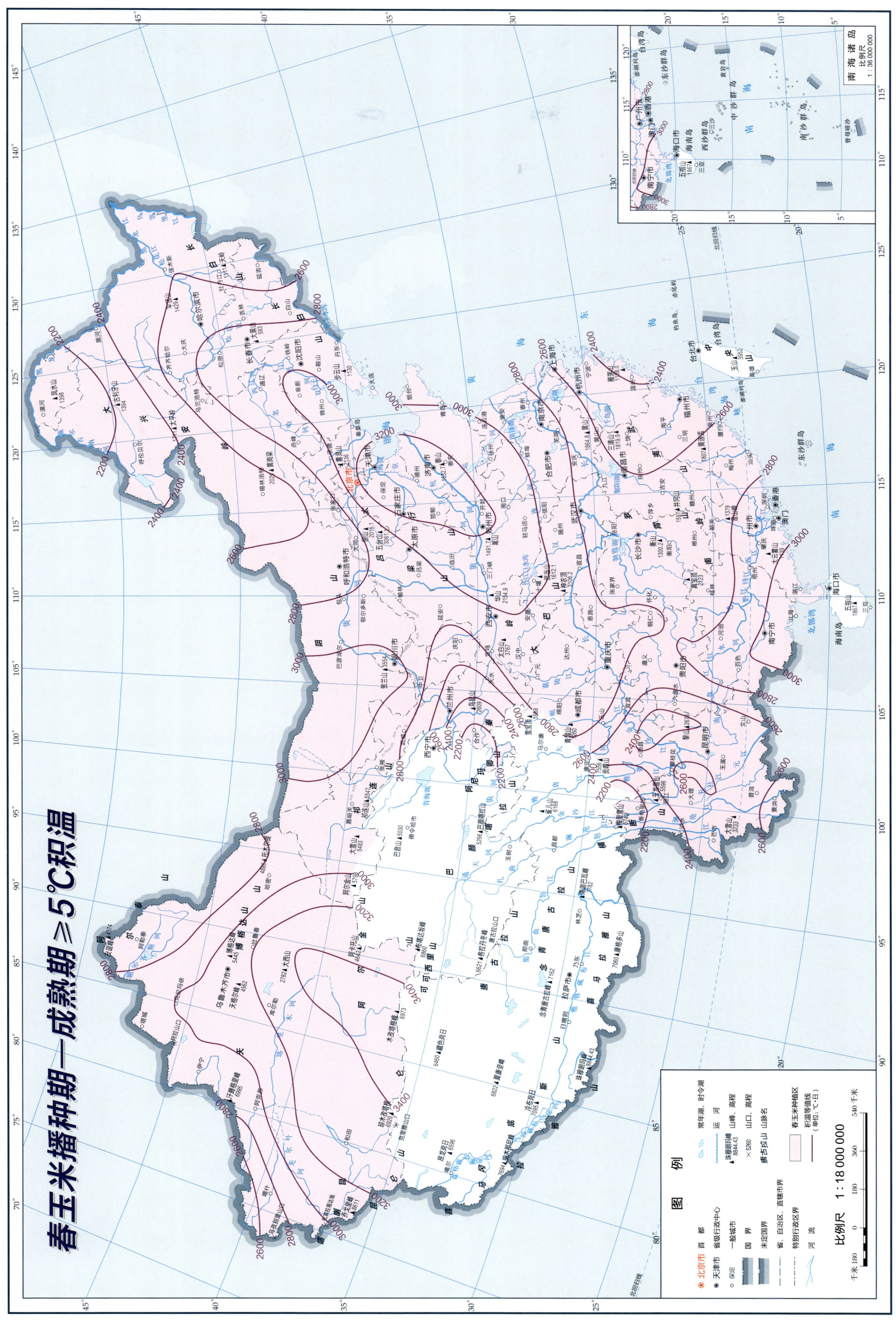

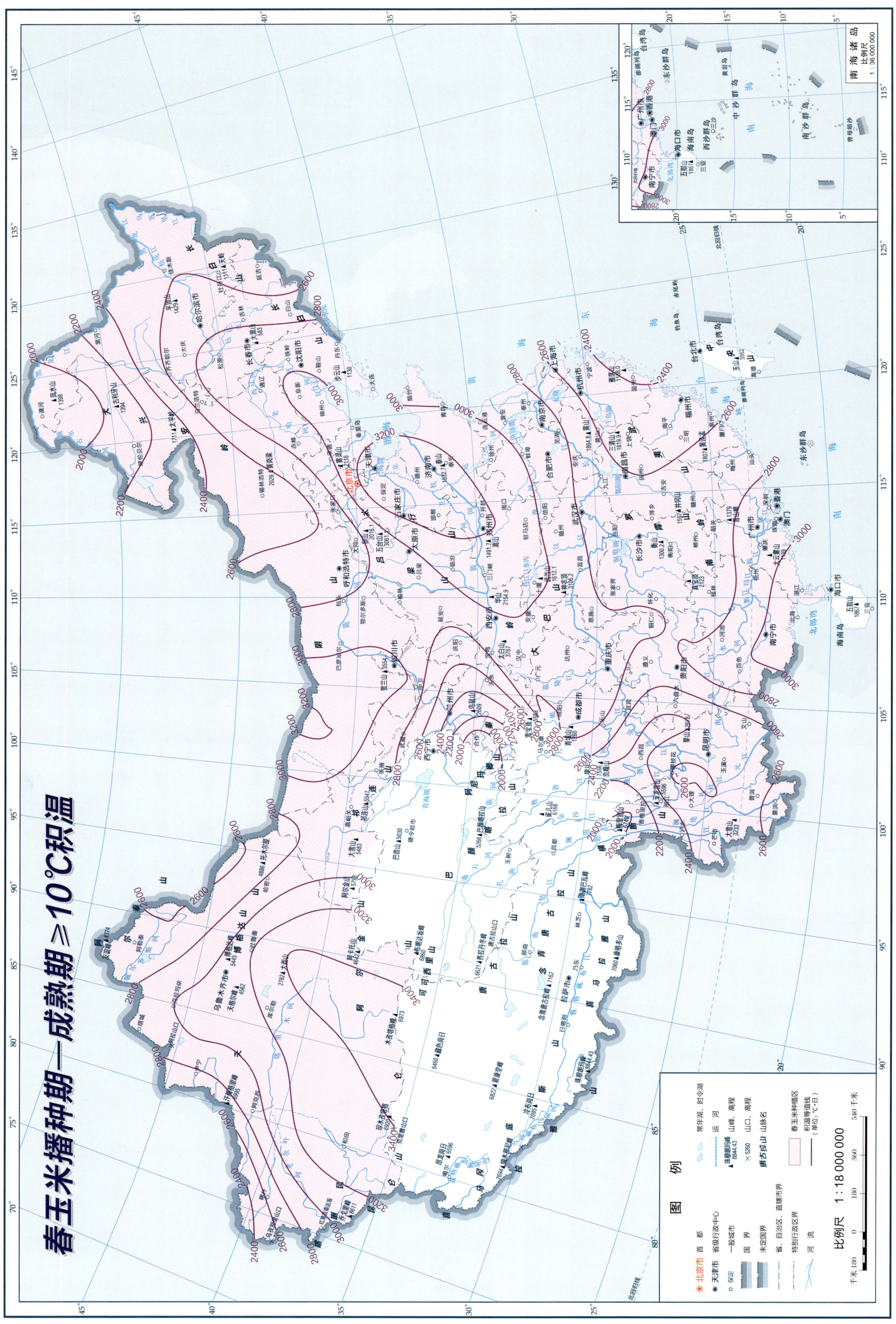

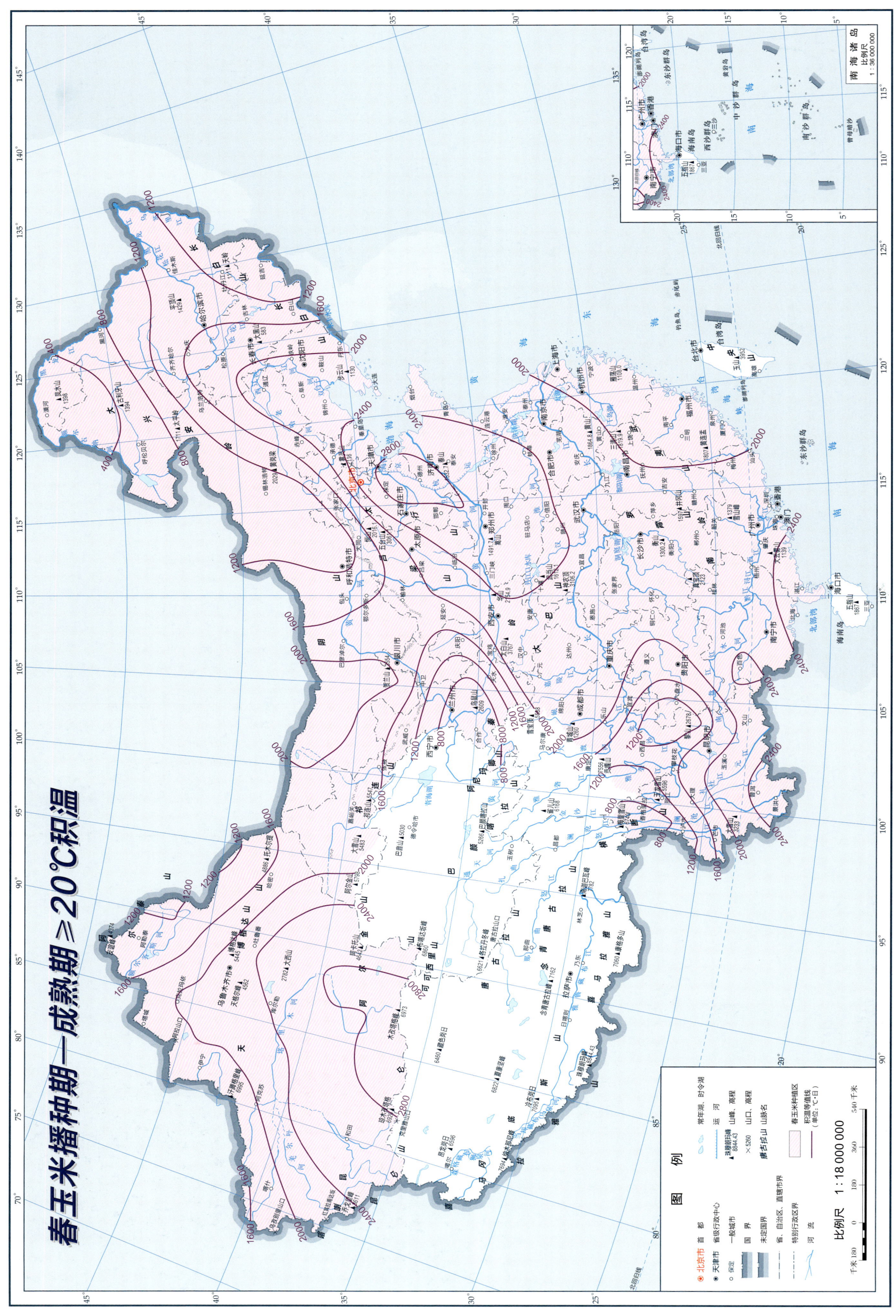

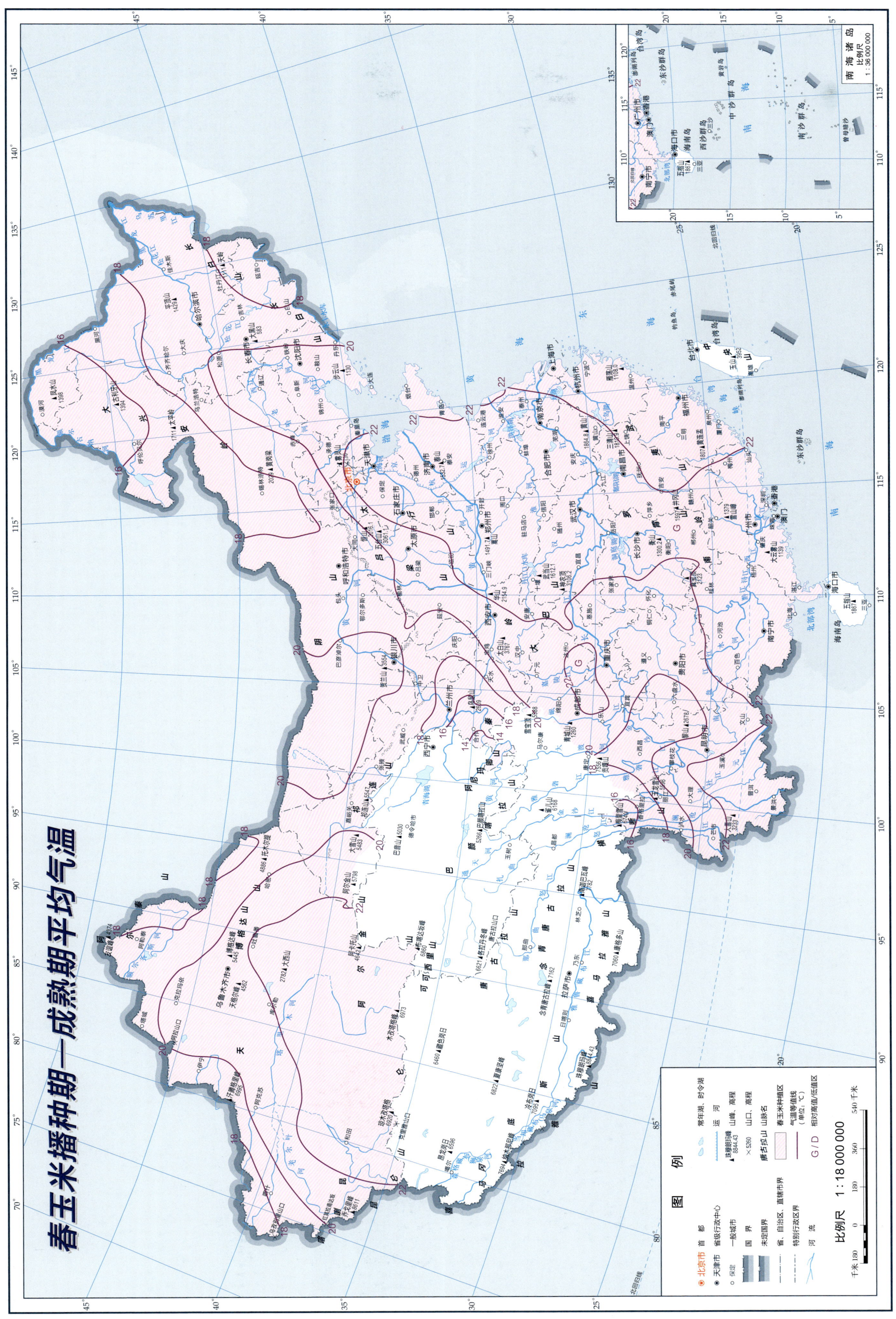

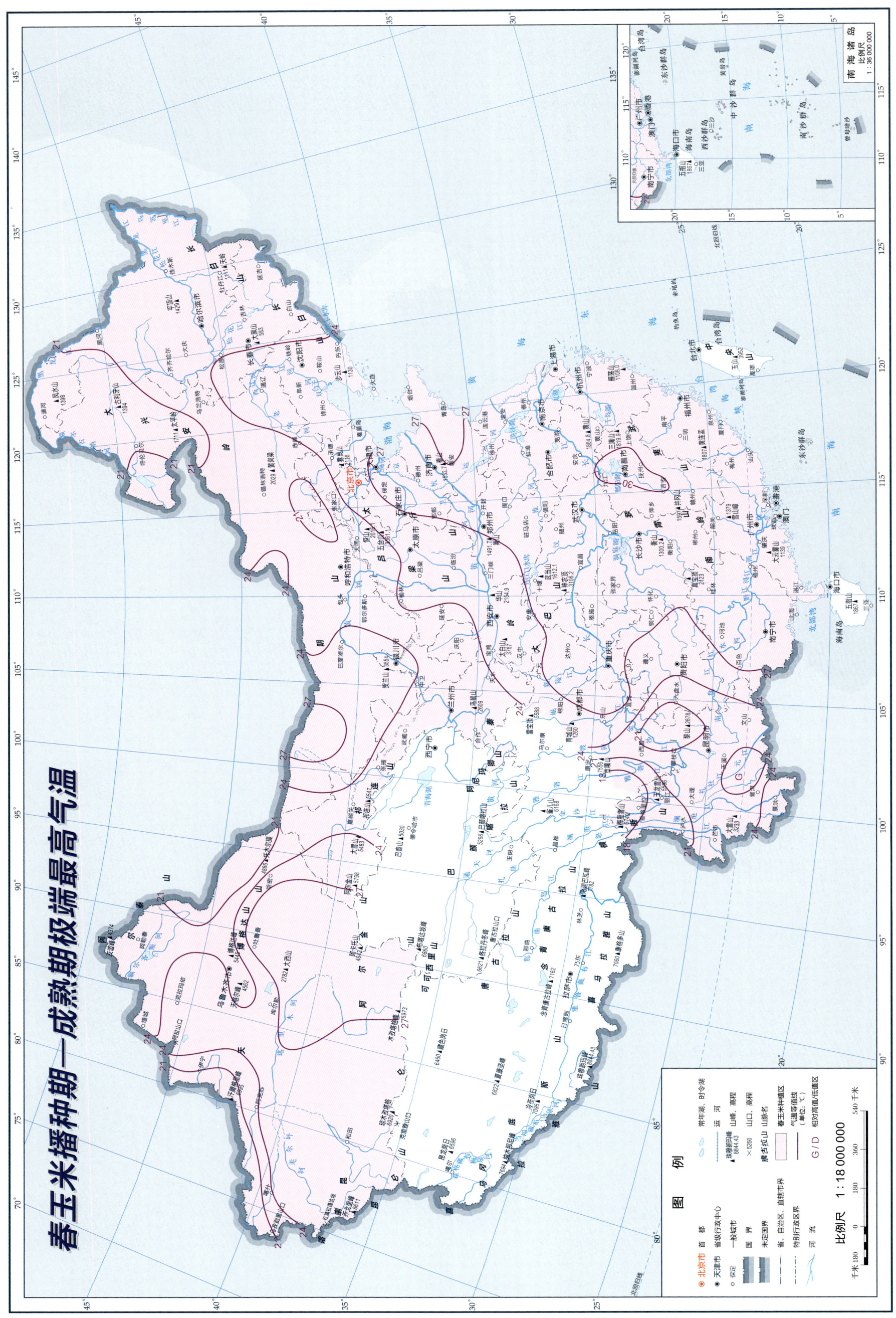

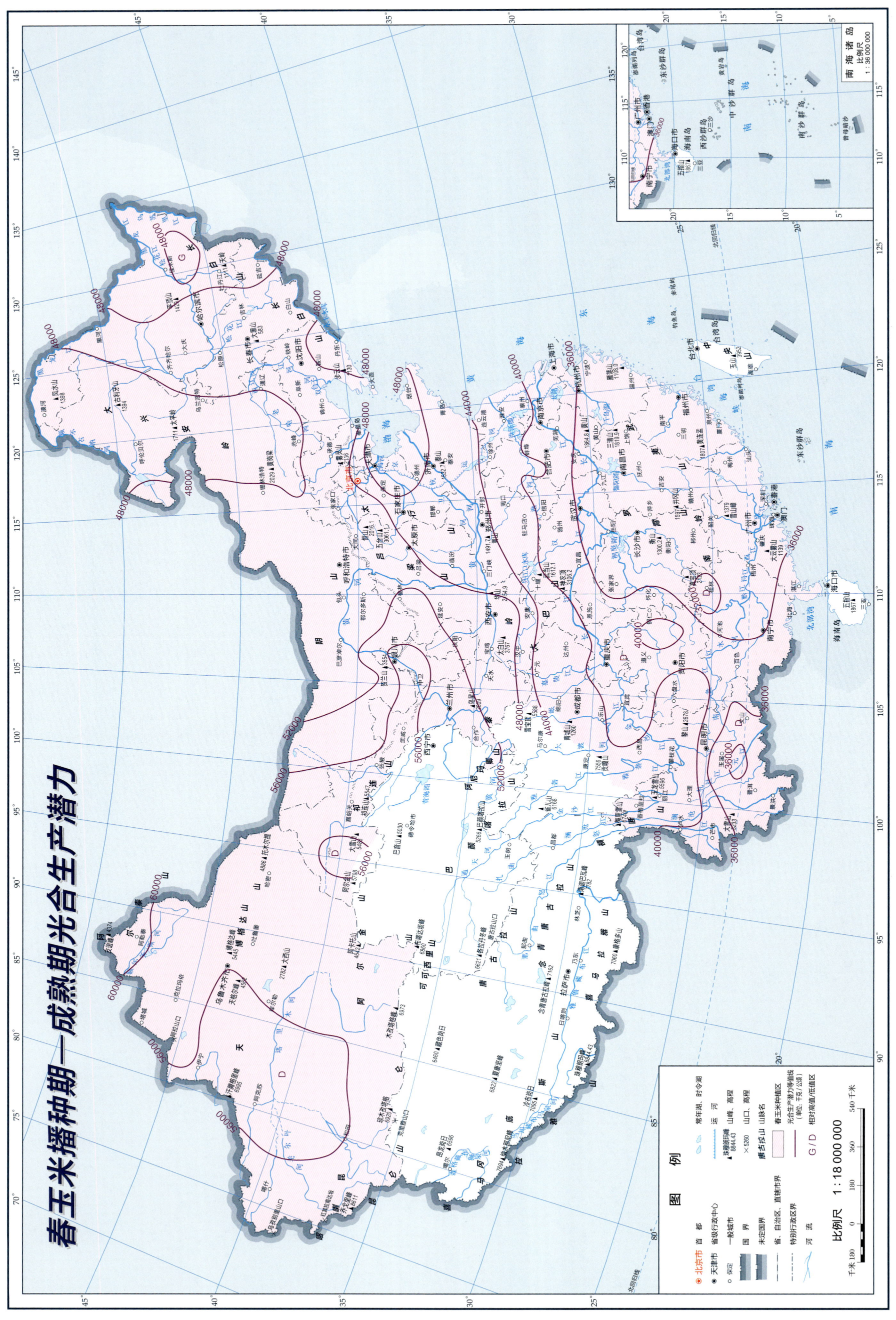

春玉米播种期—成熟期光温生产潜力

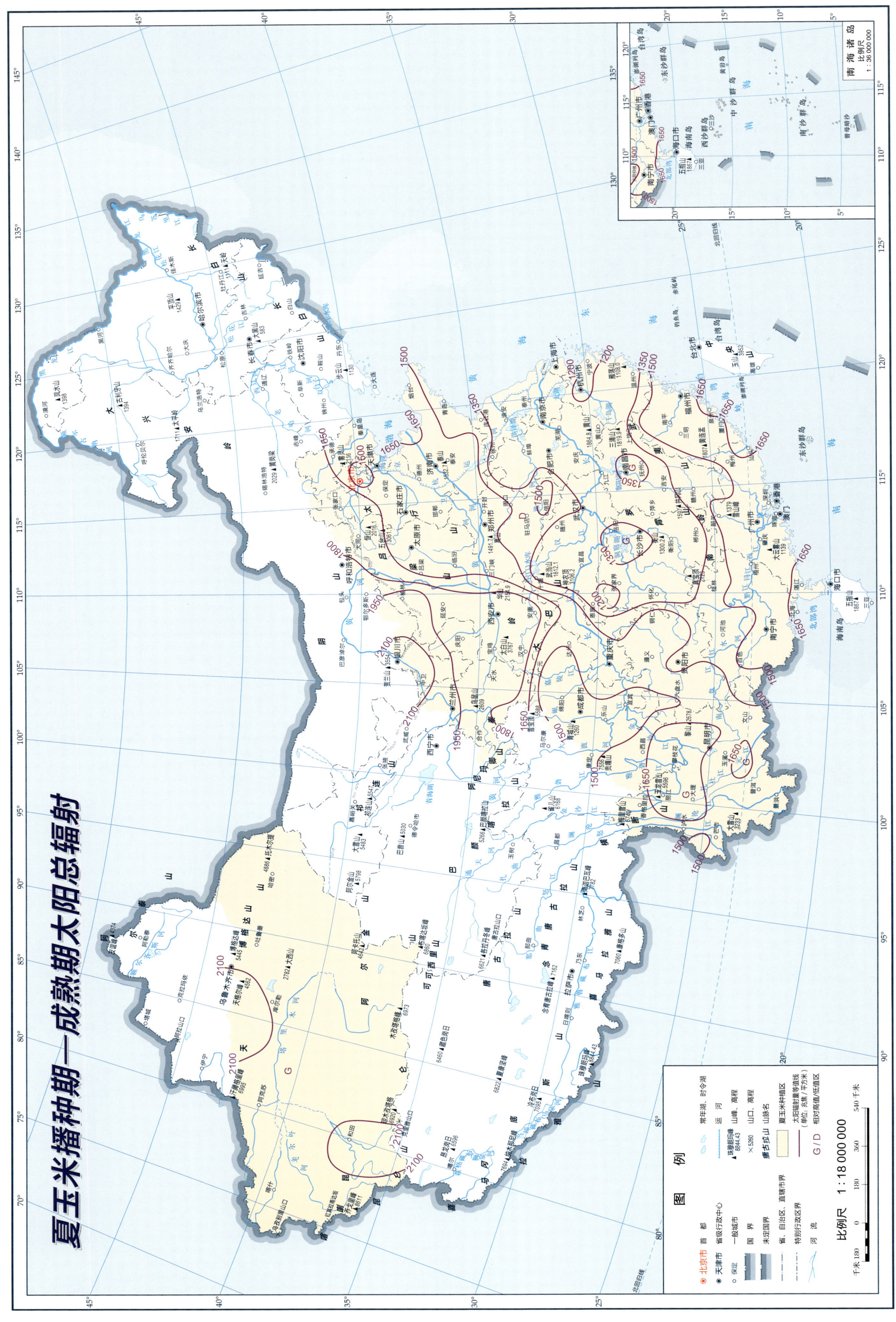

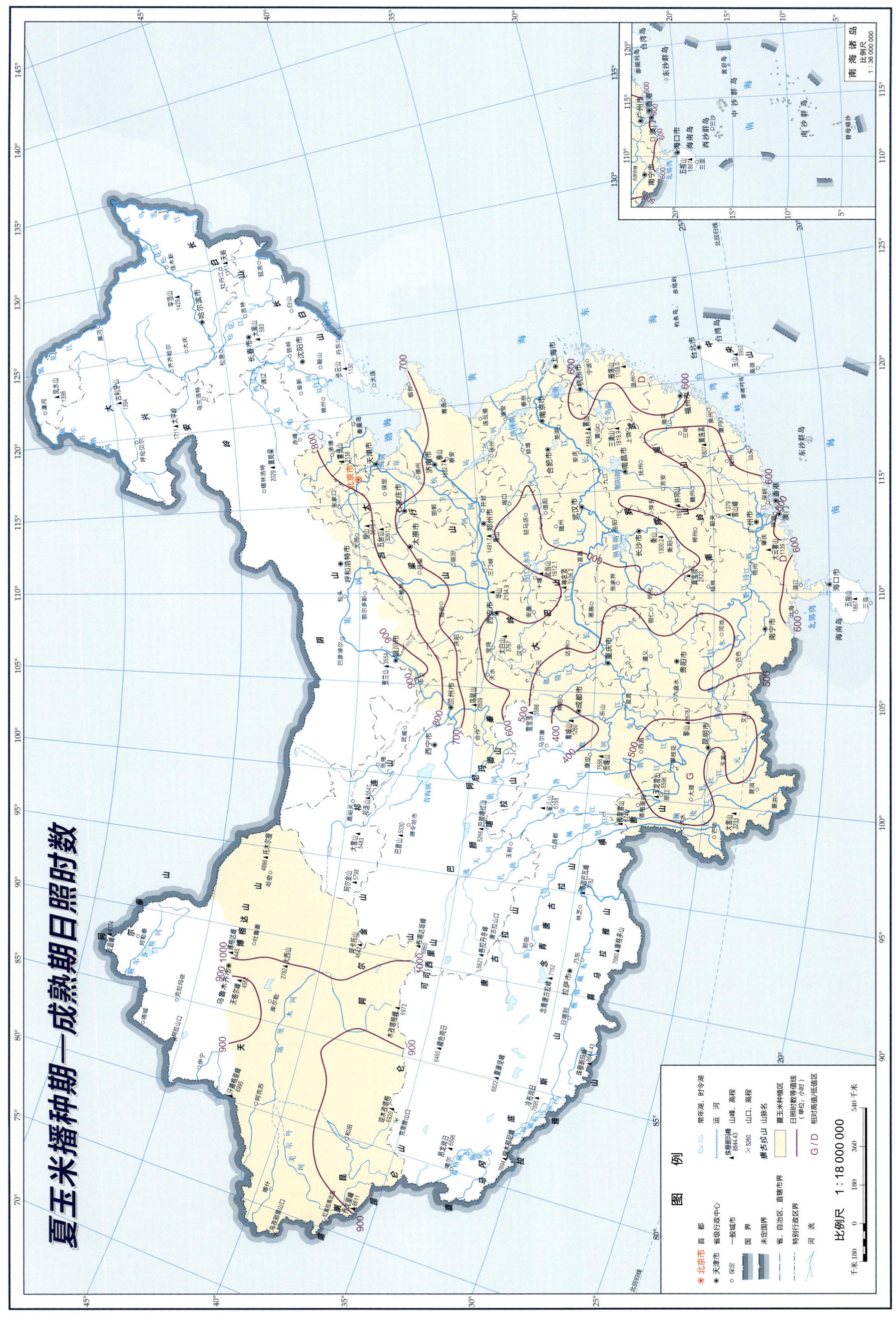

夏玉米播种期—成熟期日照百分率

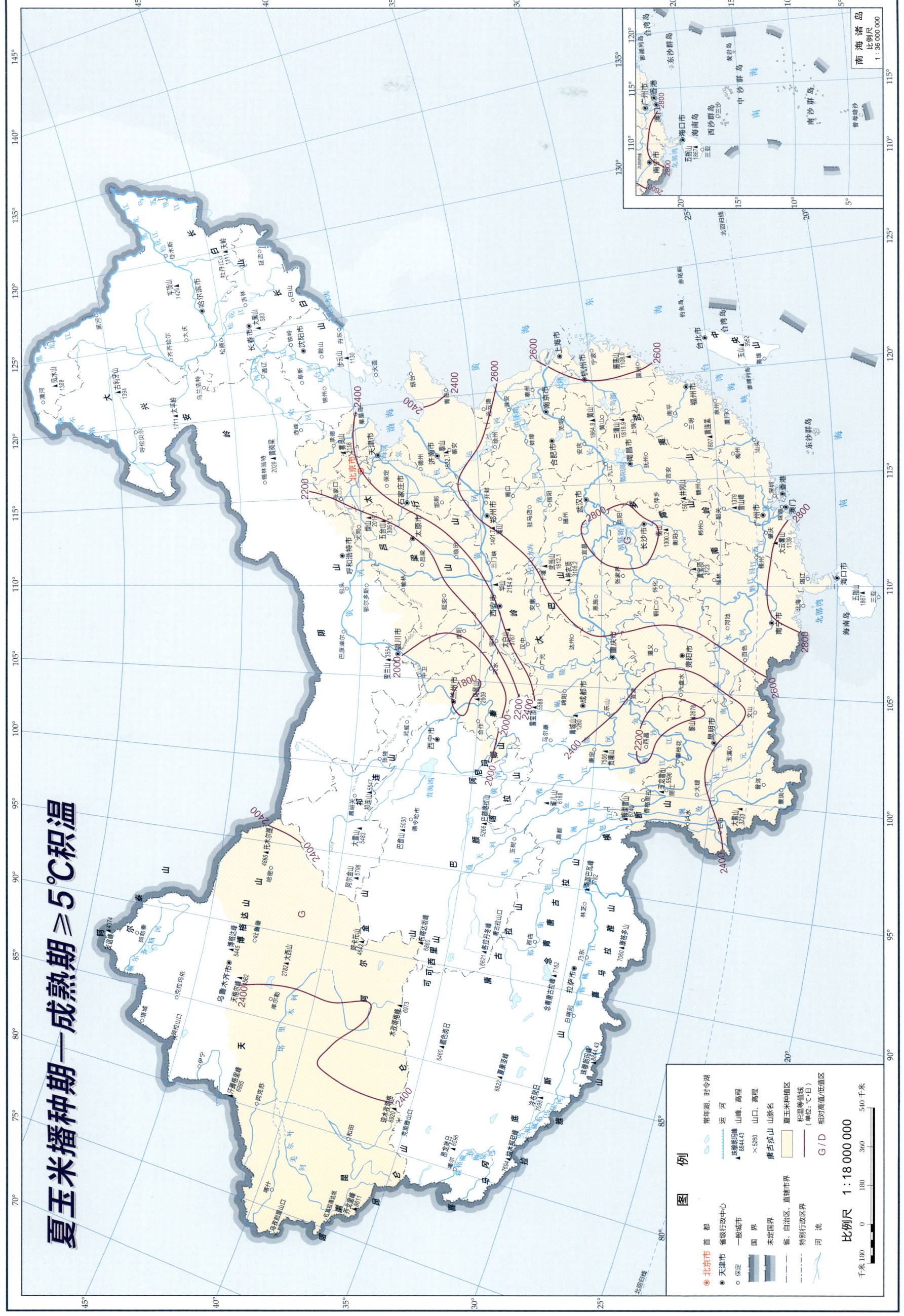

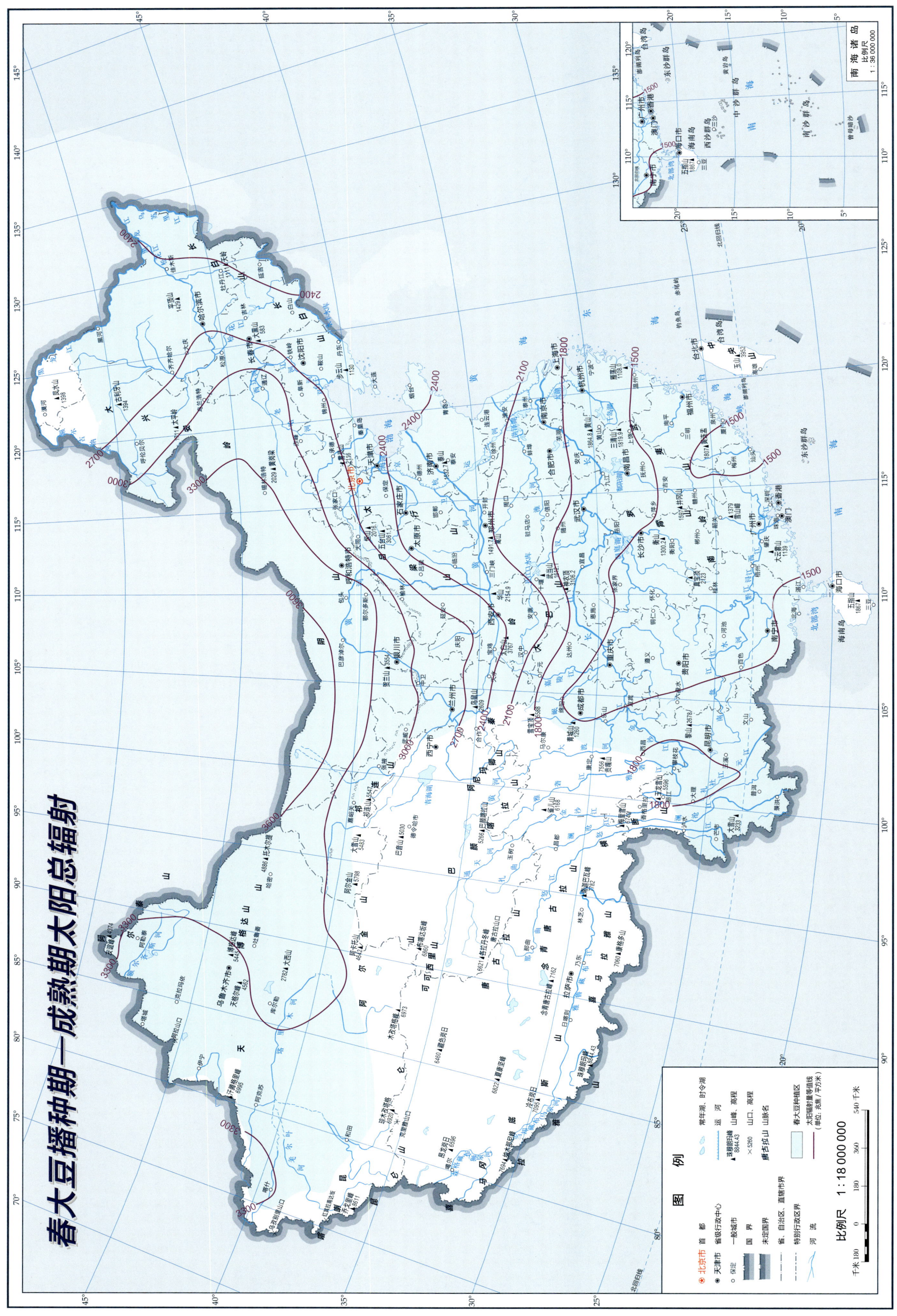

春大豆播种期—成熟期日照时数

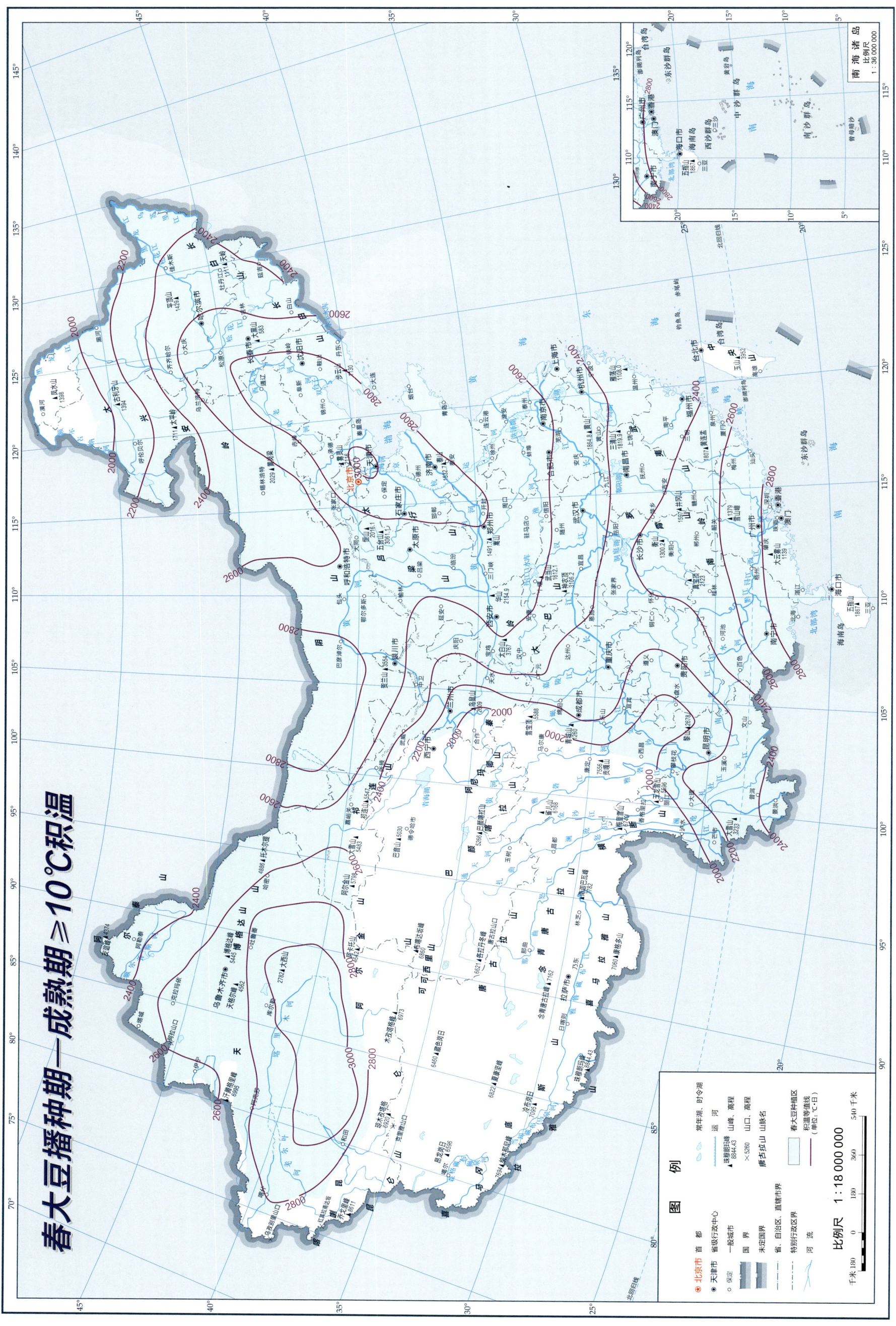

夏大豆播种期—分枝期 ≥10℃积温

作物光温资源卷 137

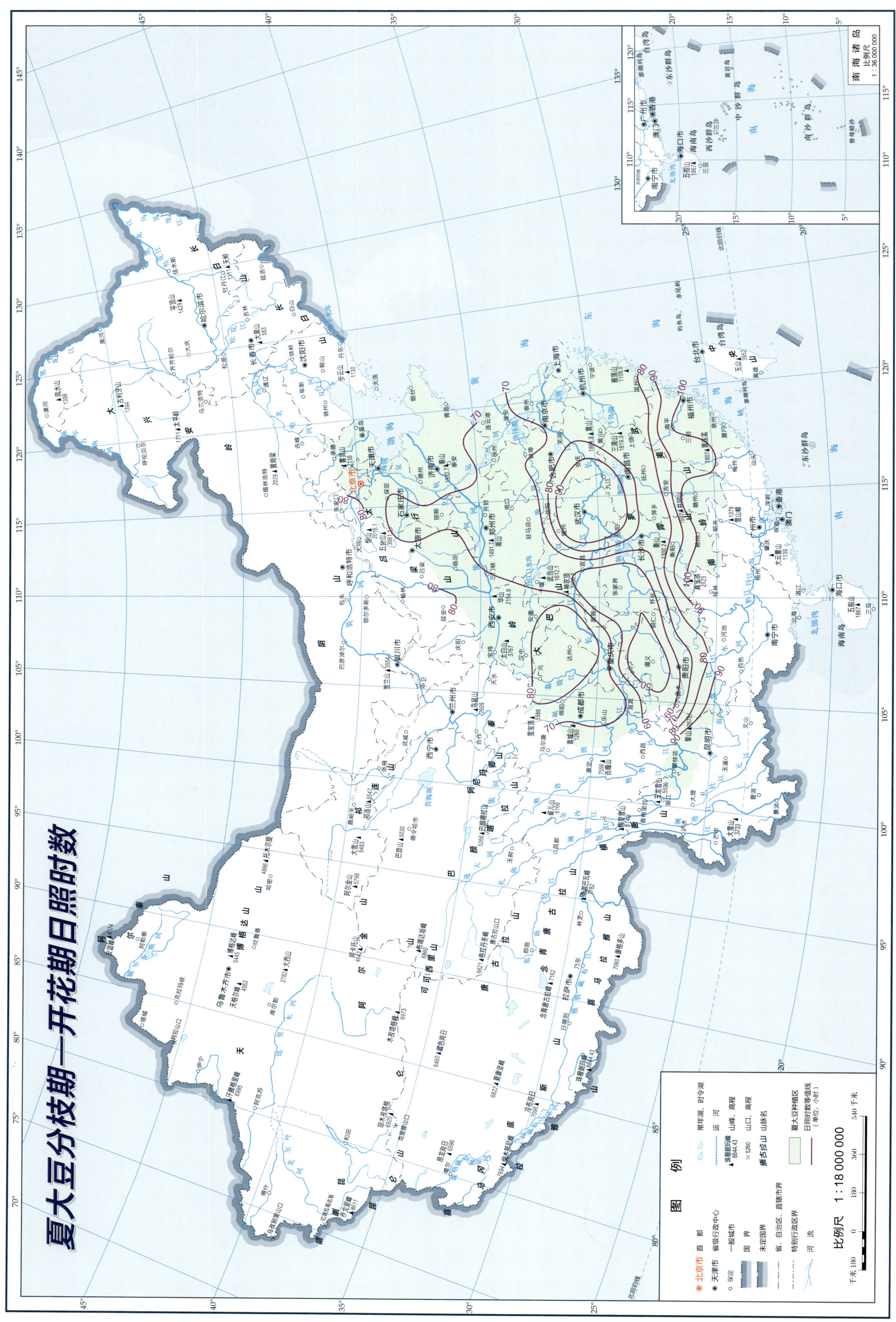

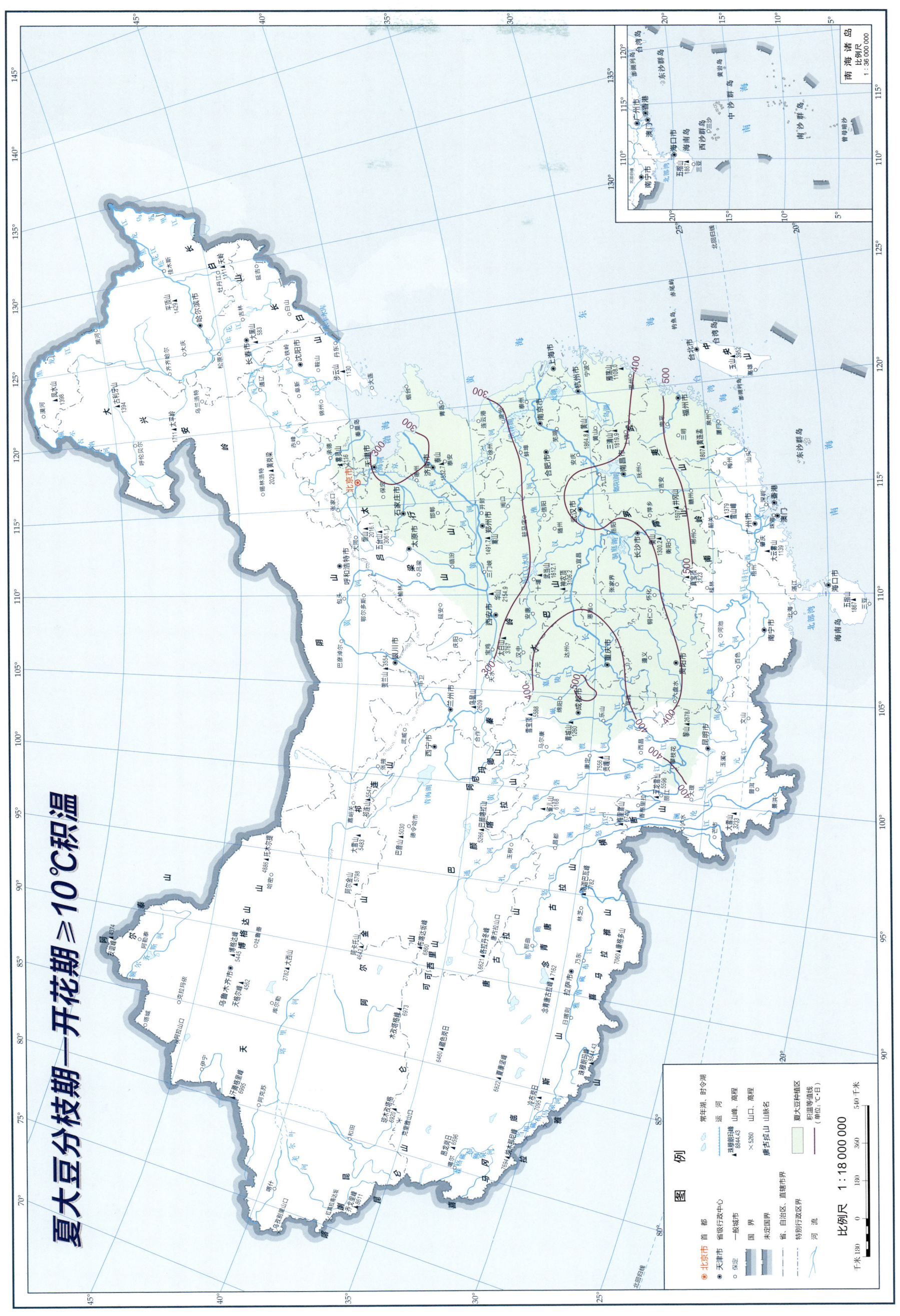

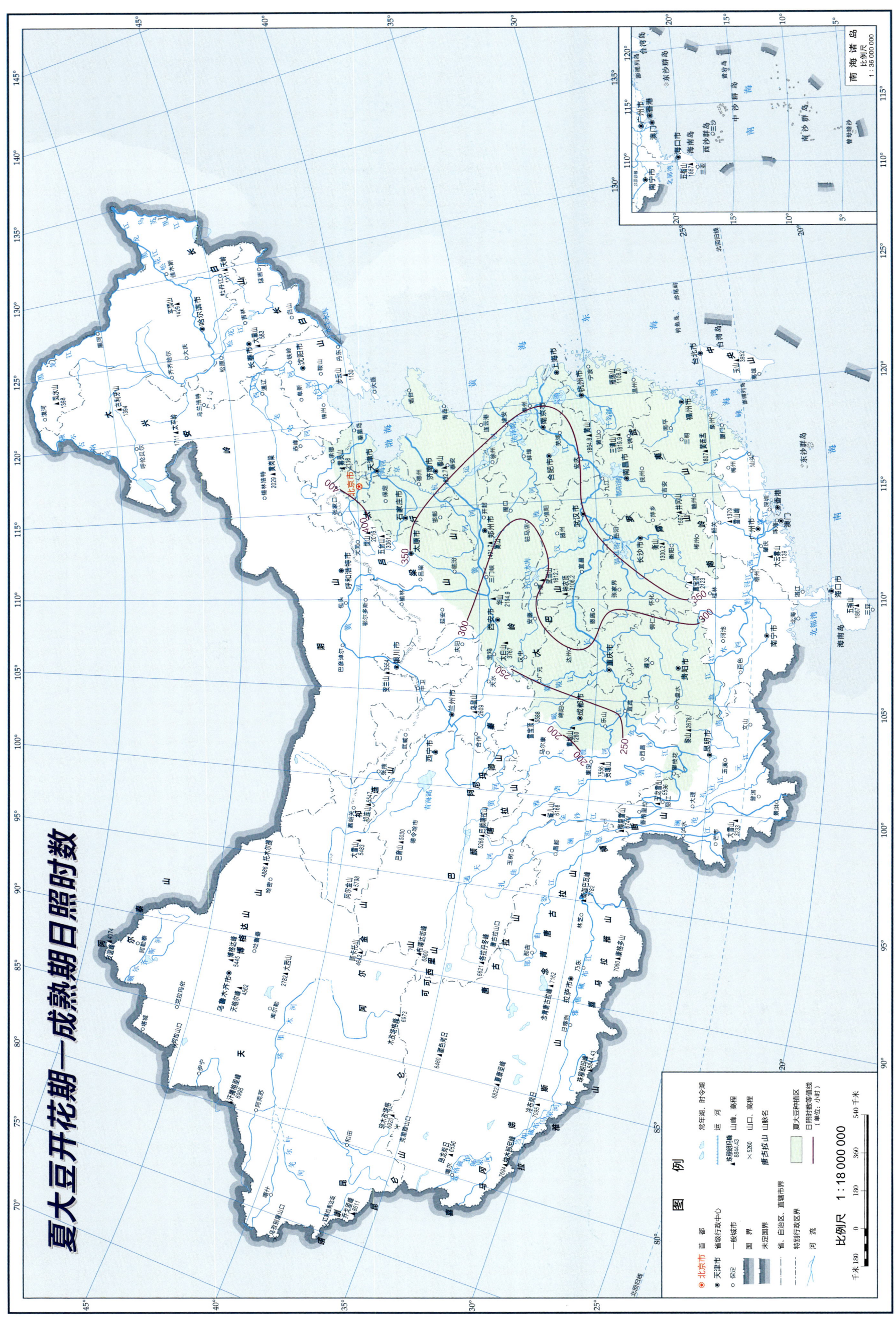

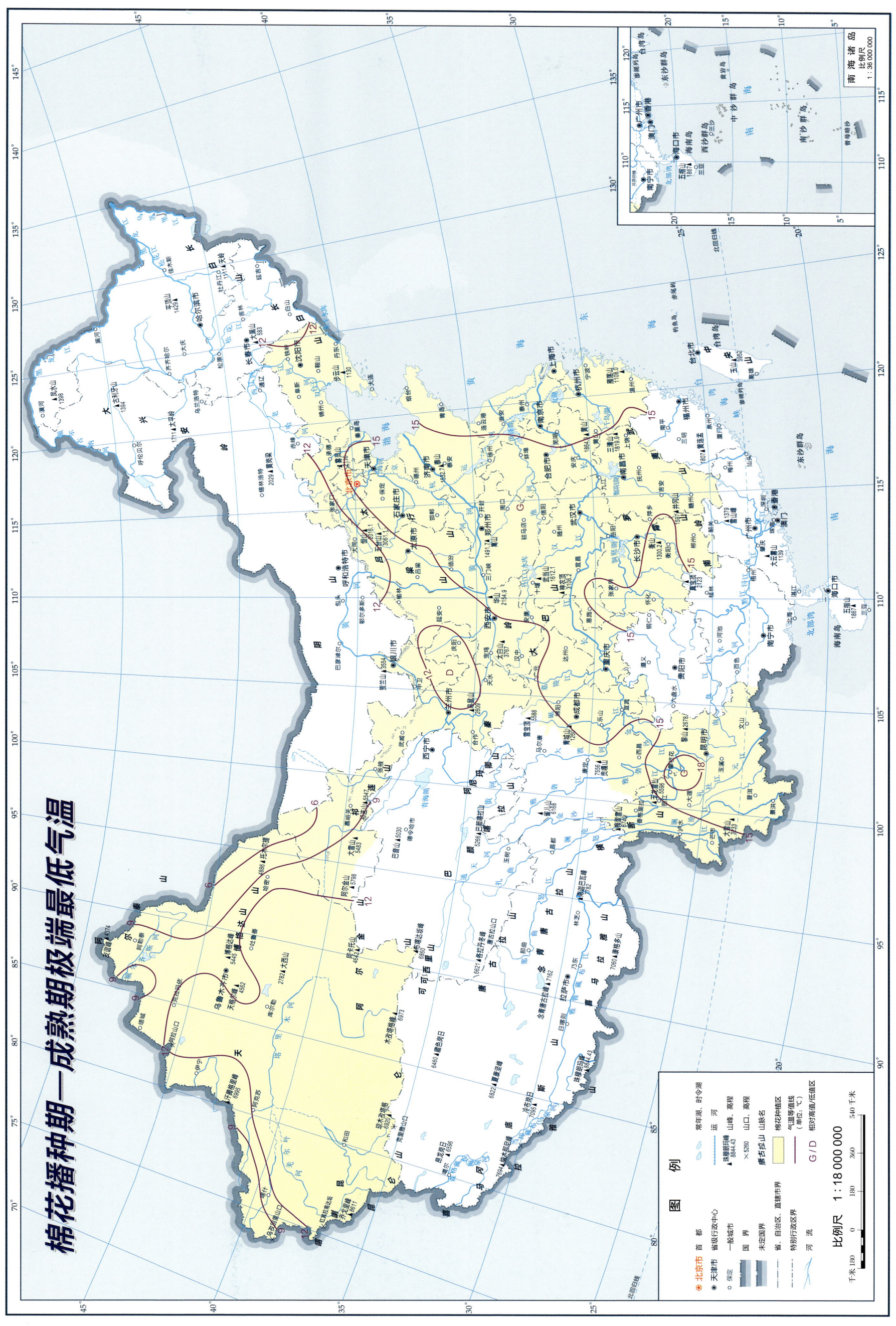

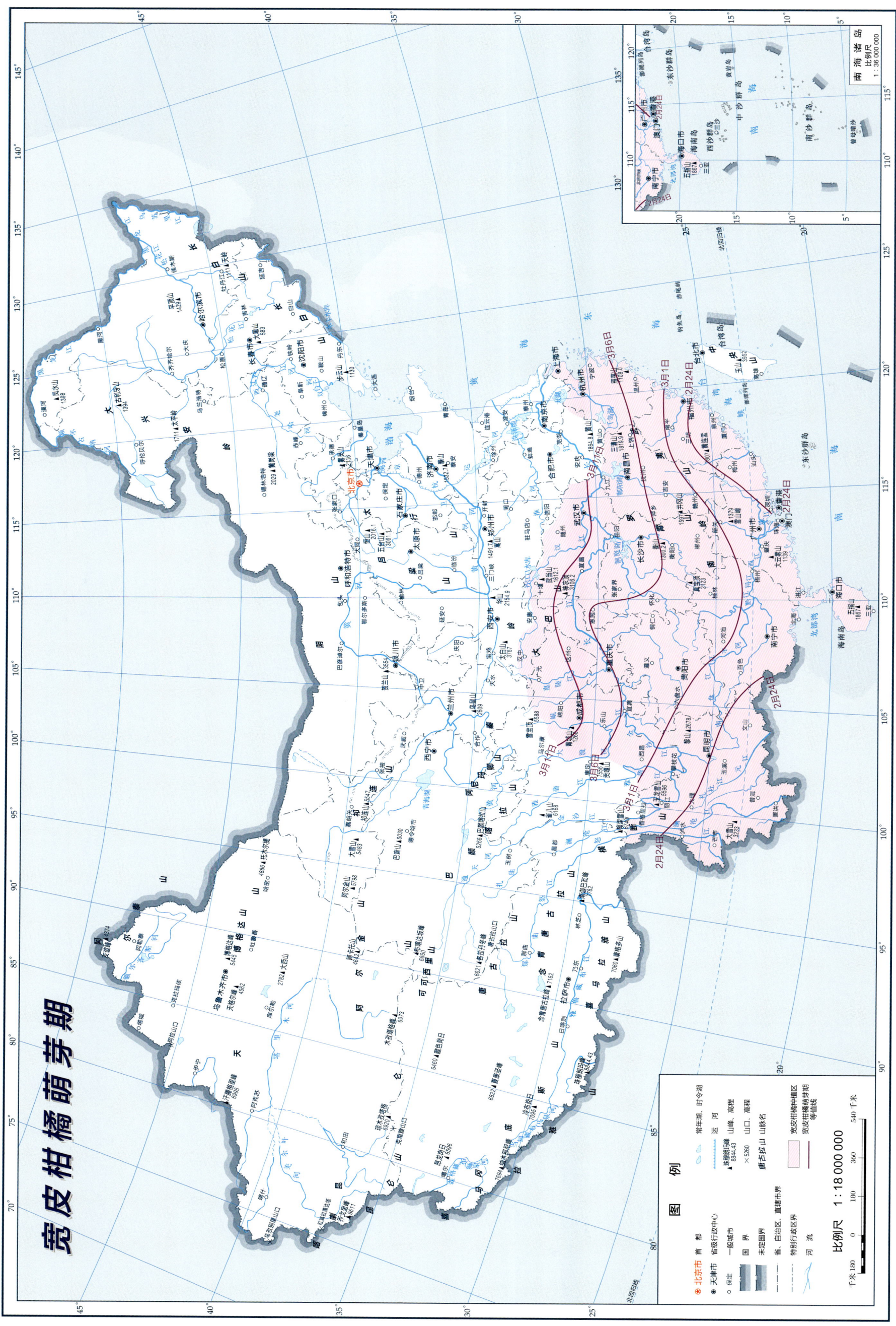

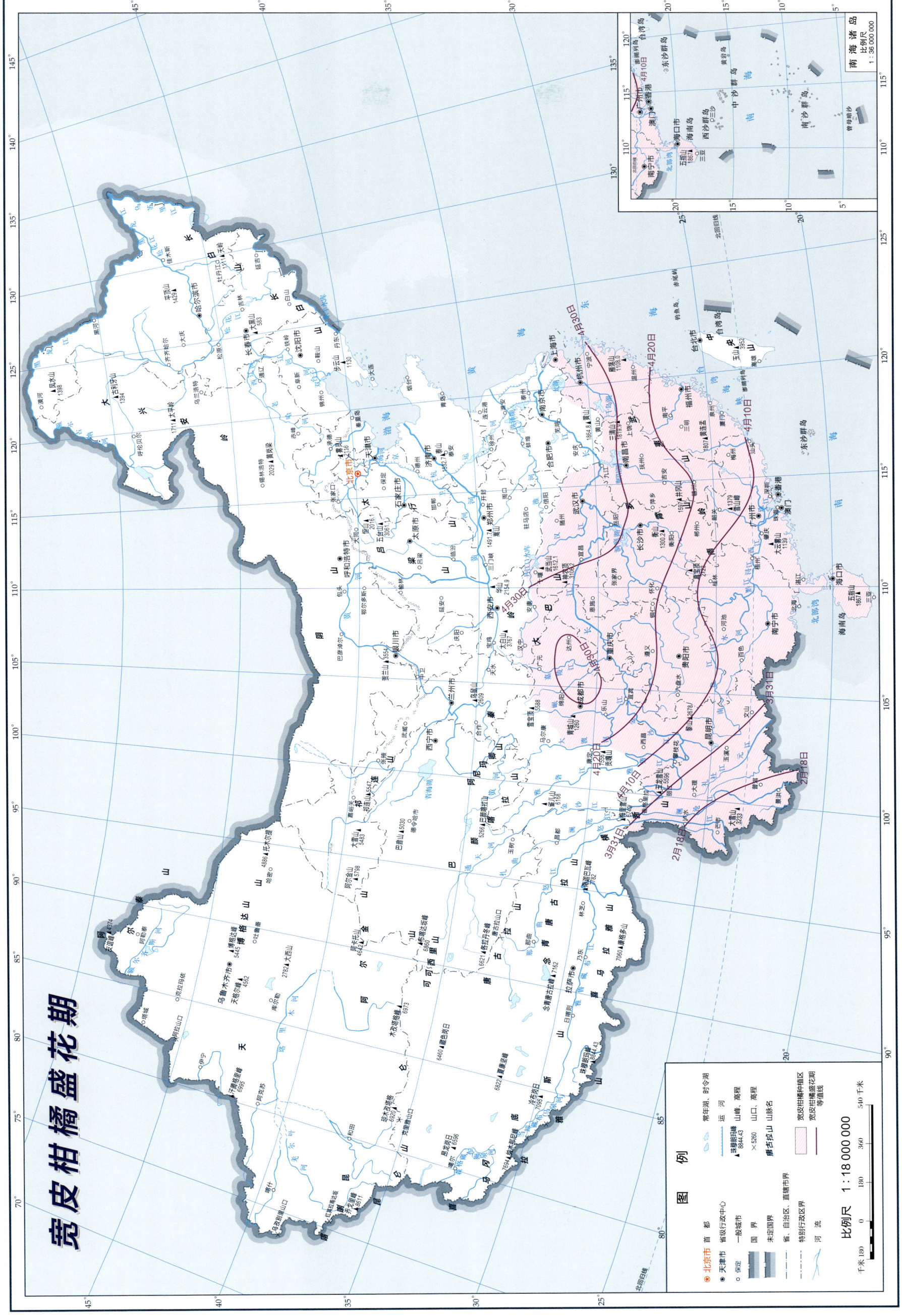

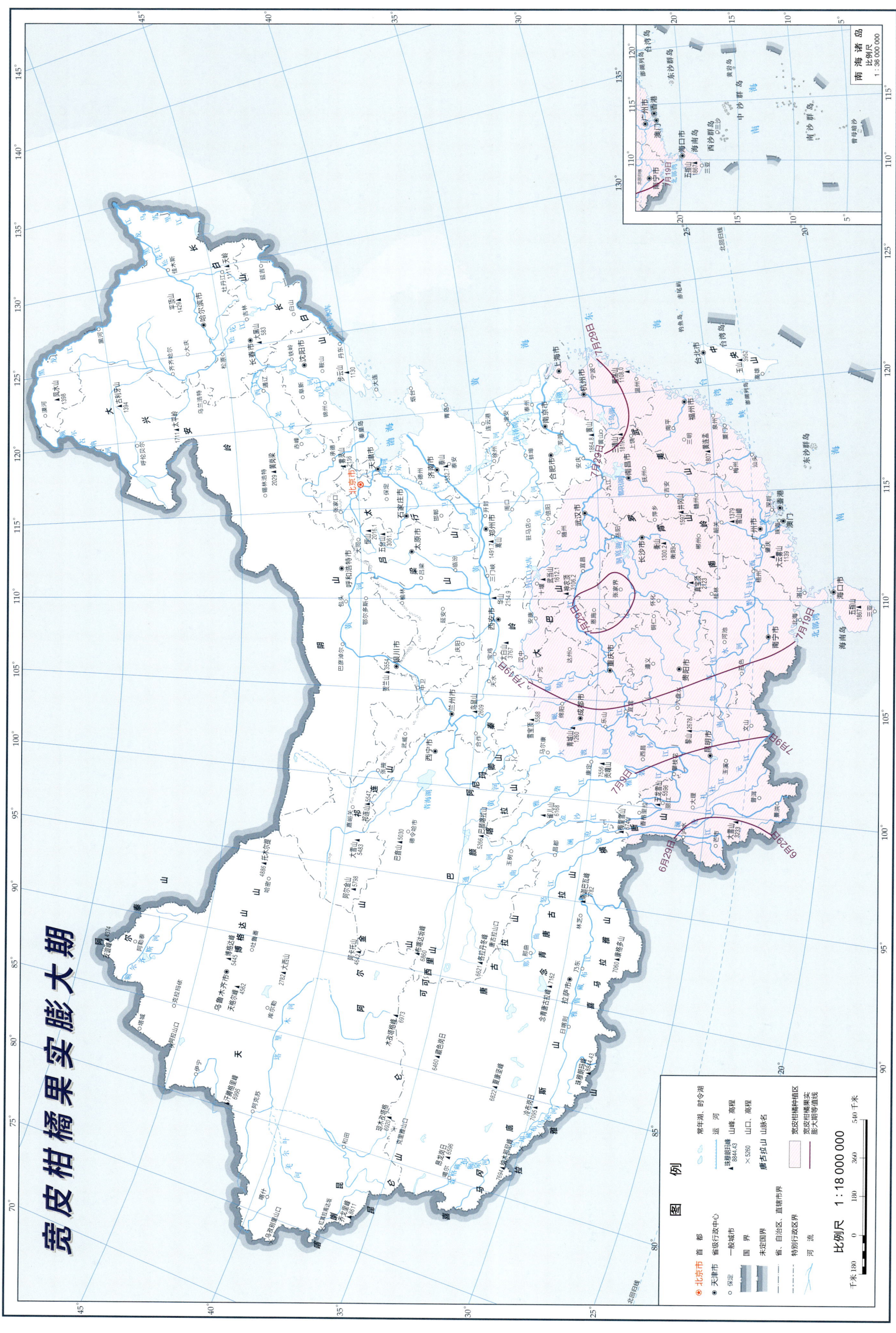

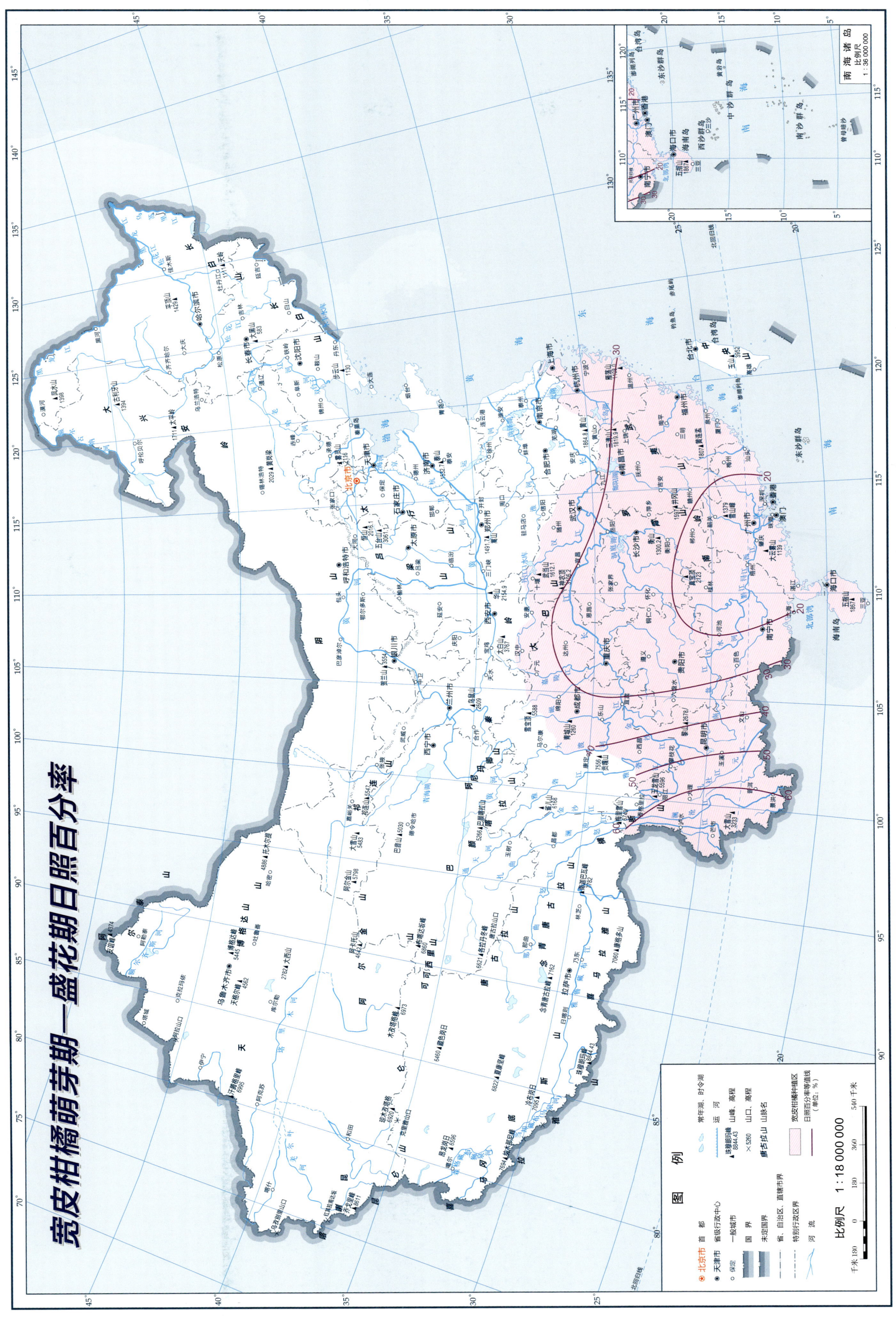

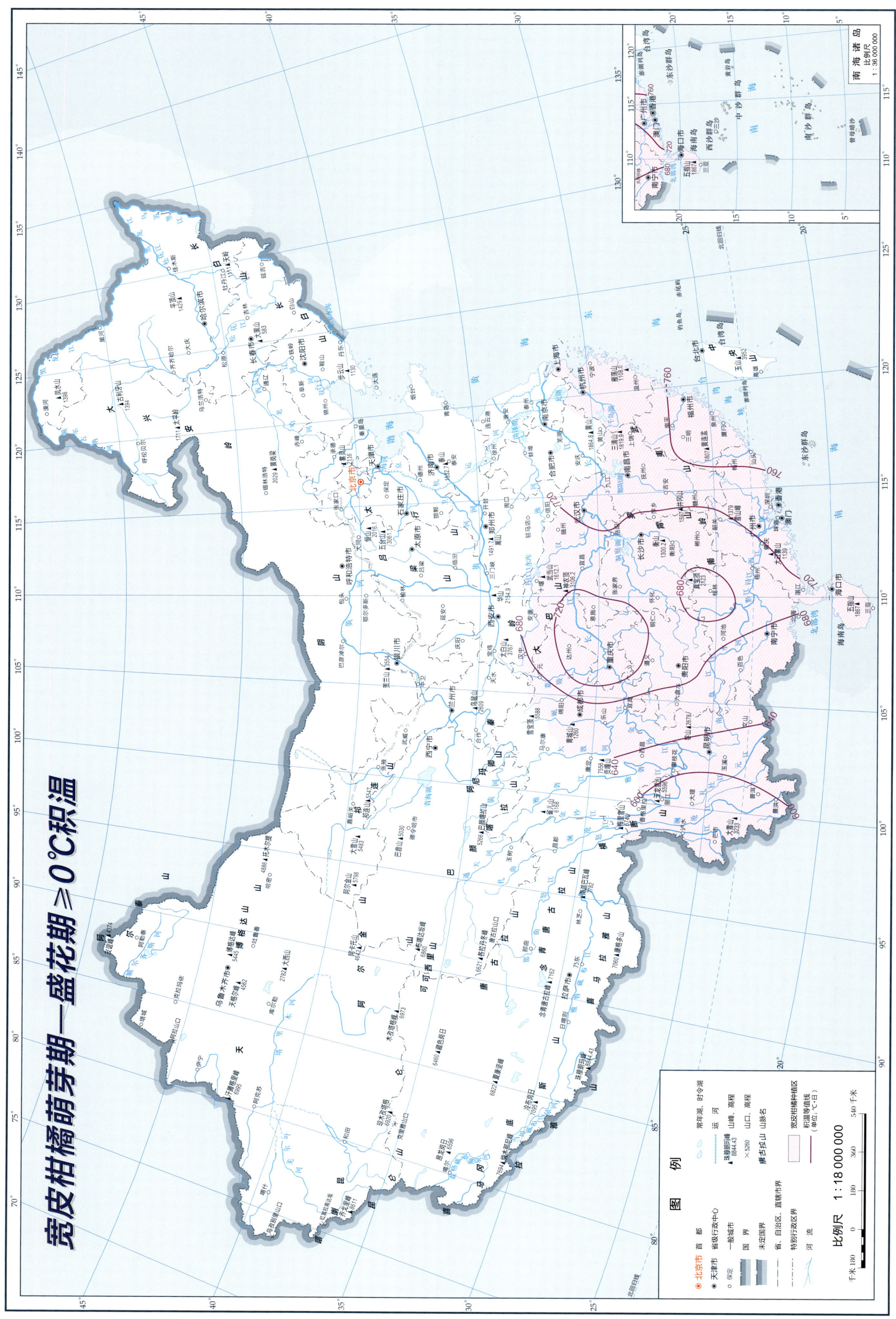

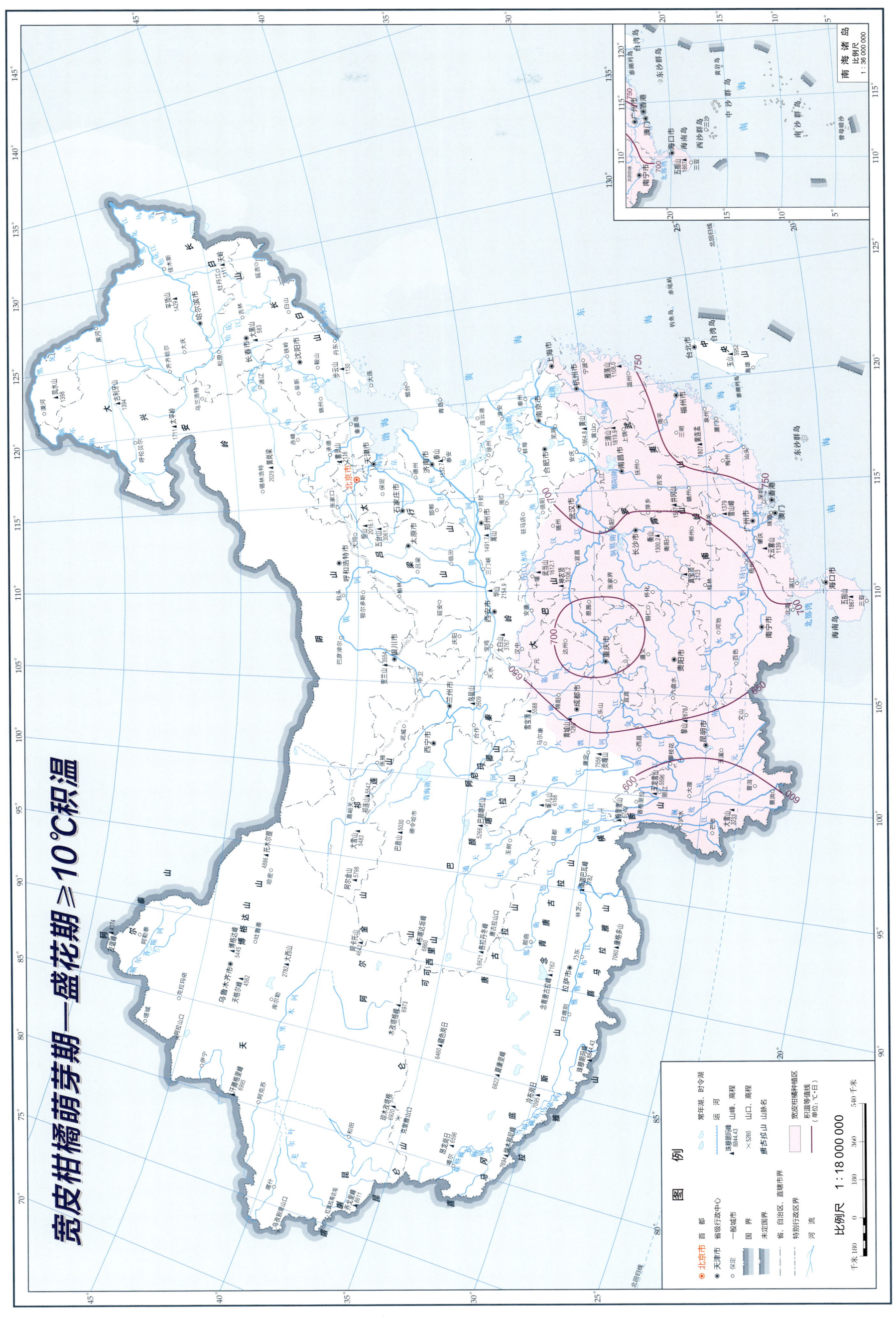

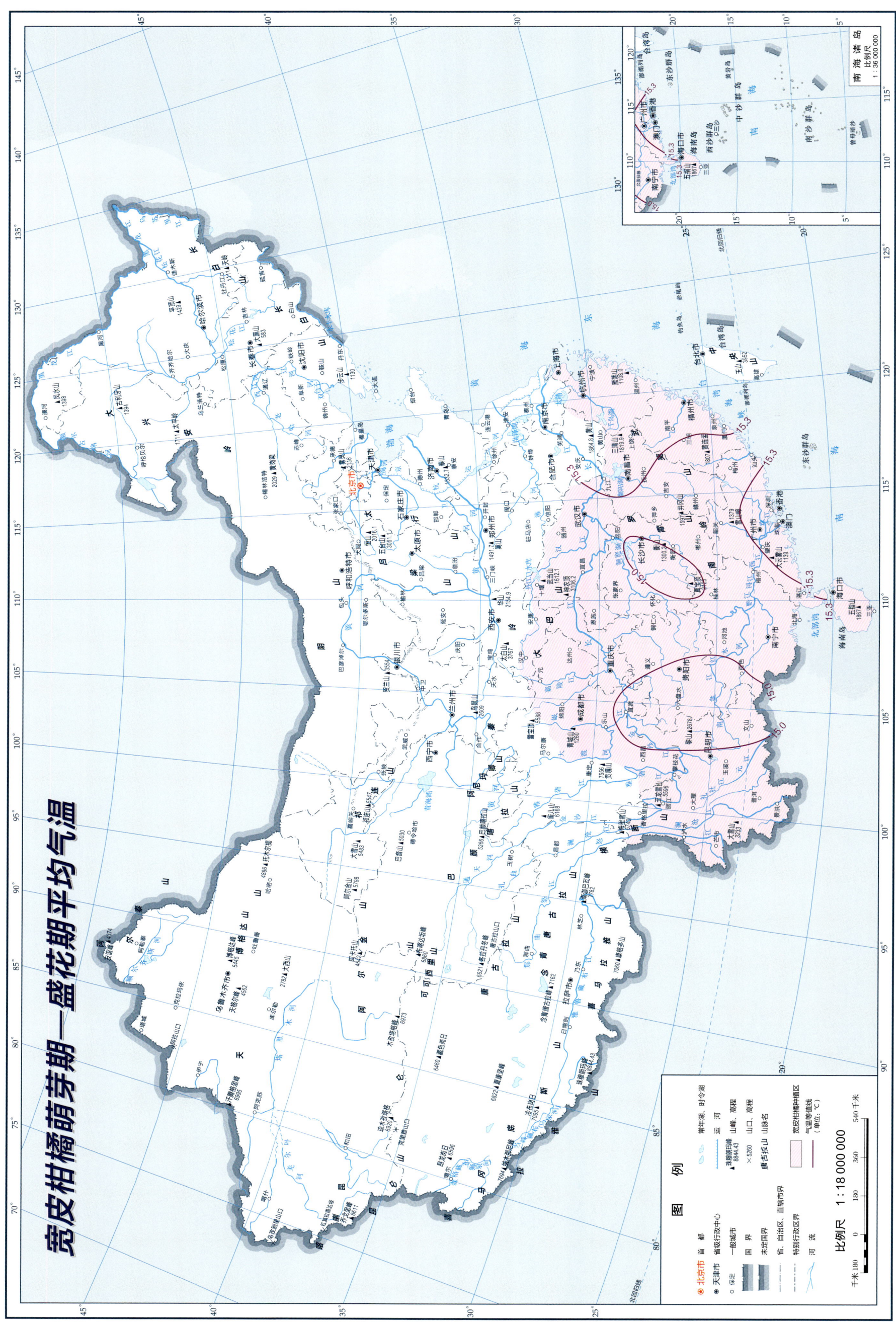

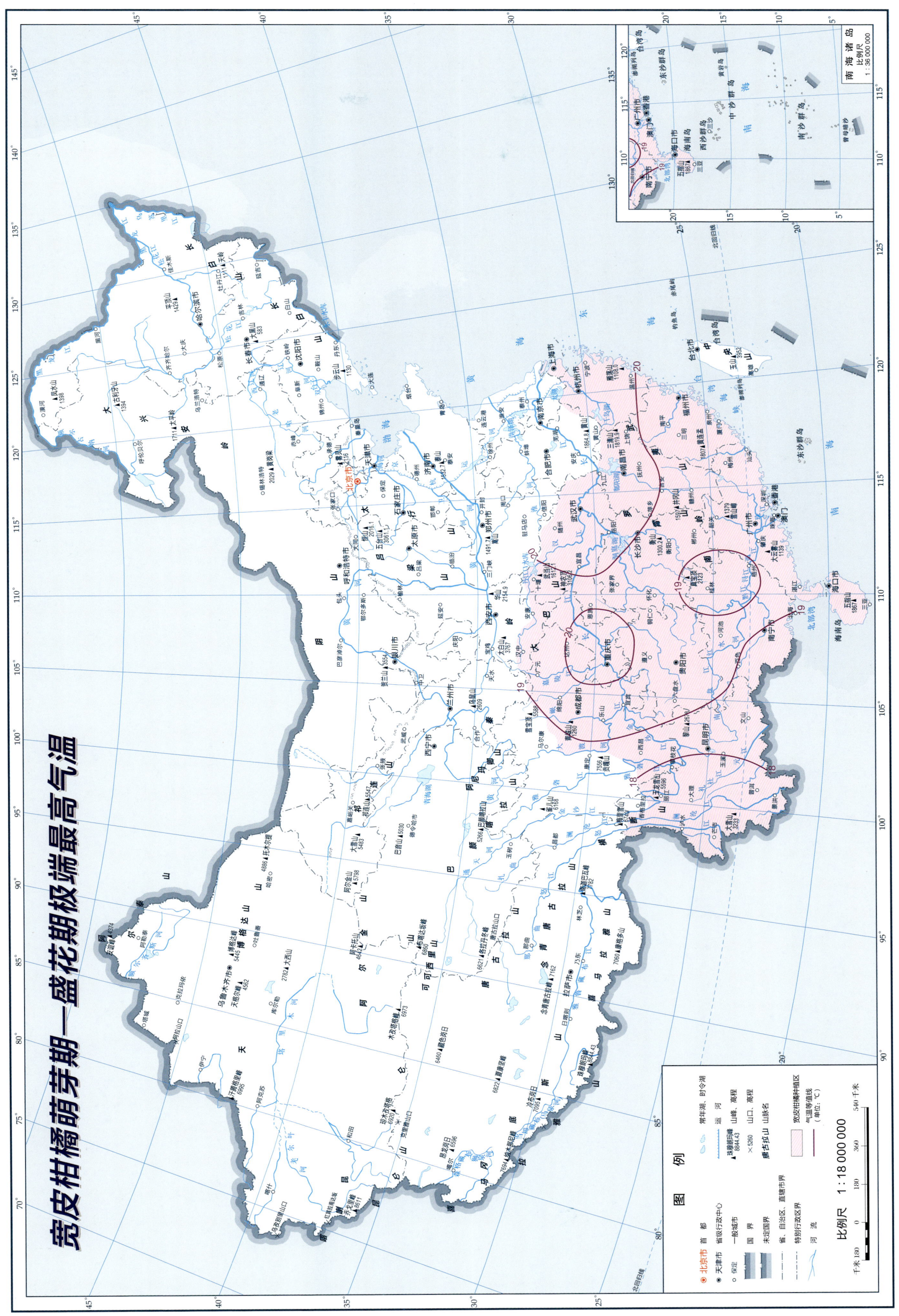

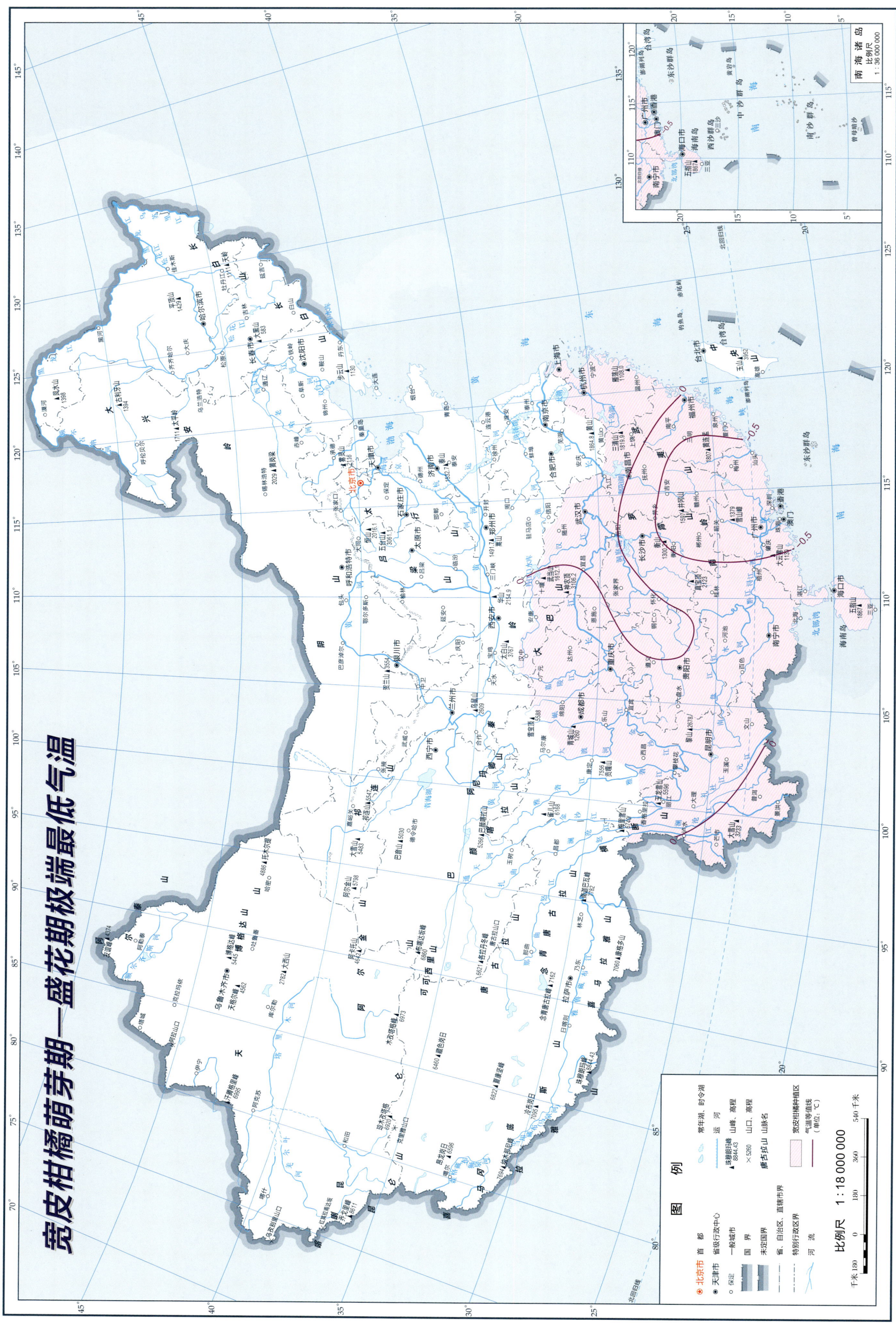

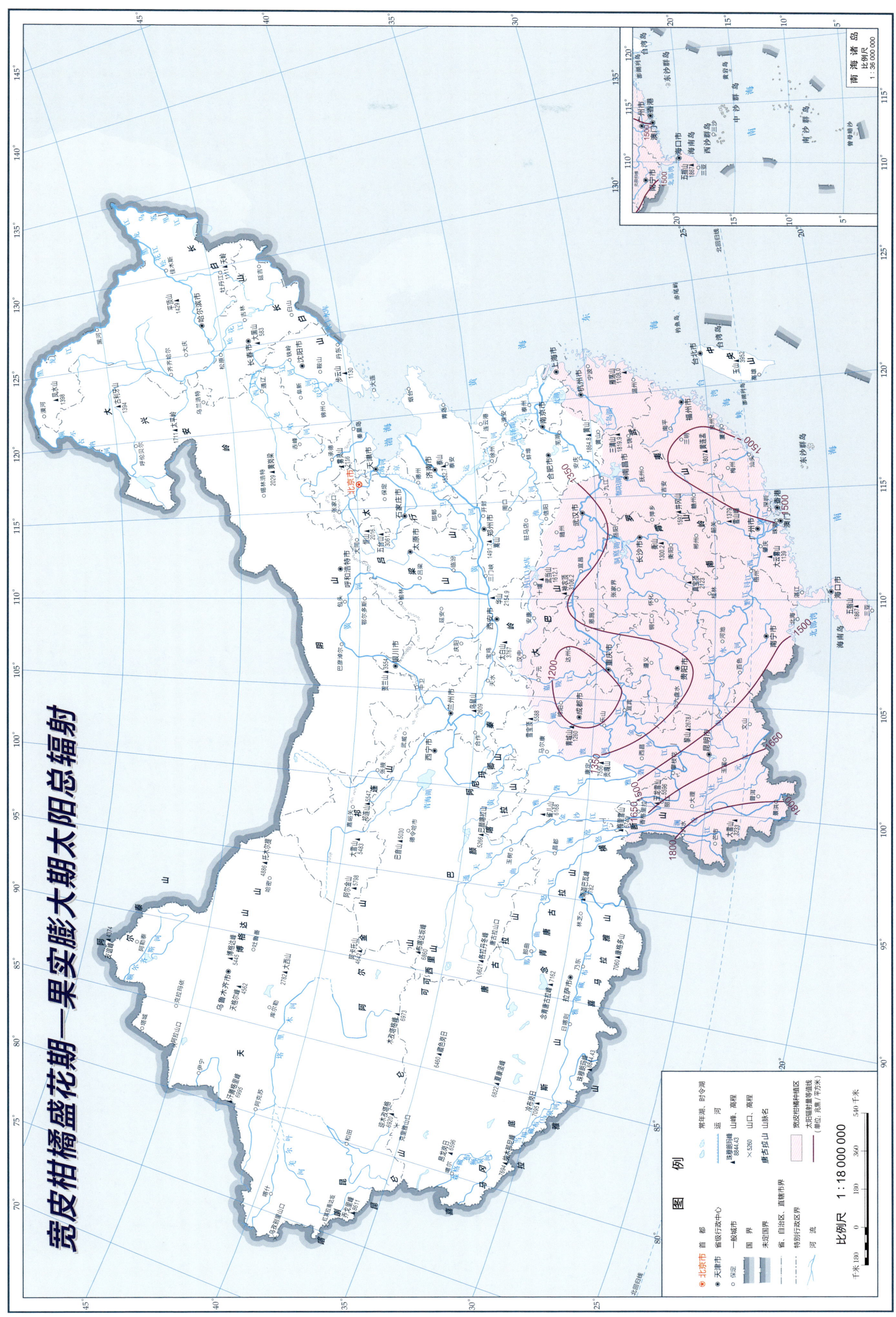

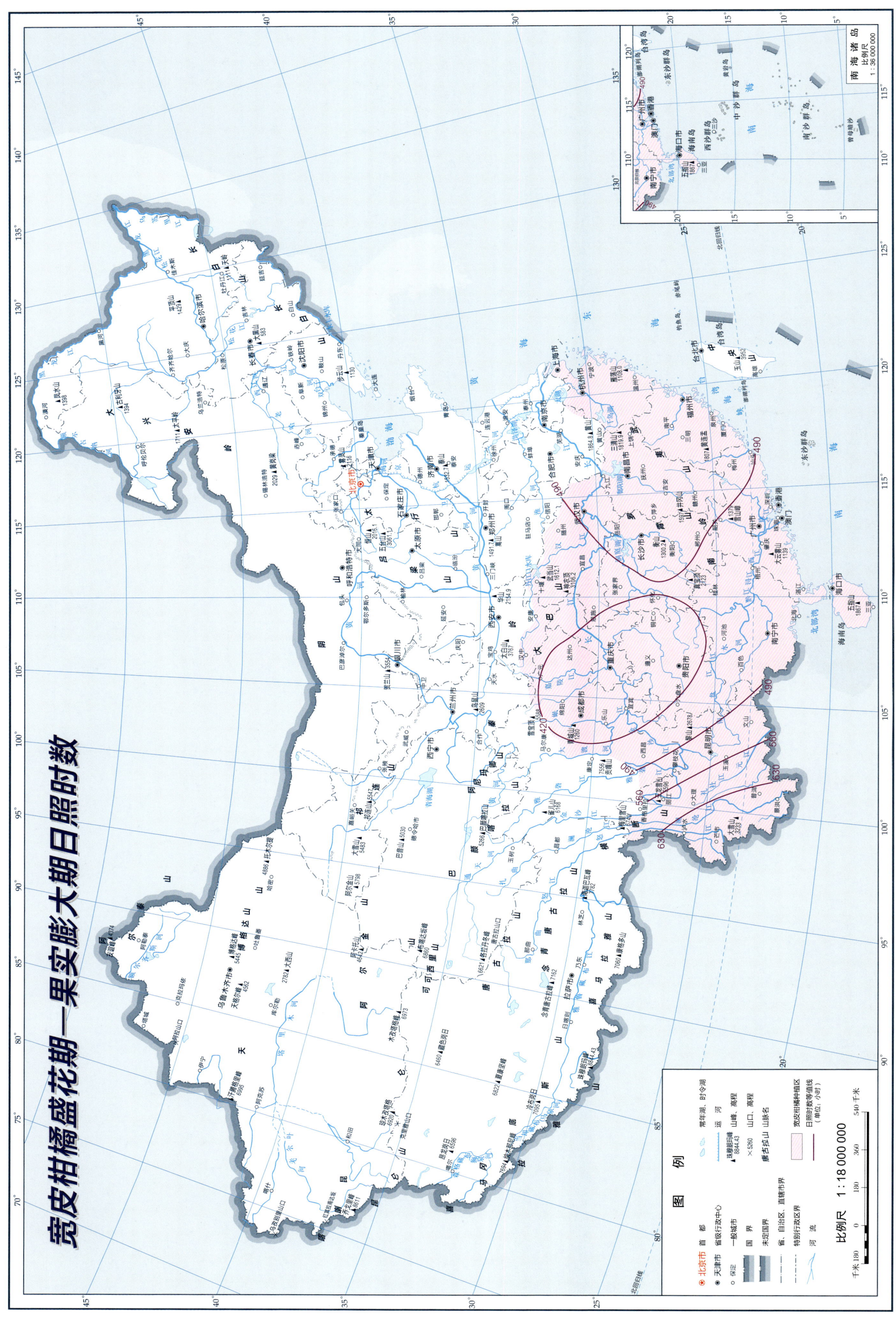

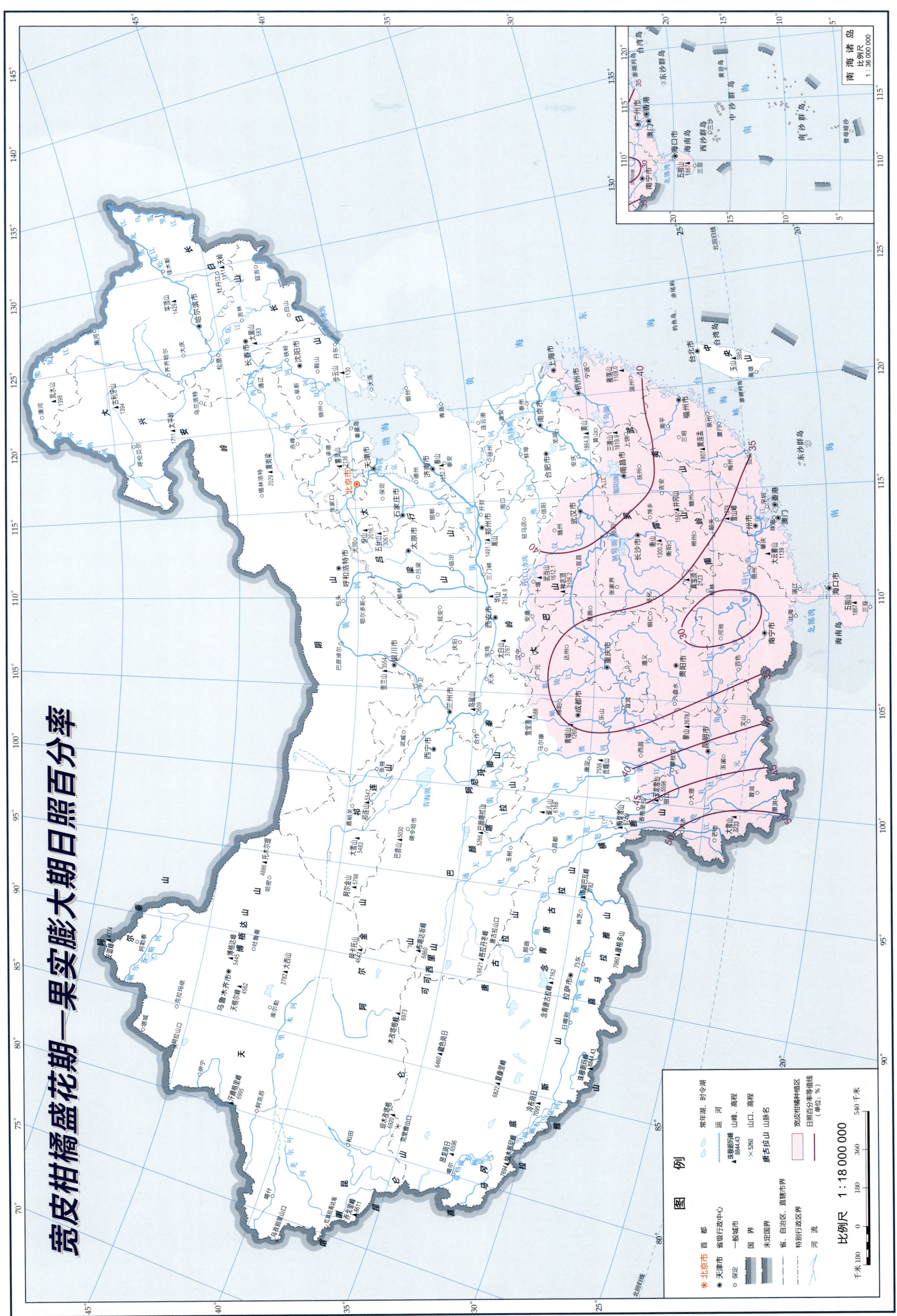

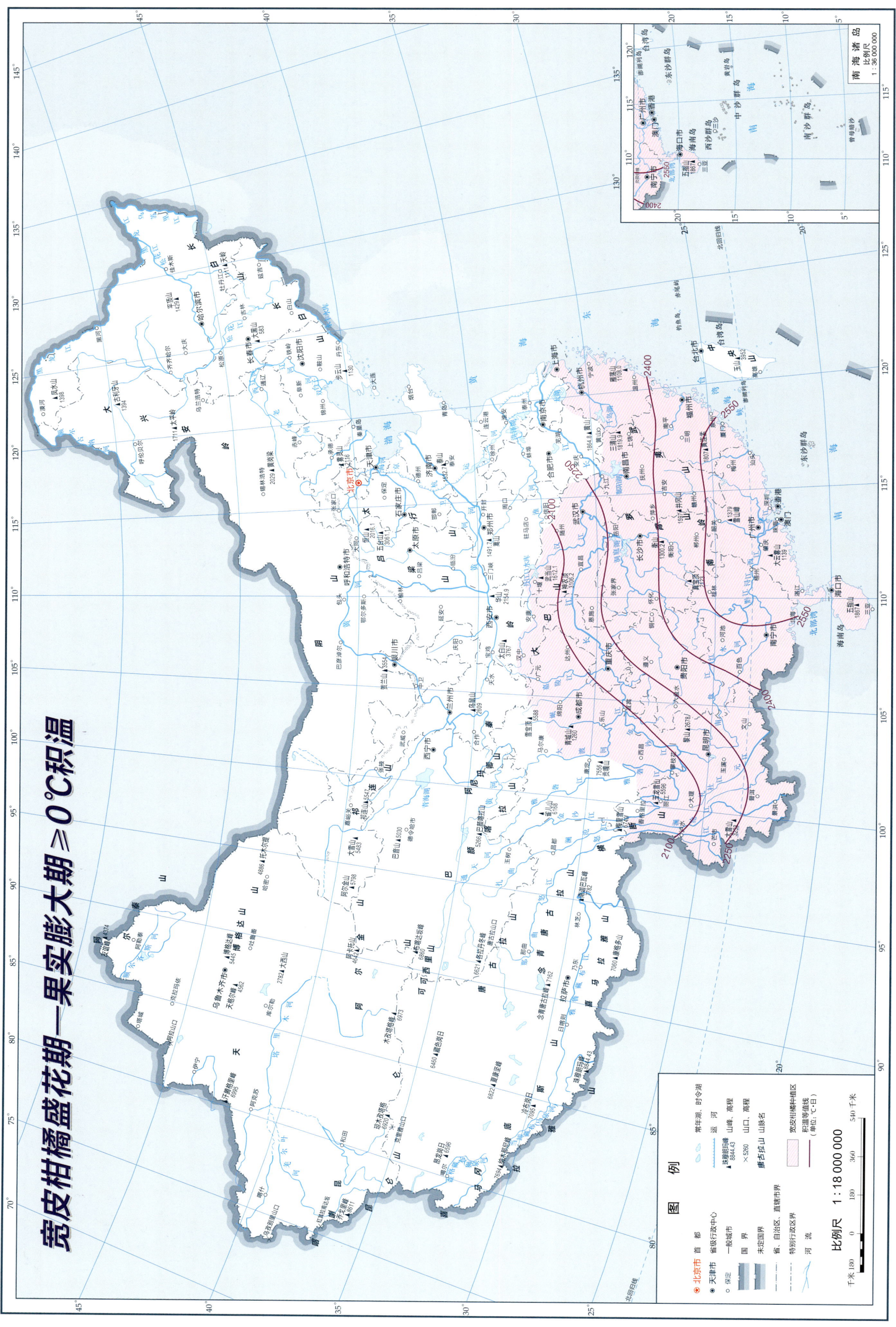

宽皮柑橘盛花期—果实膨大期 ≥0℃积温

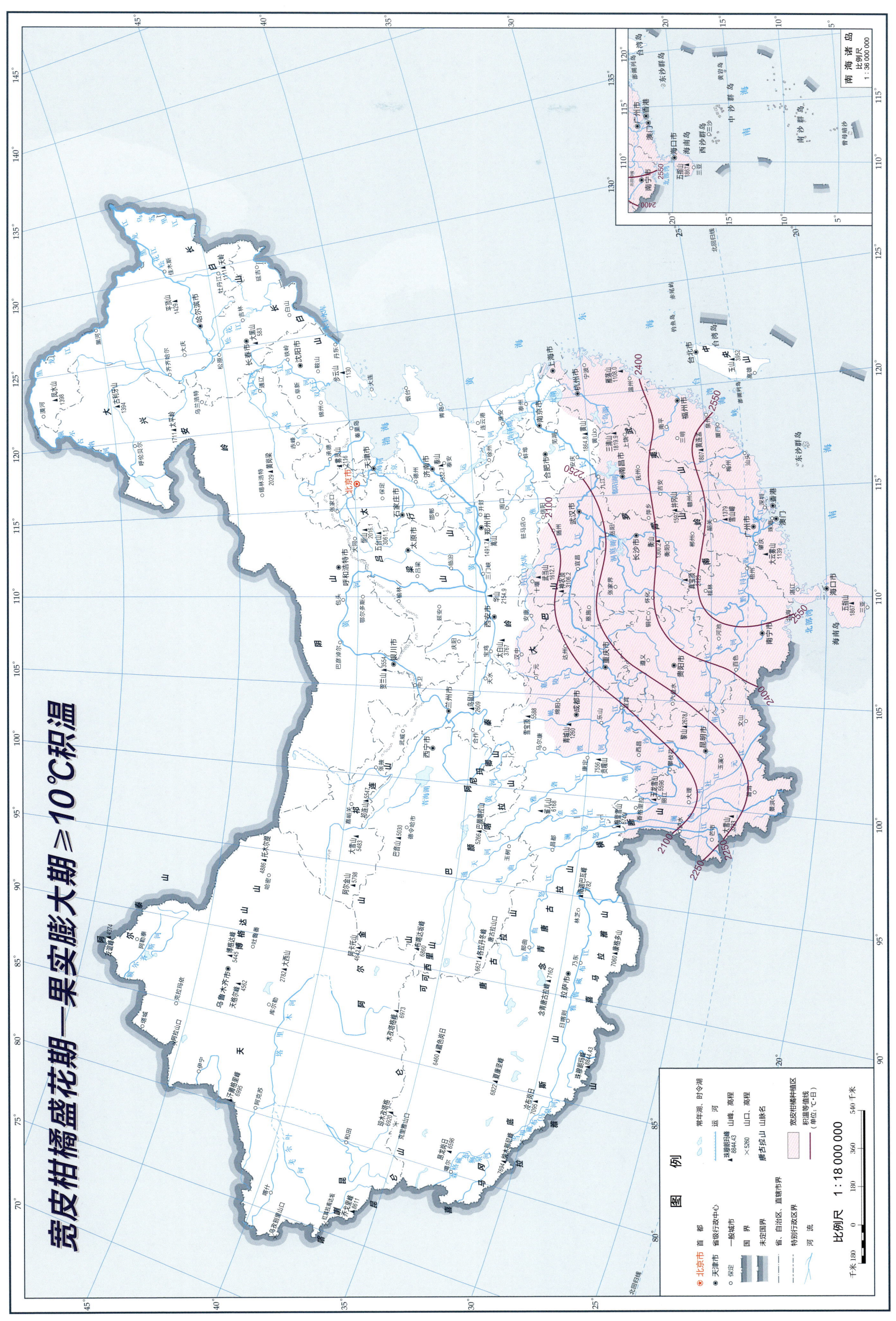

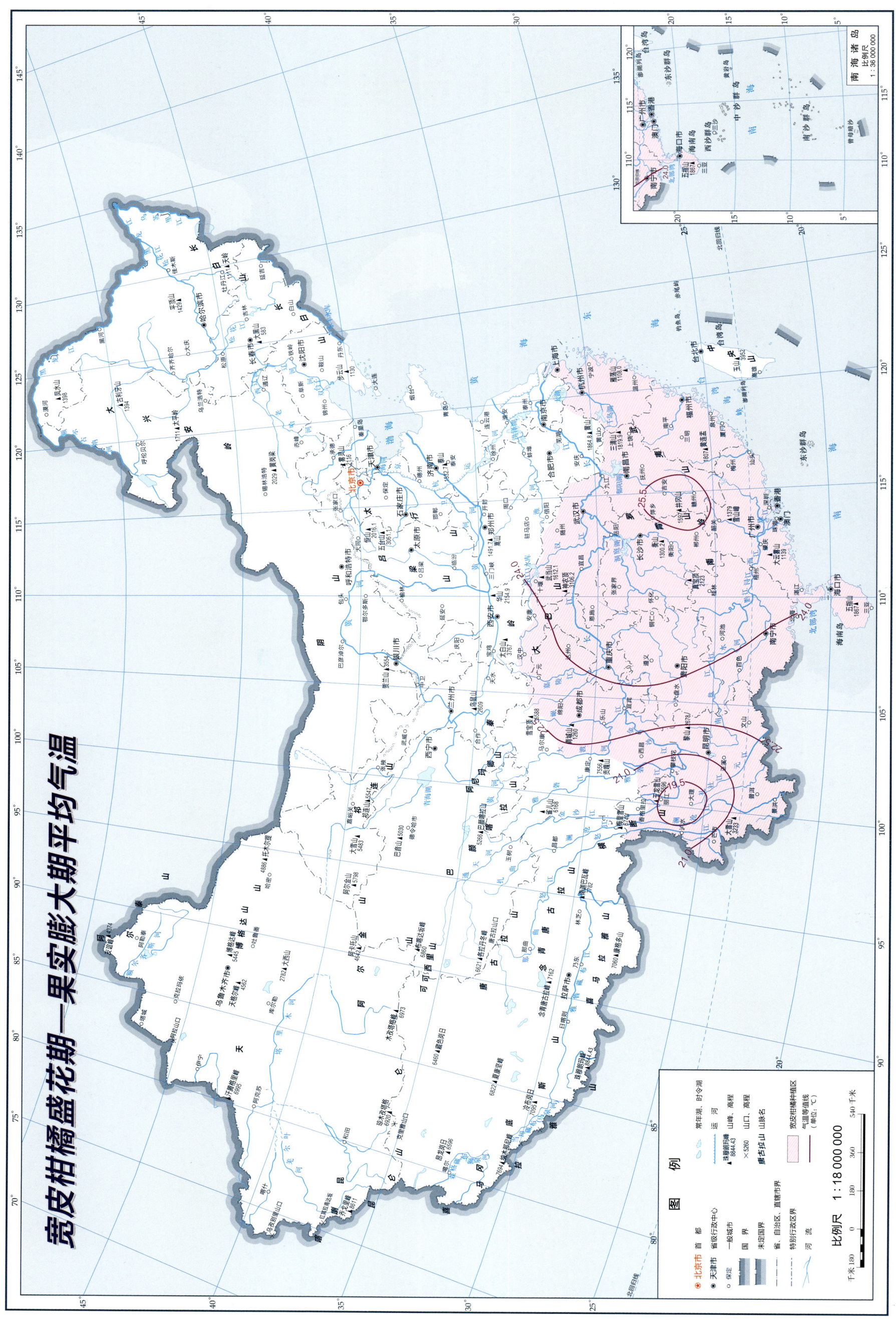

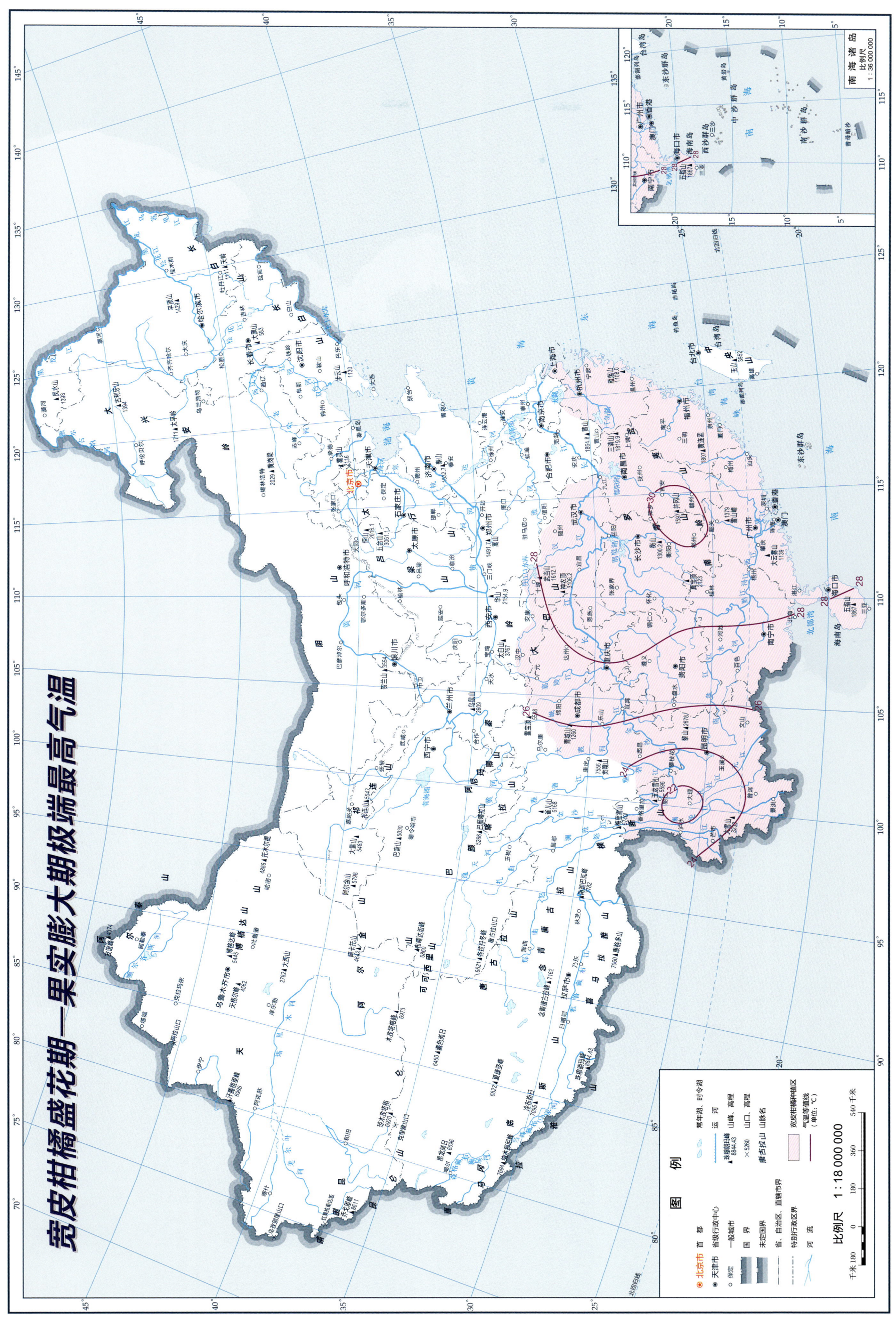

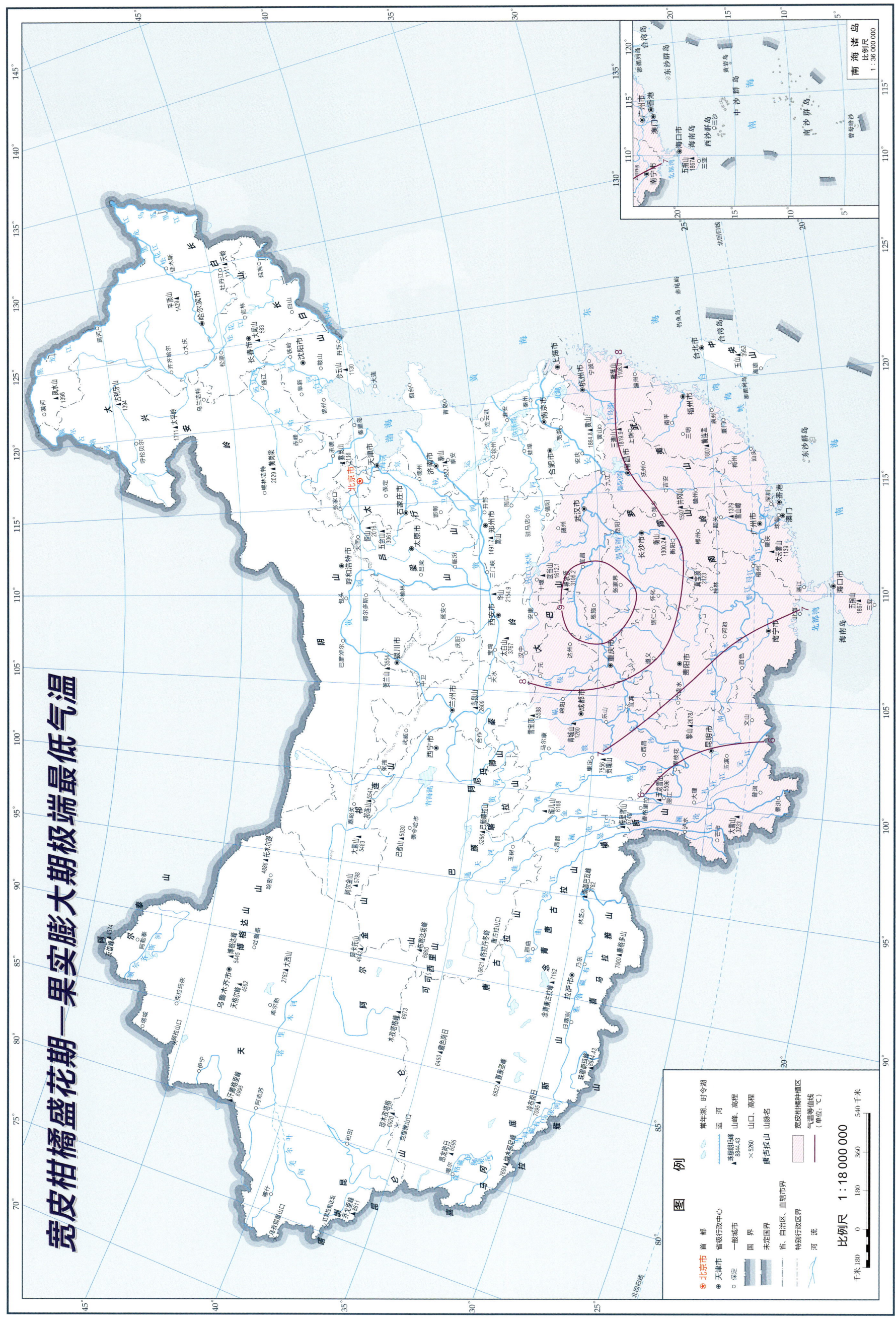

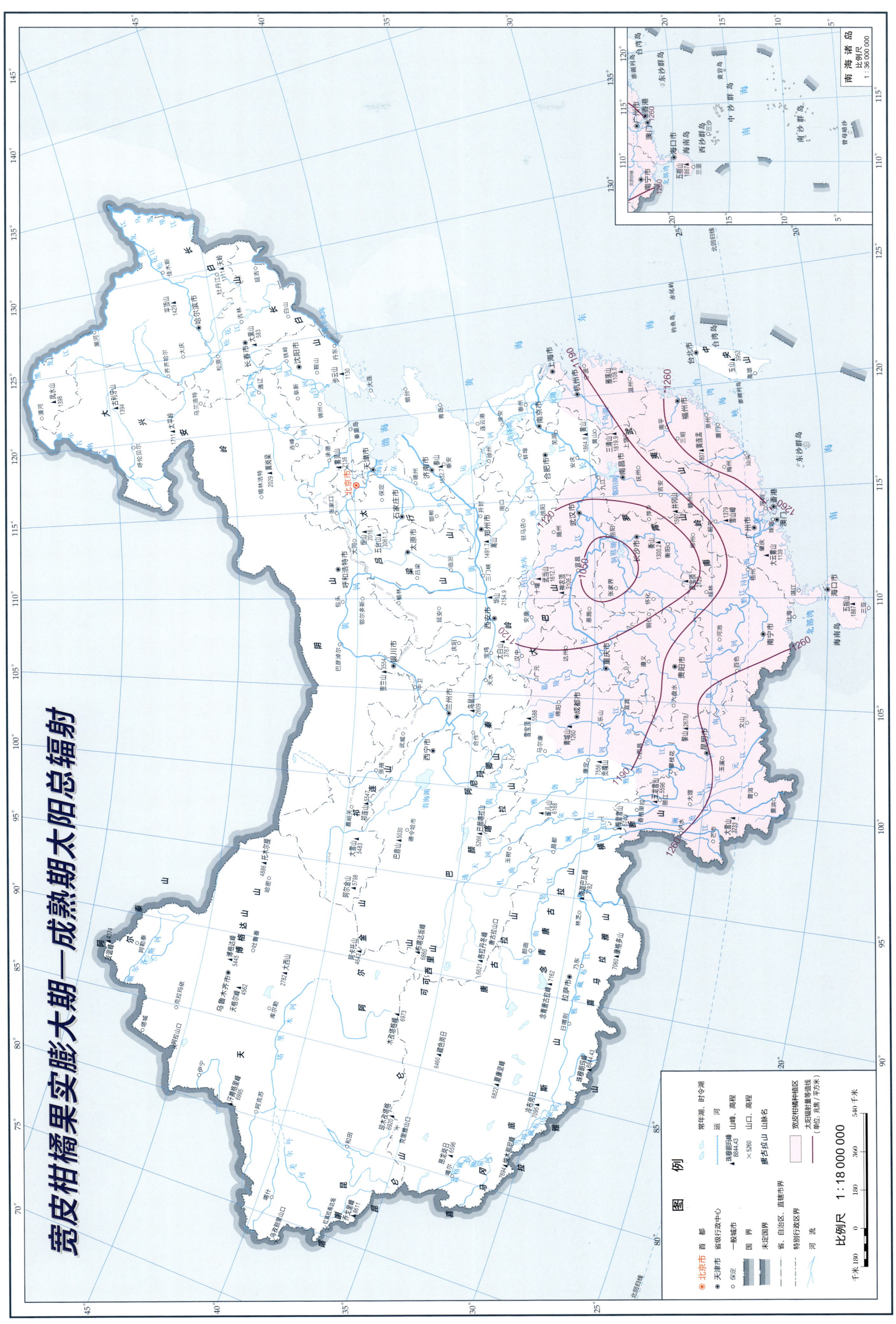

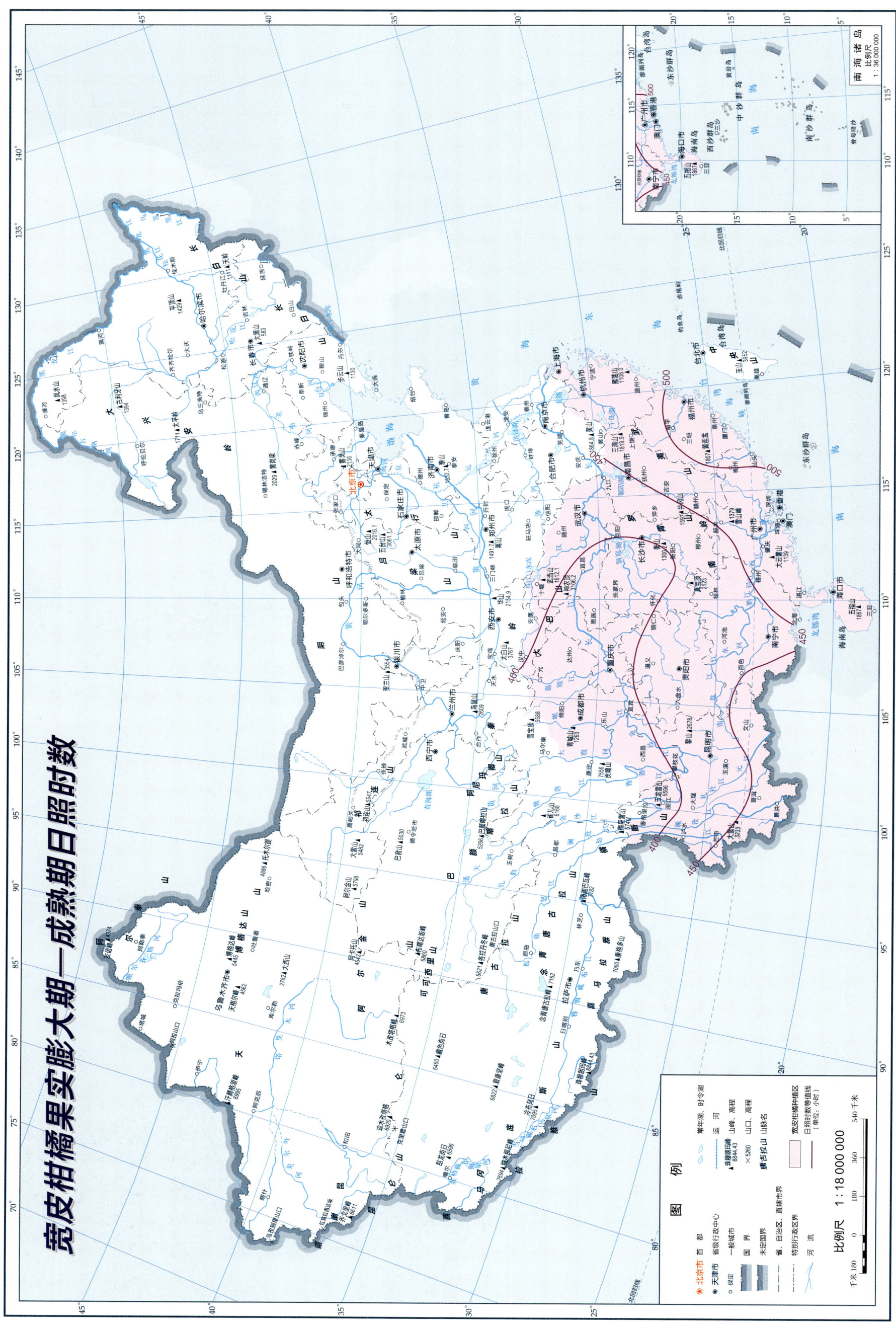

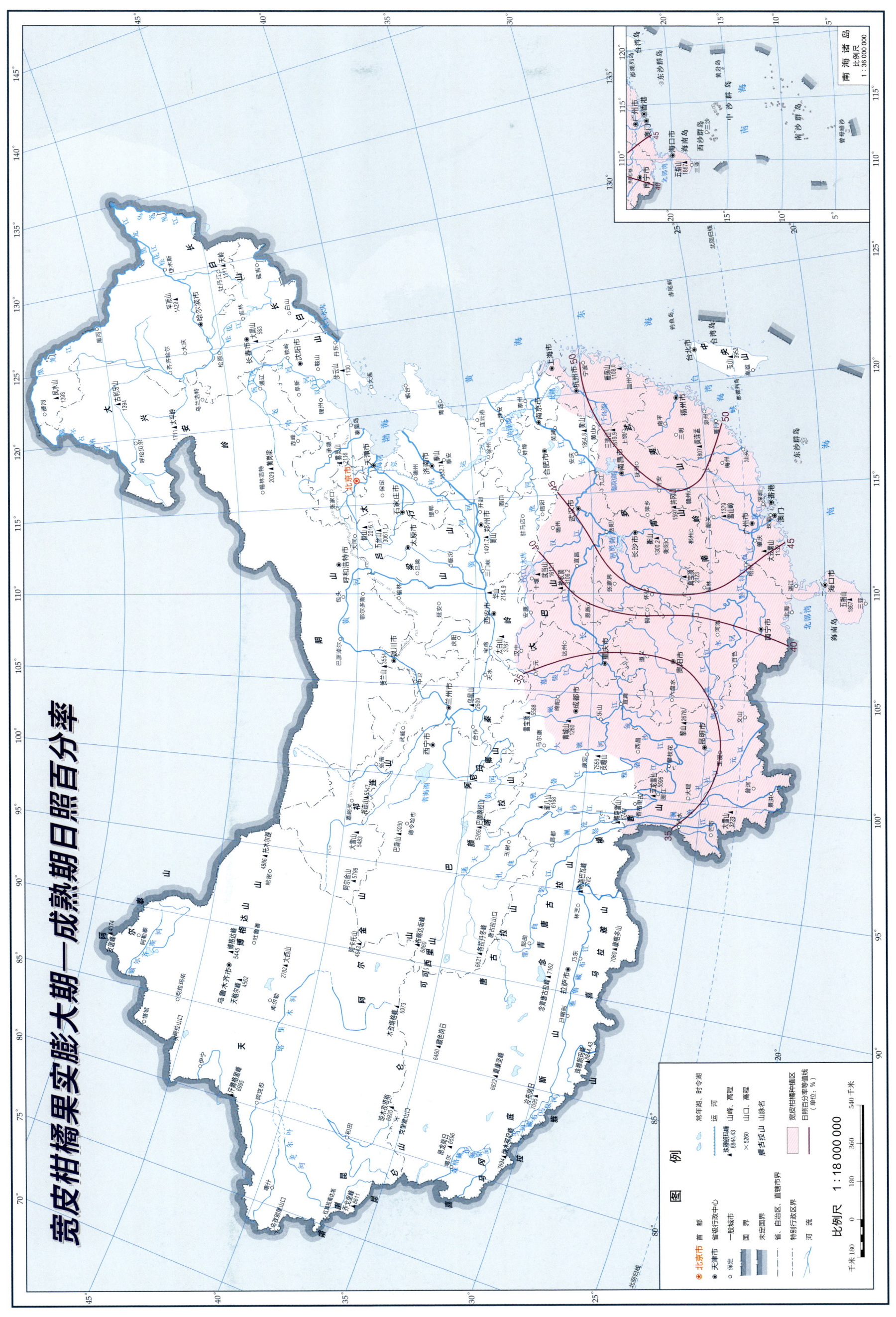

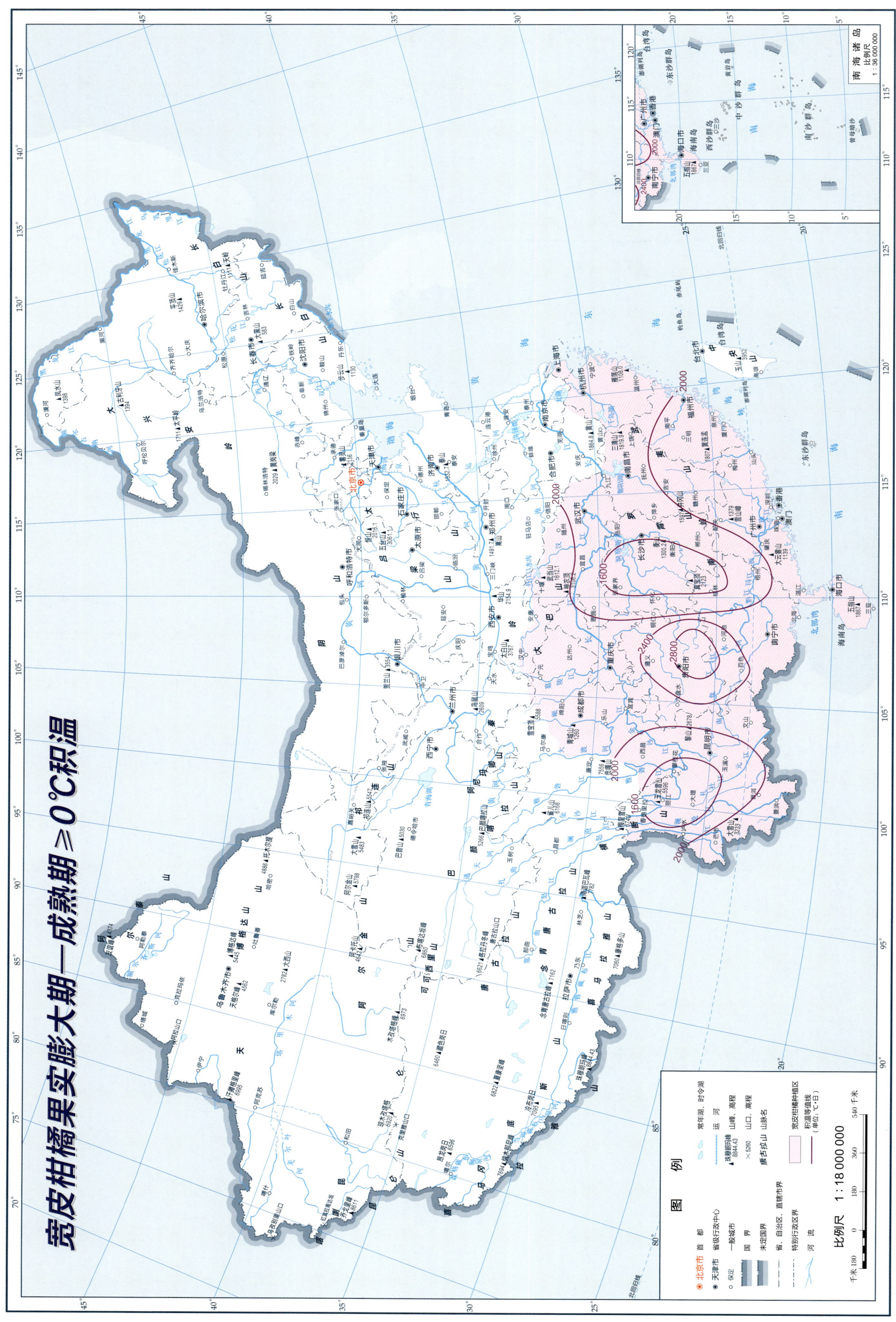

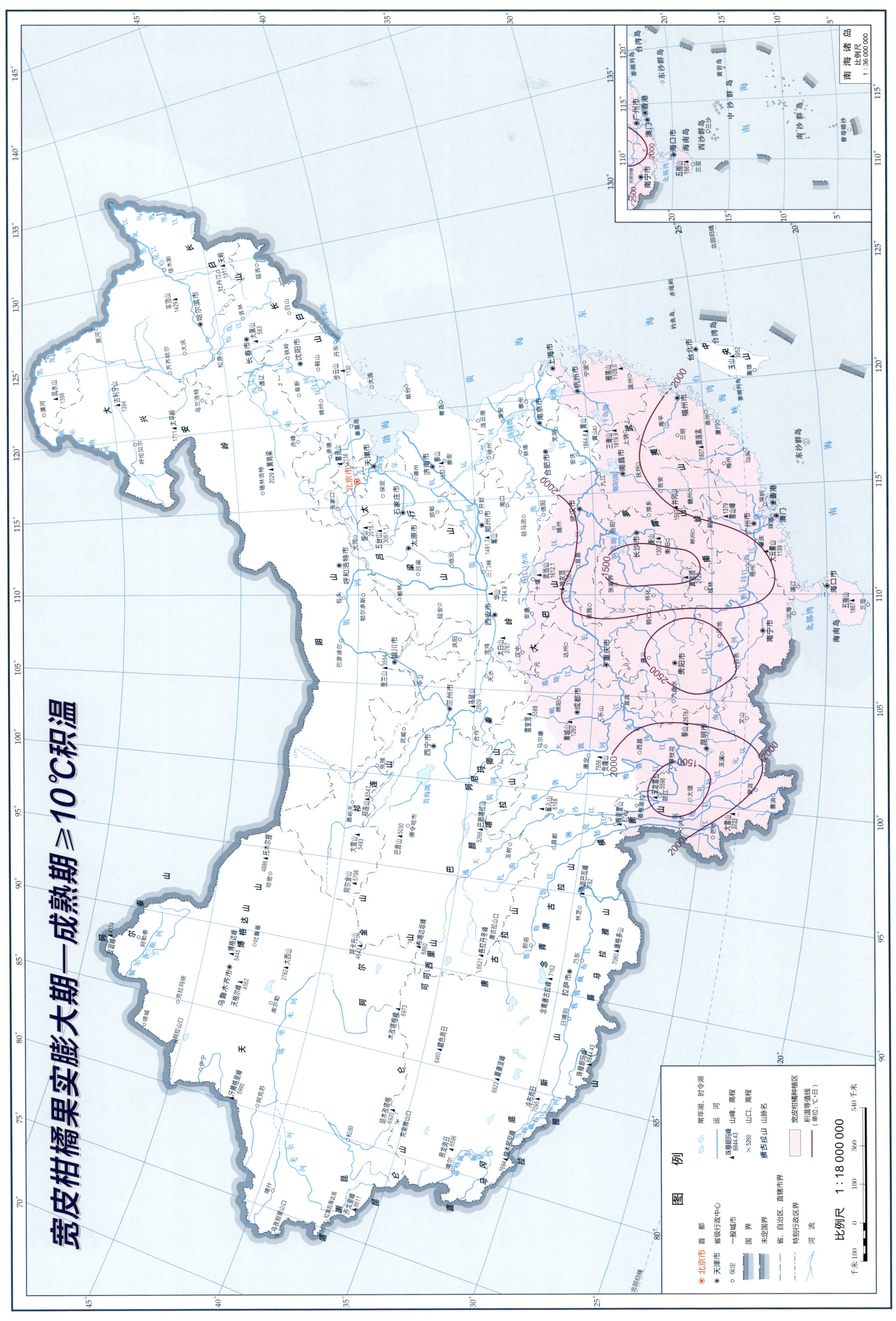

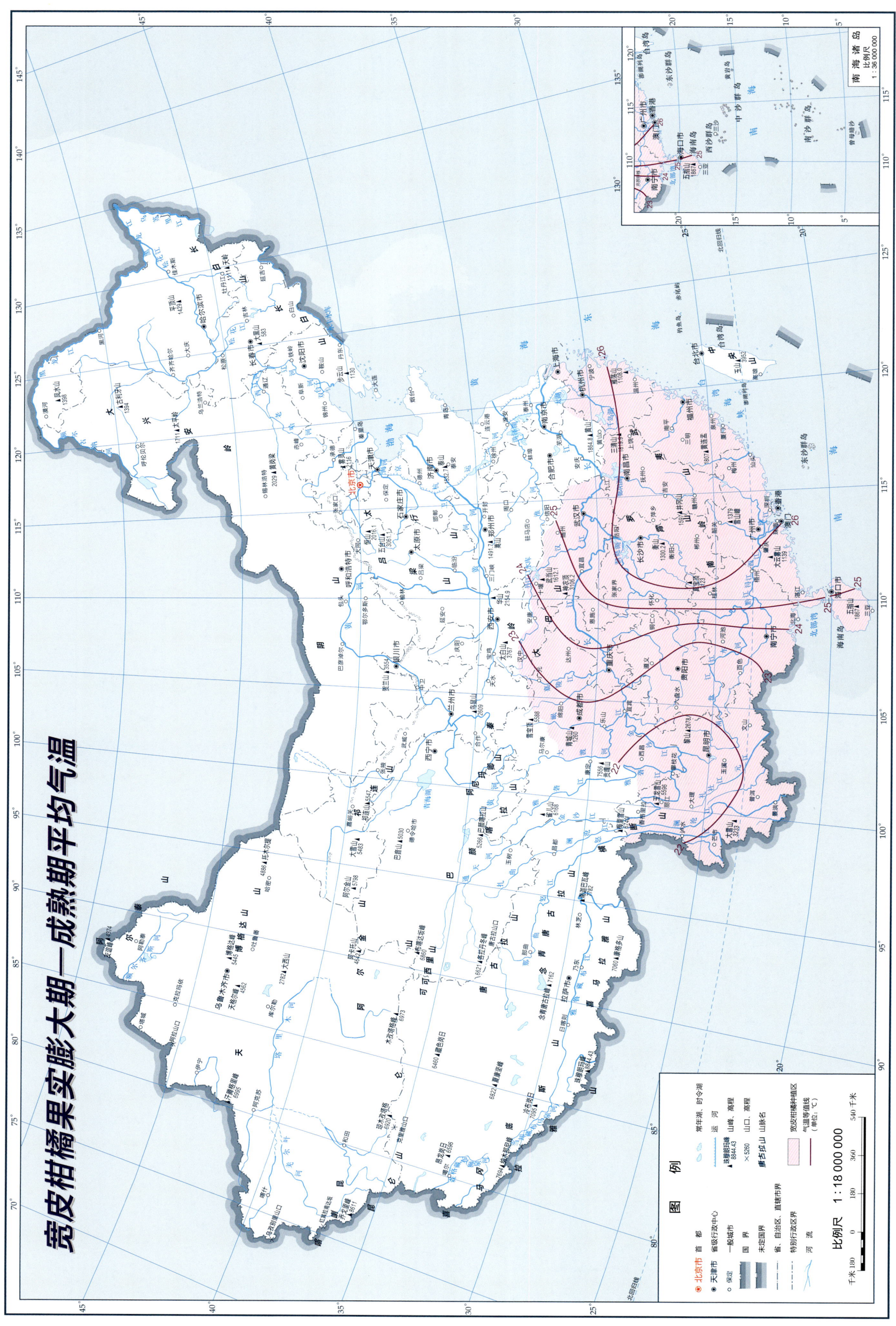

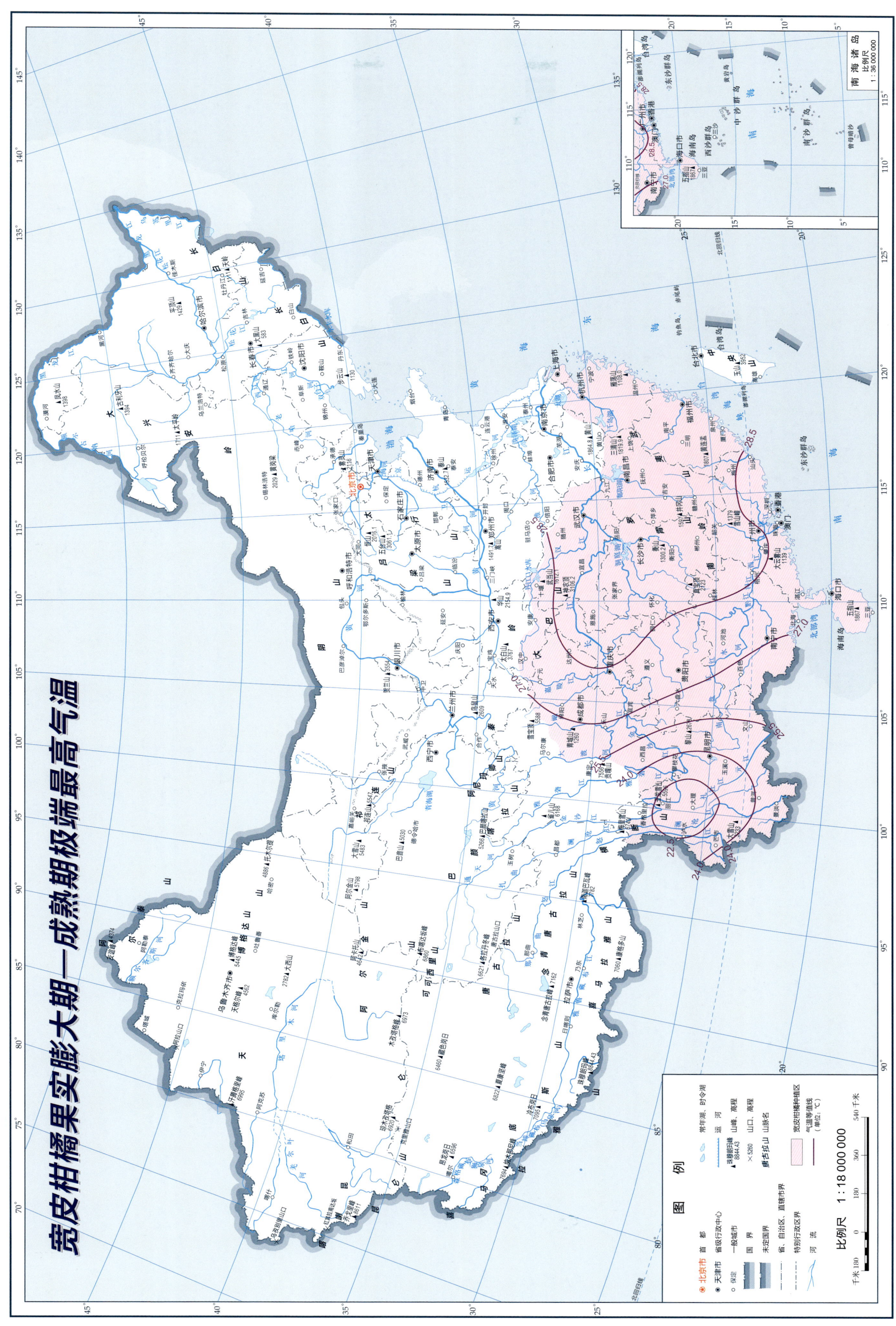

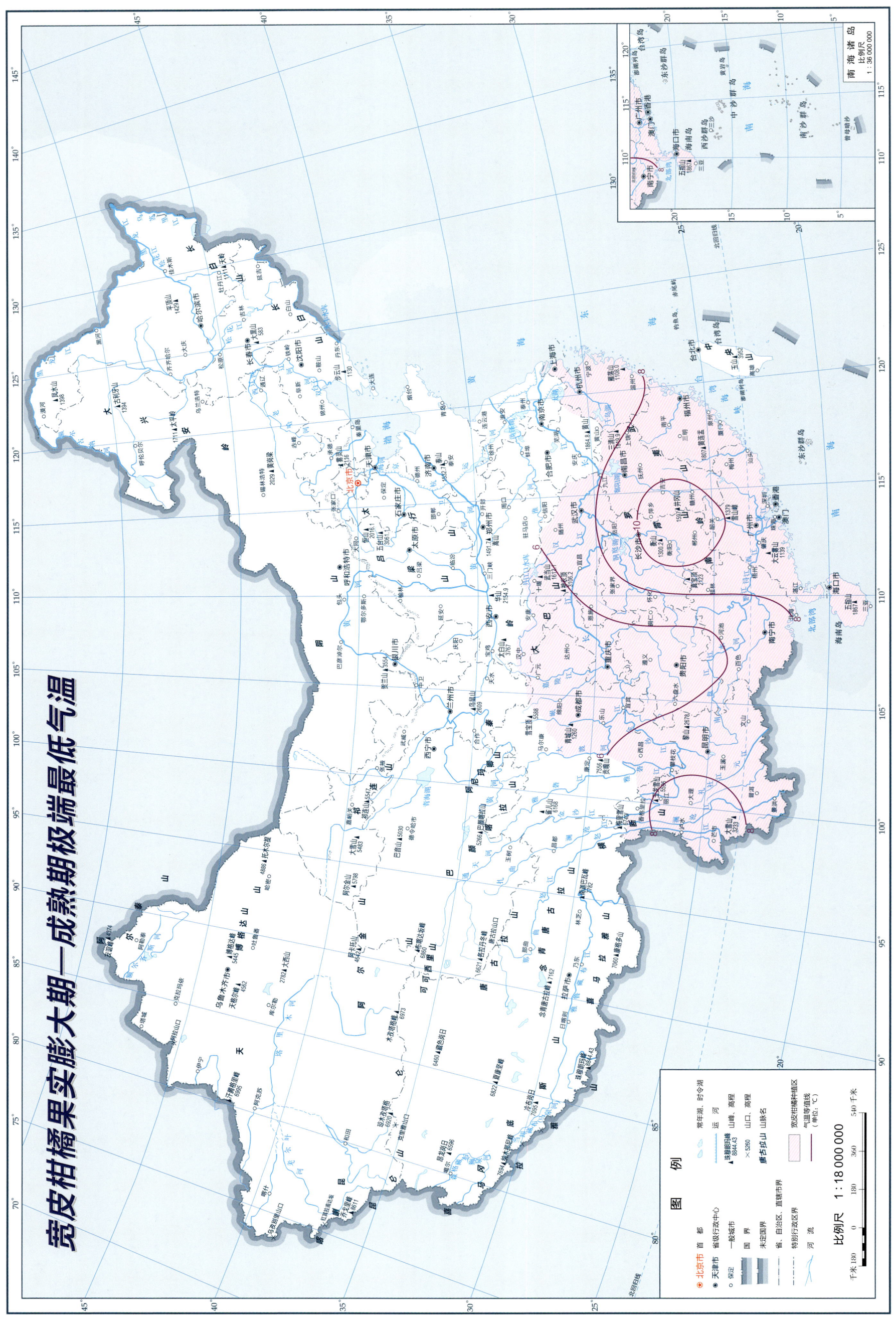

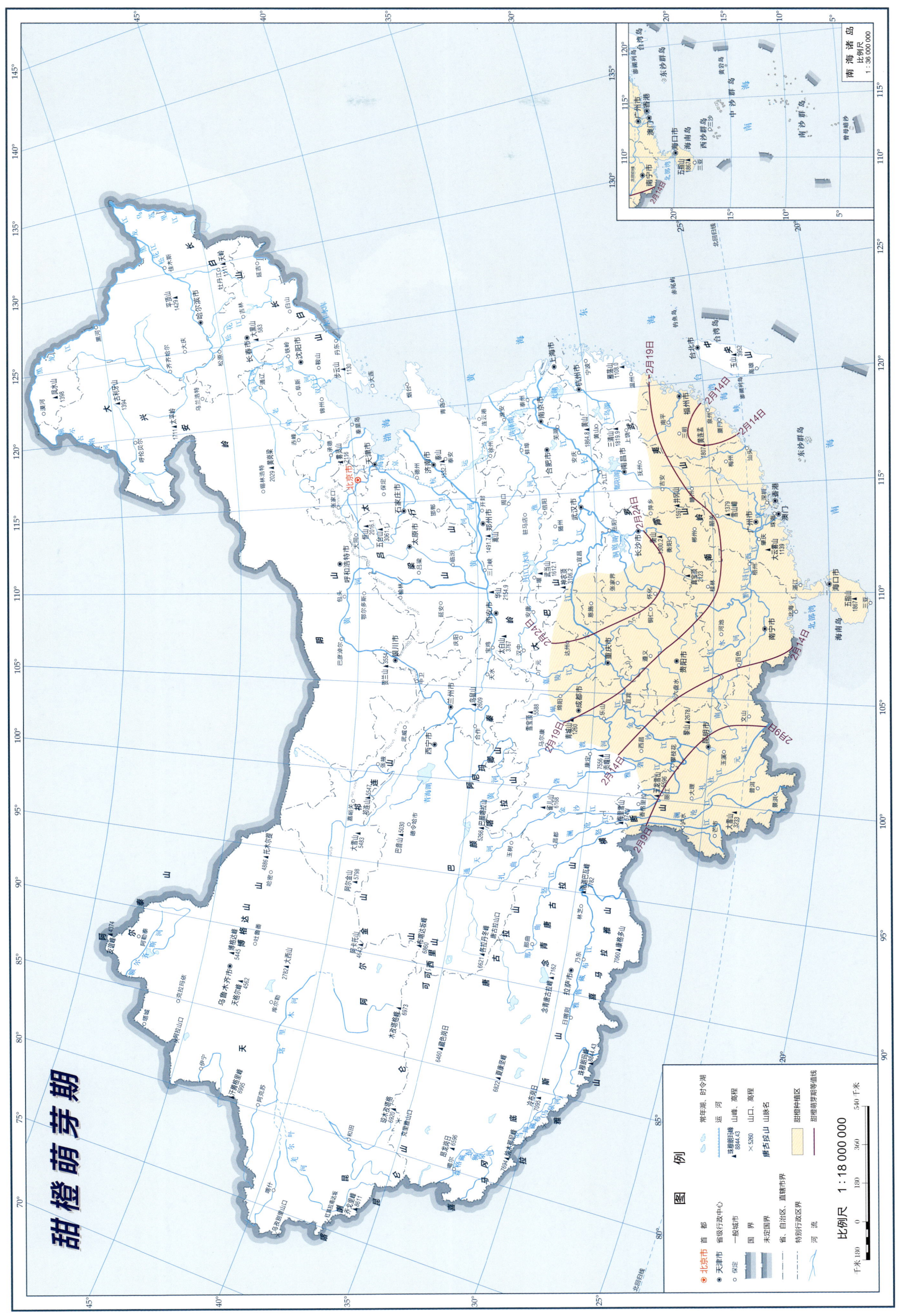

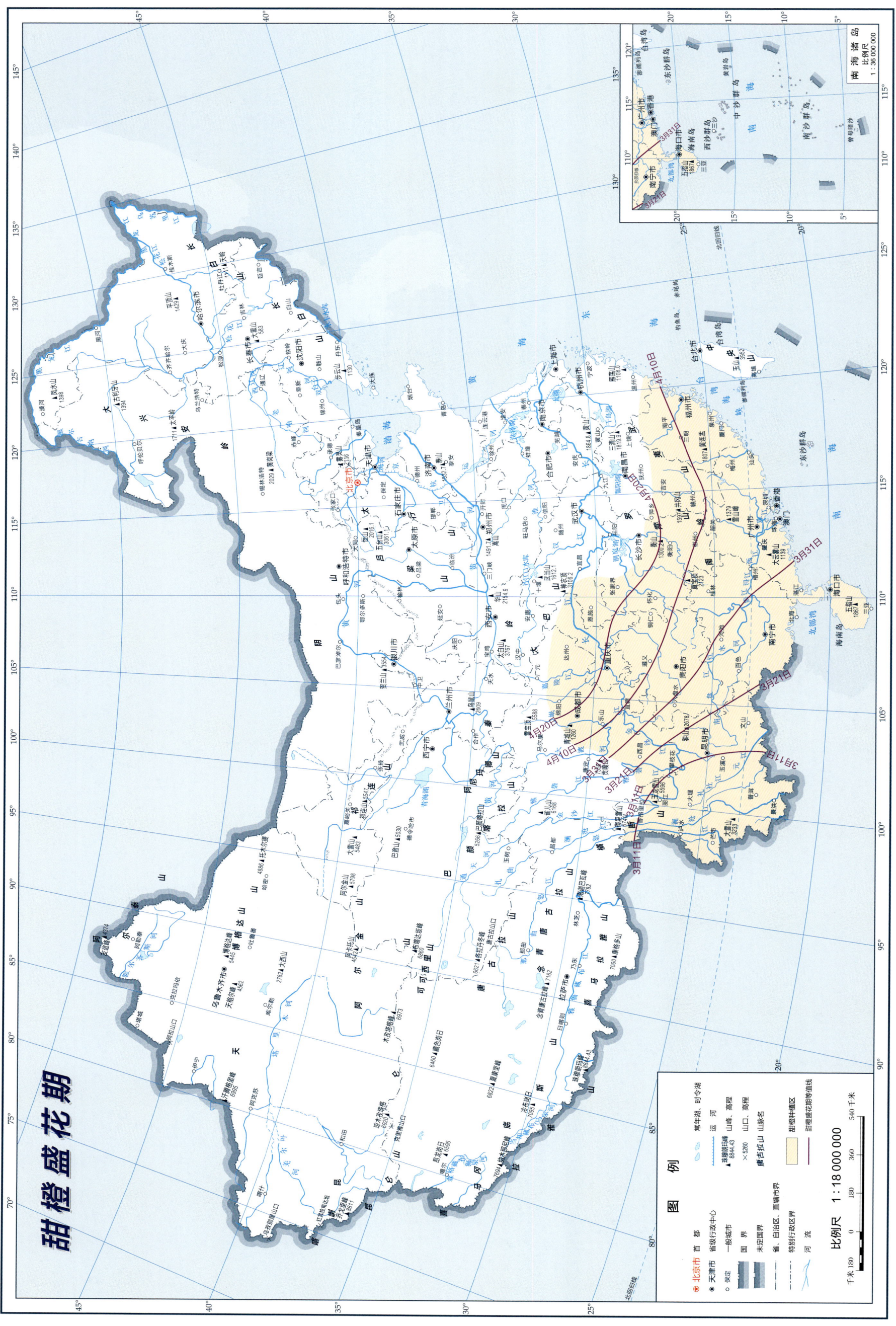

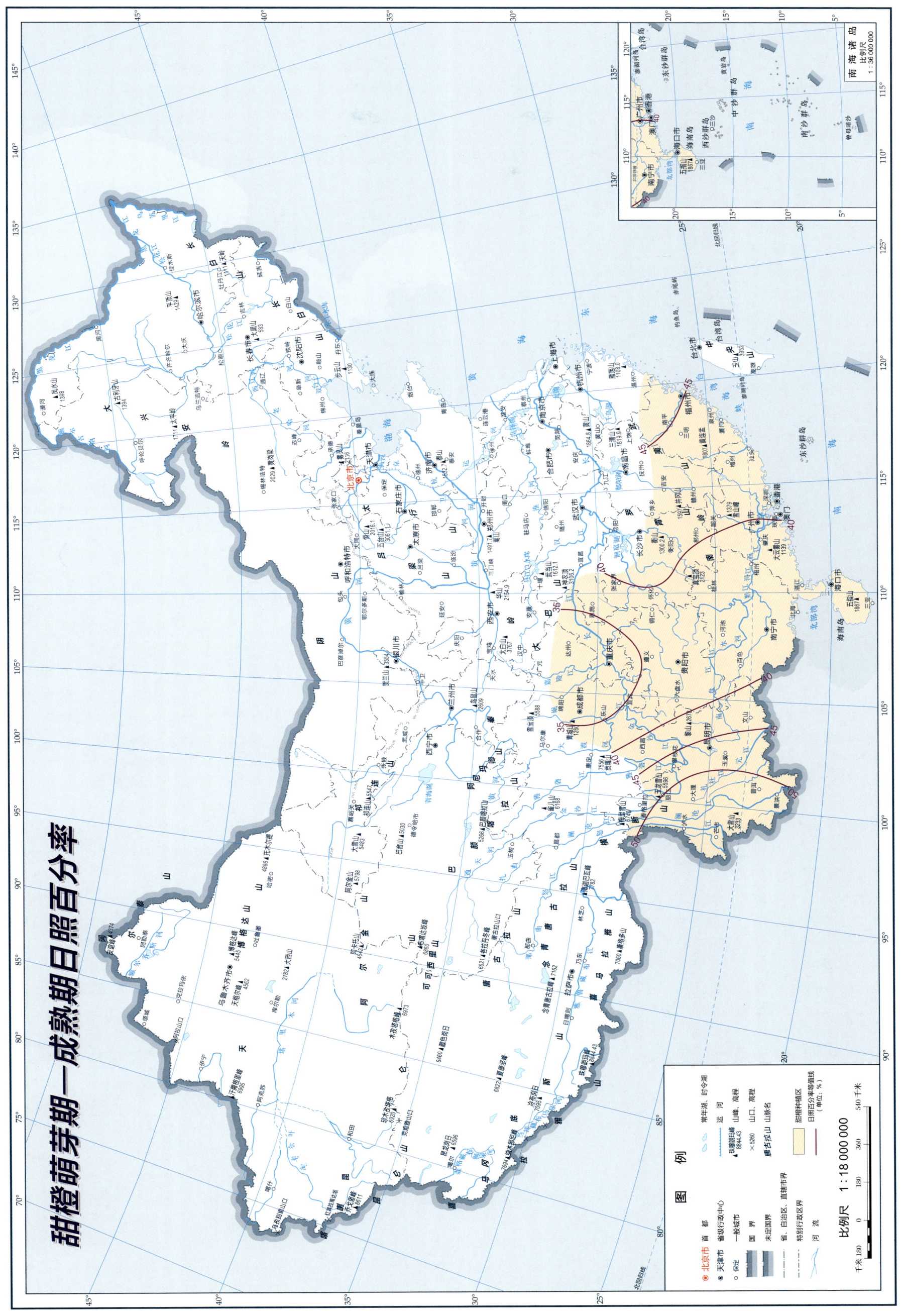

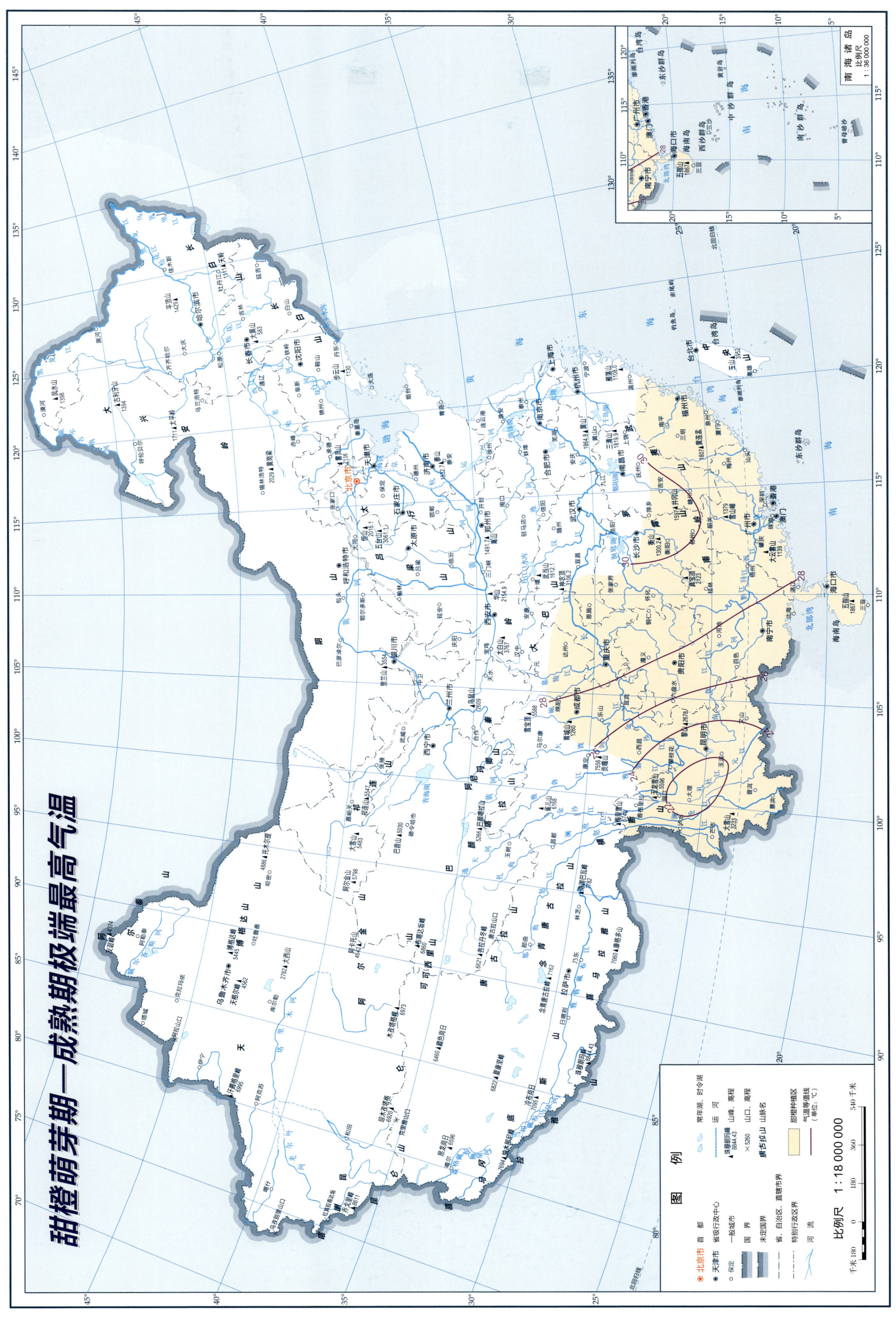

甜橙萌芽期—盛花期日照时数

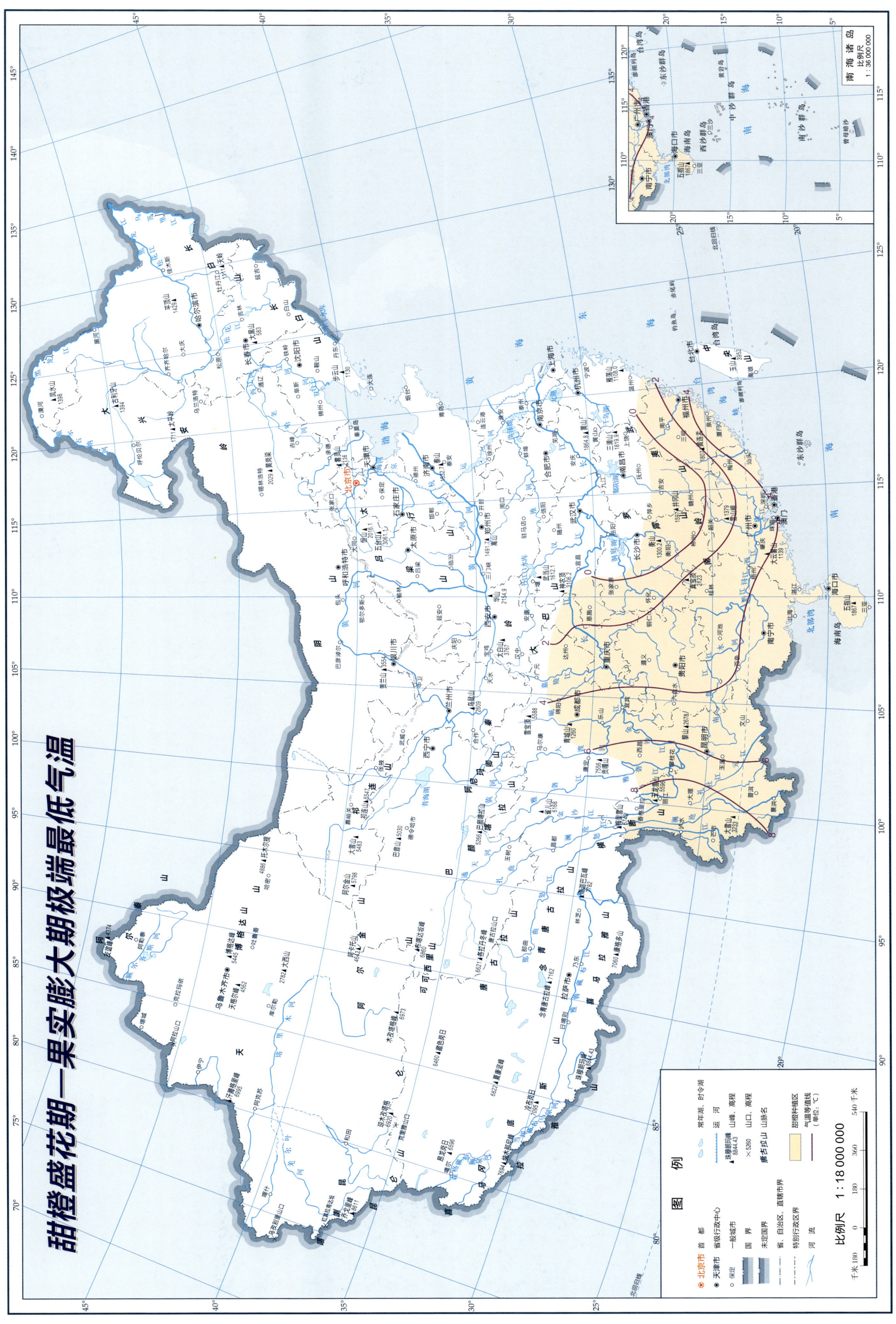

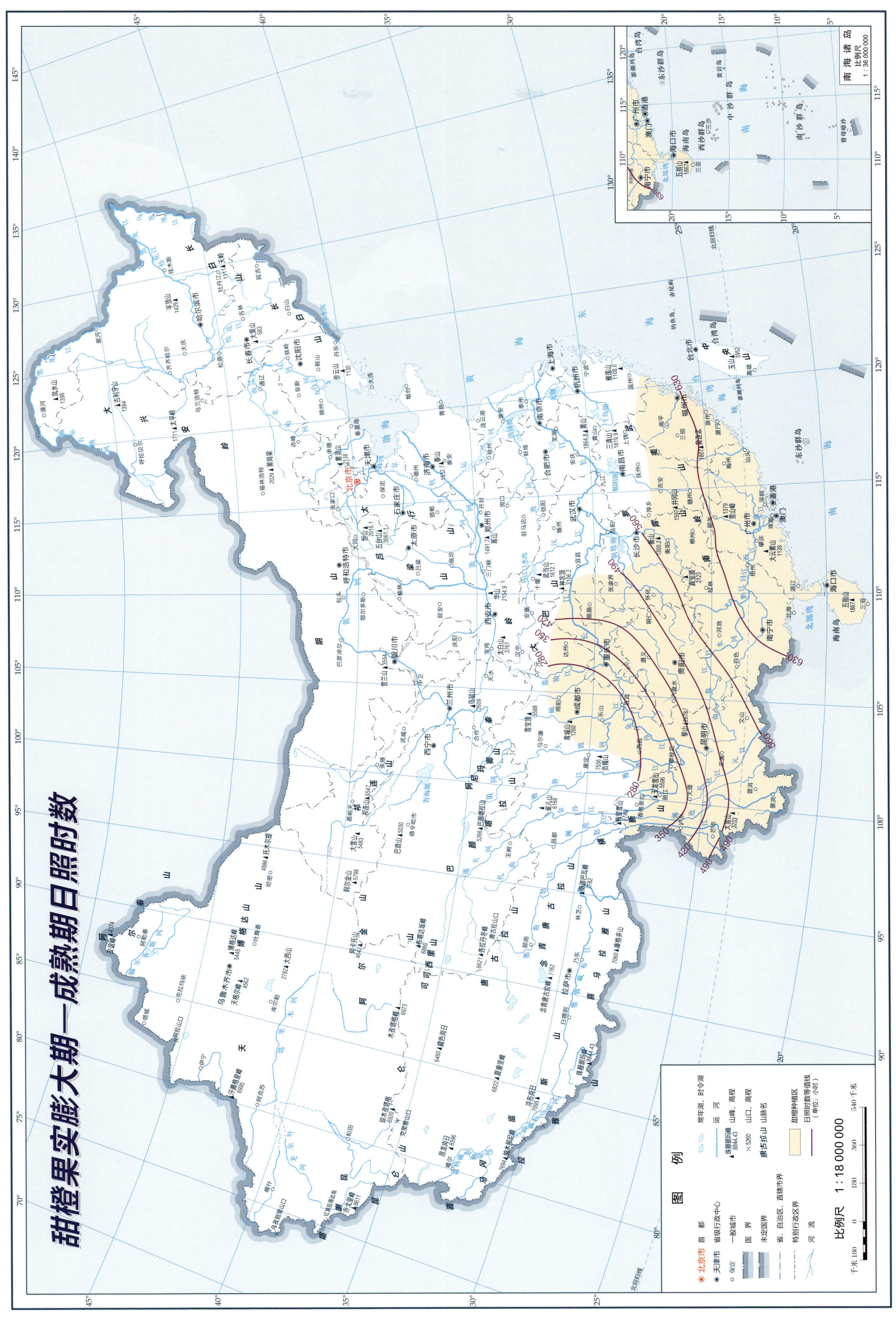

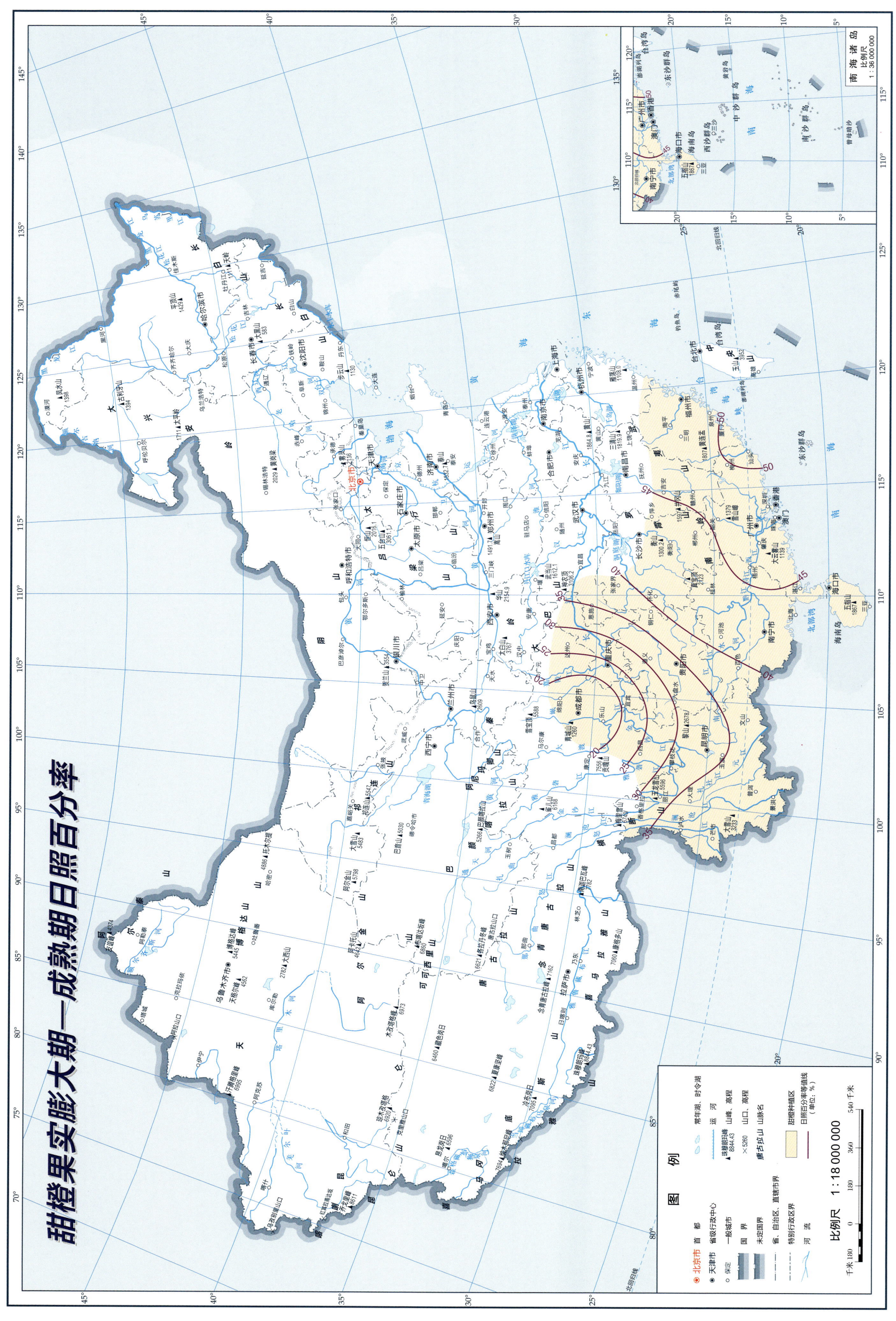

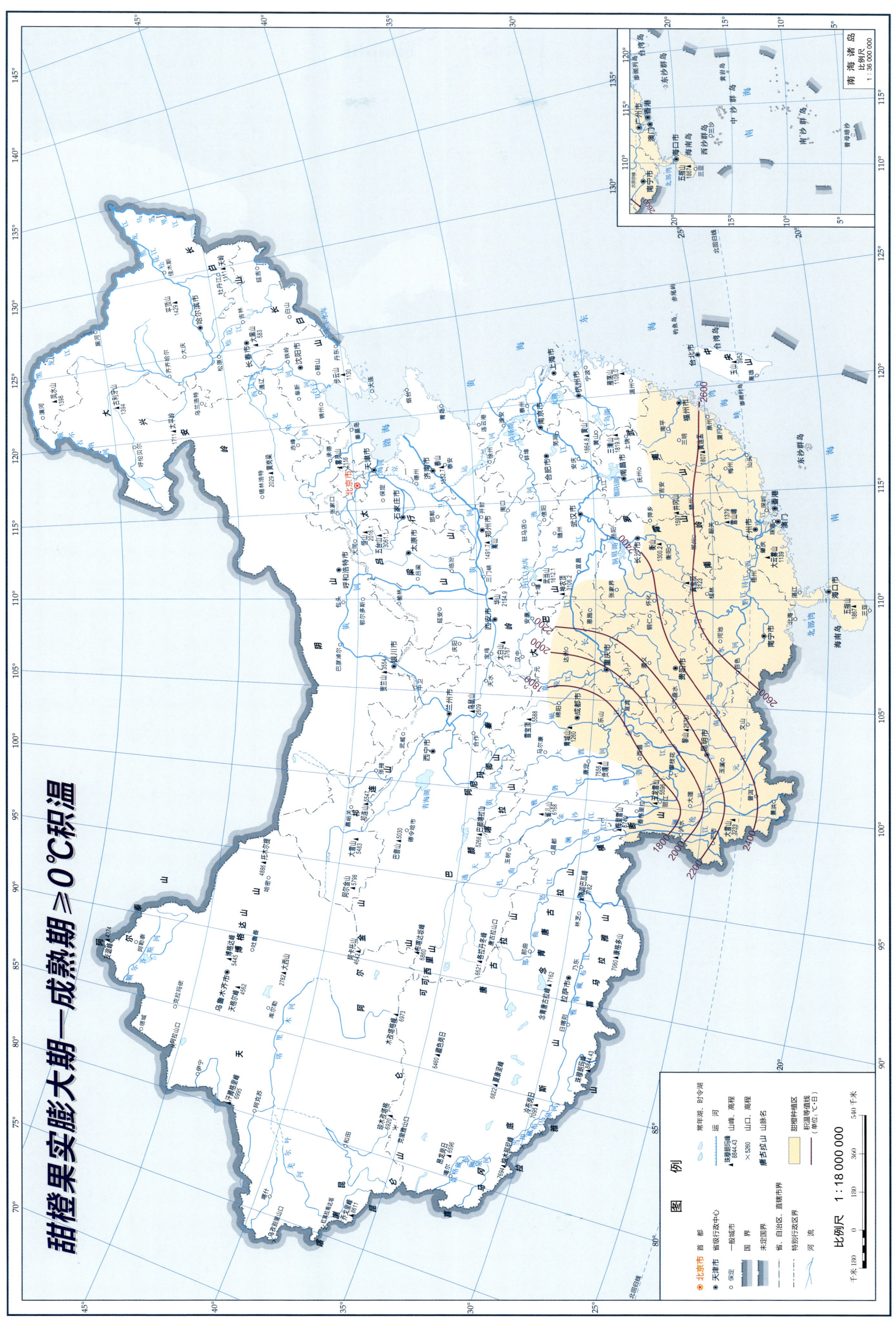

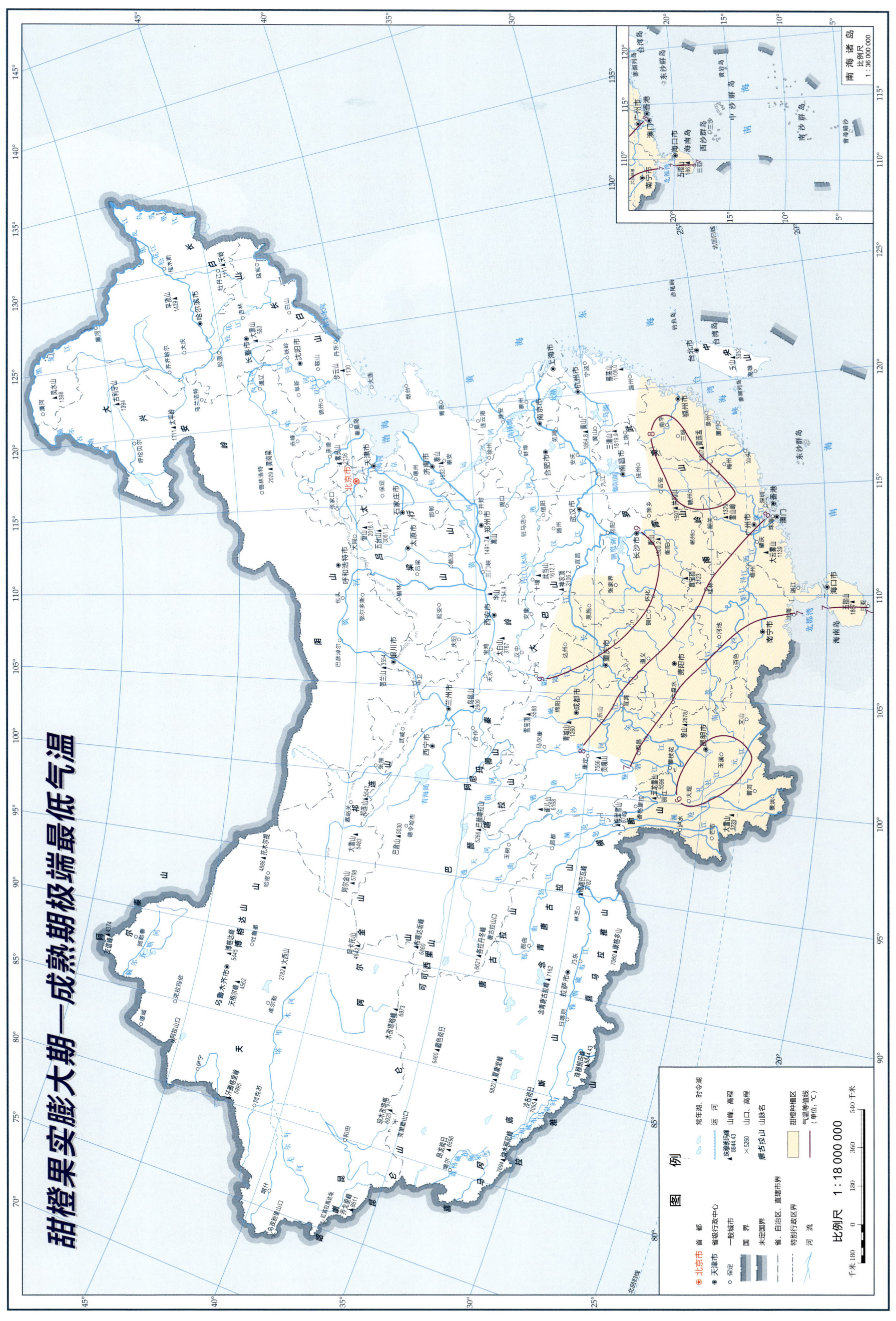

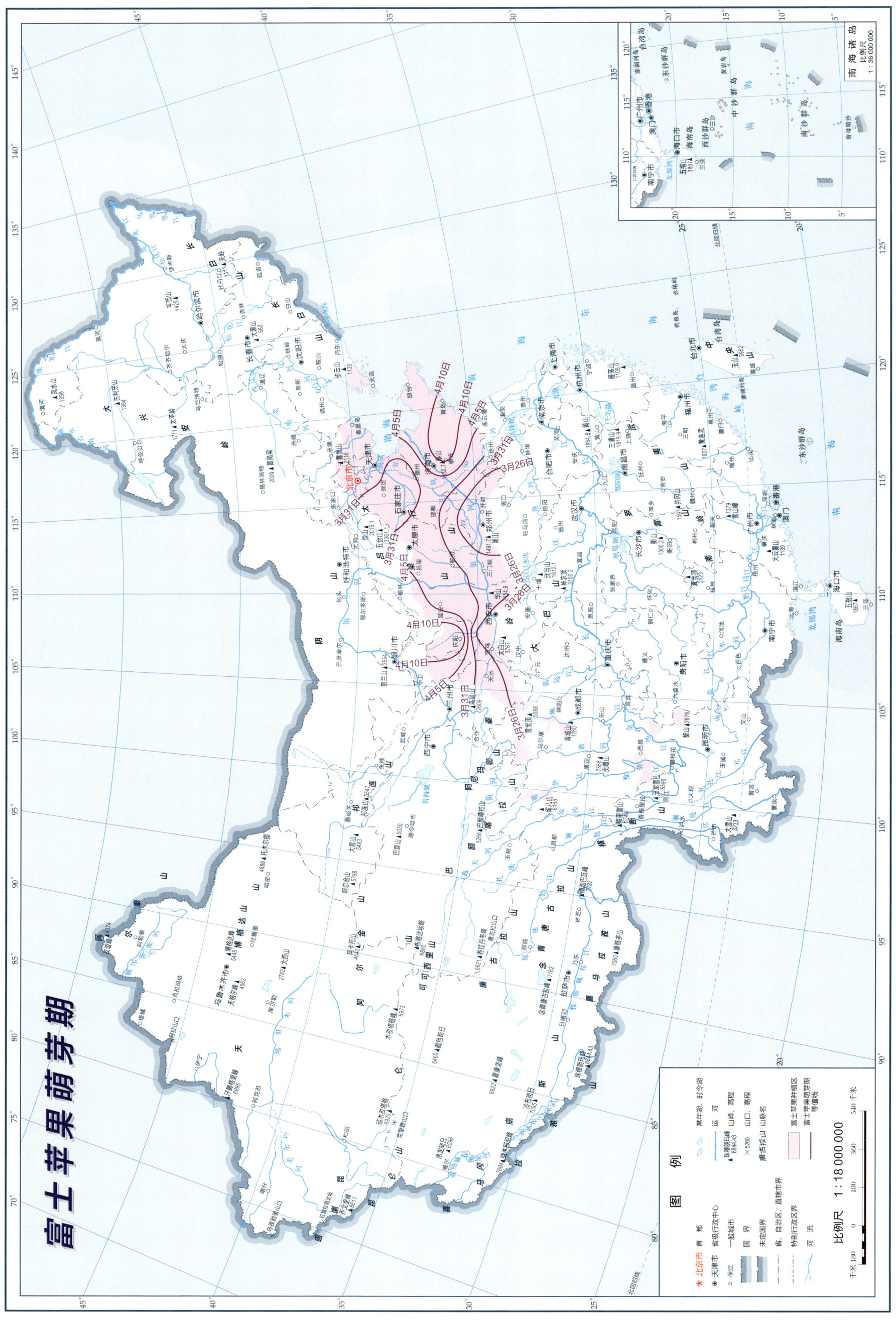

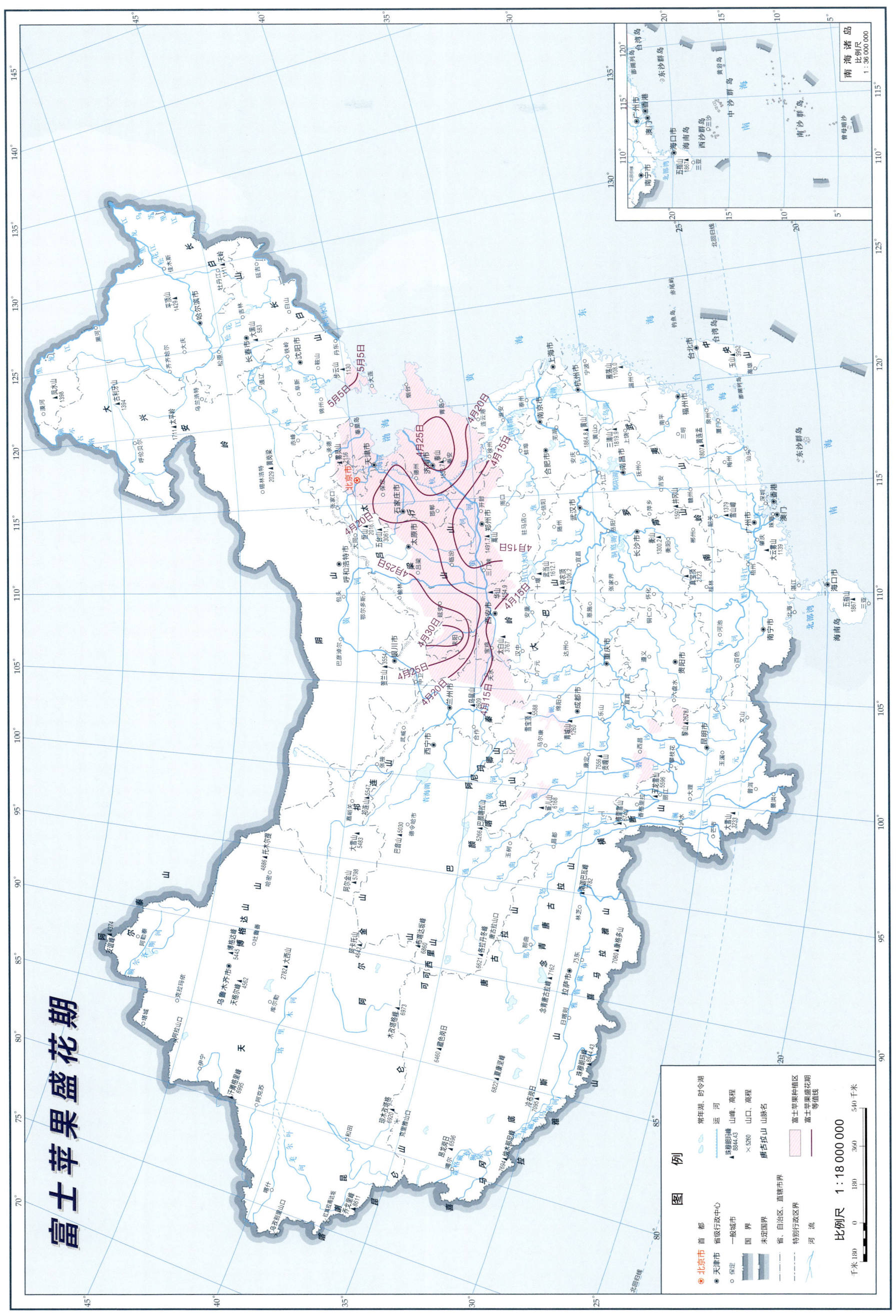

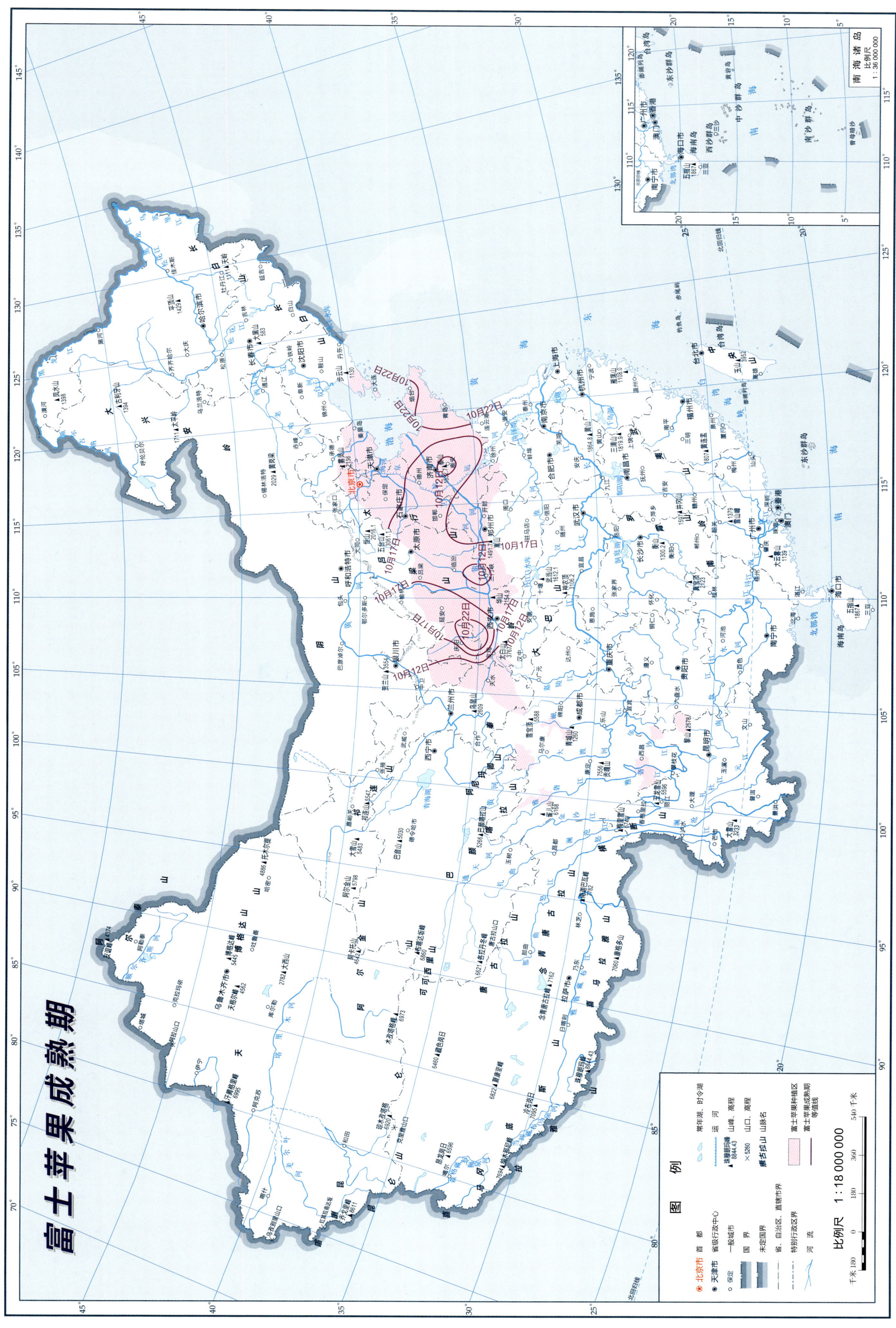

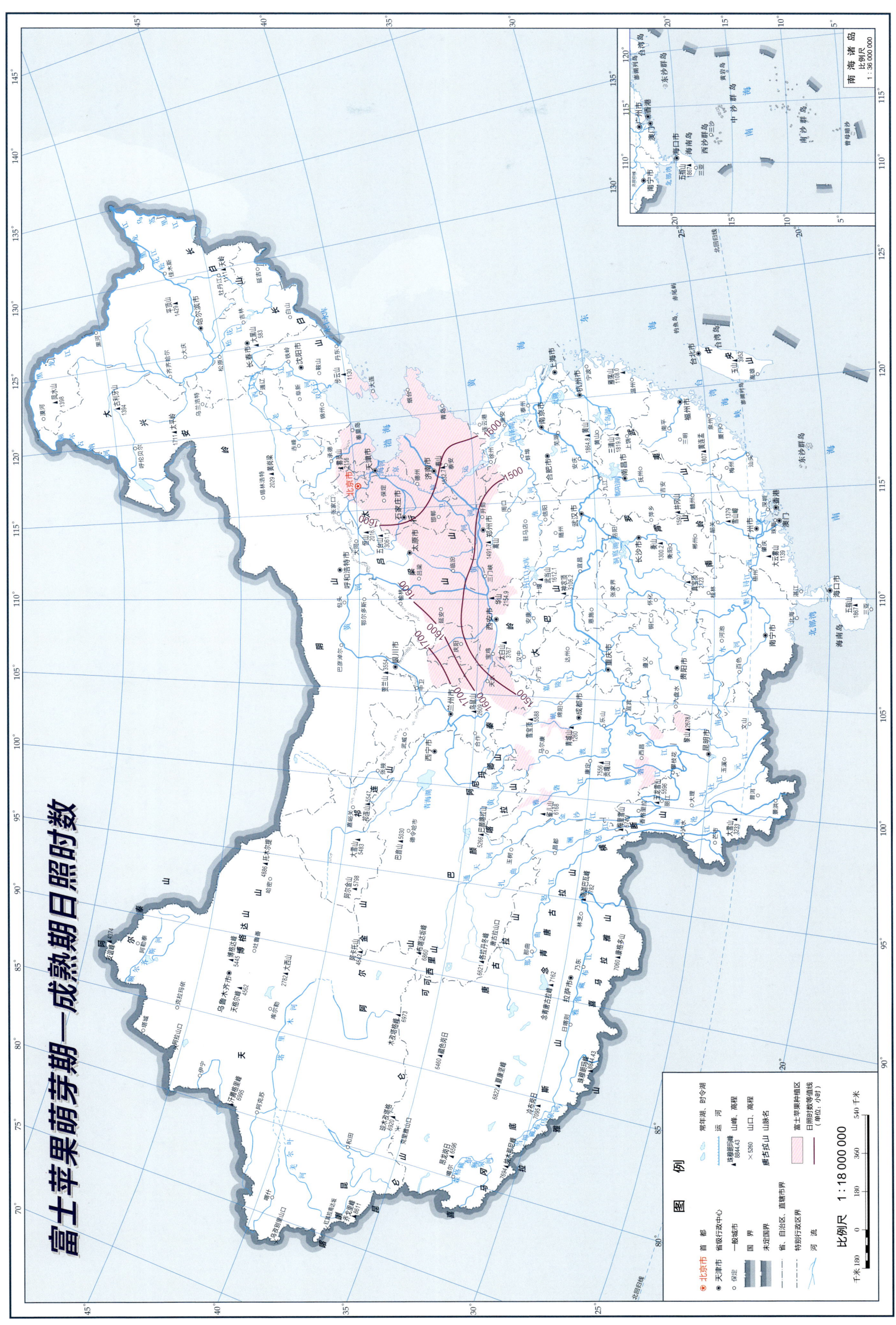

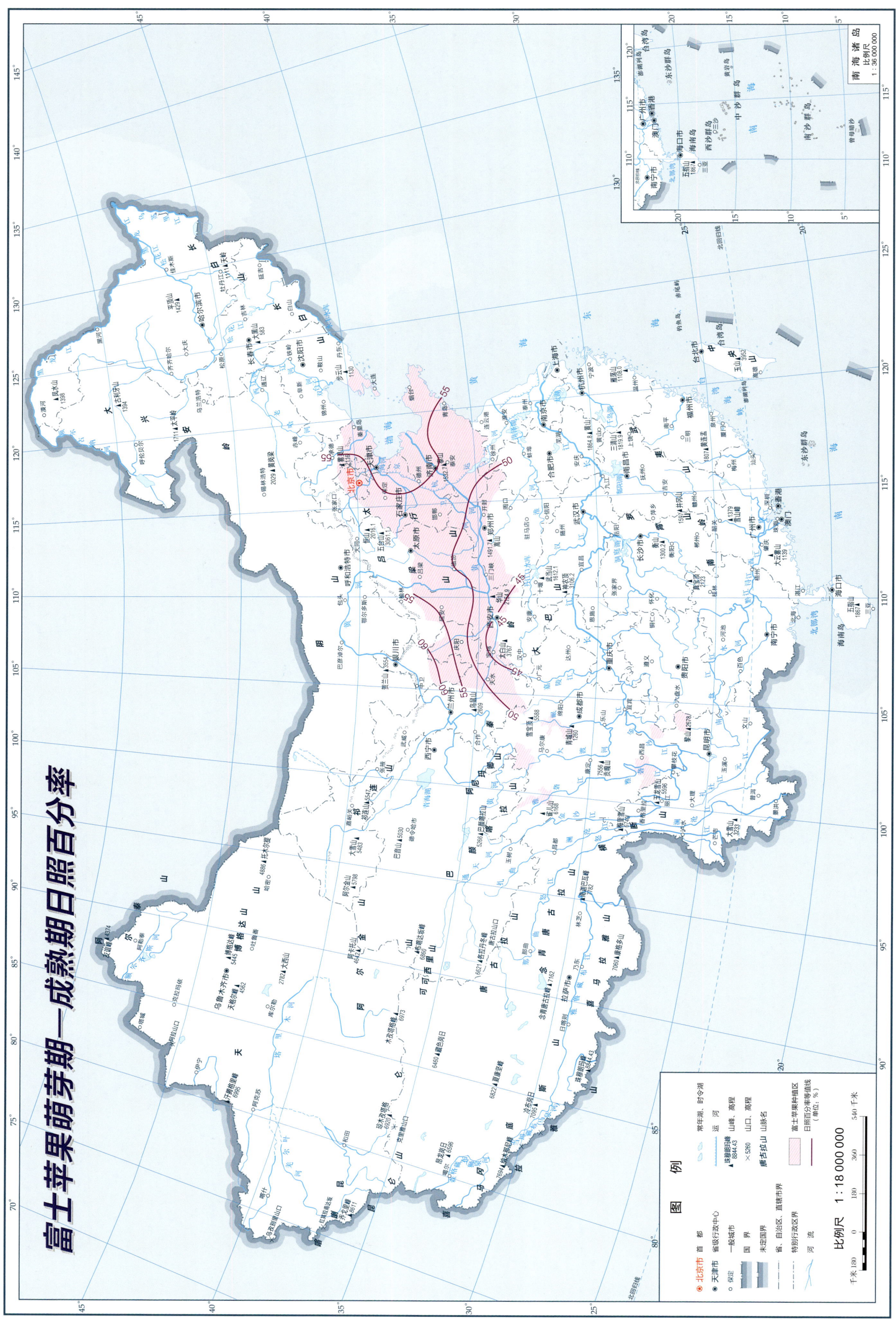

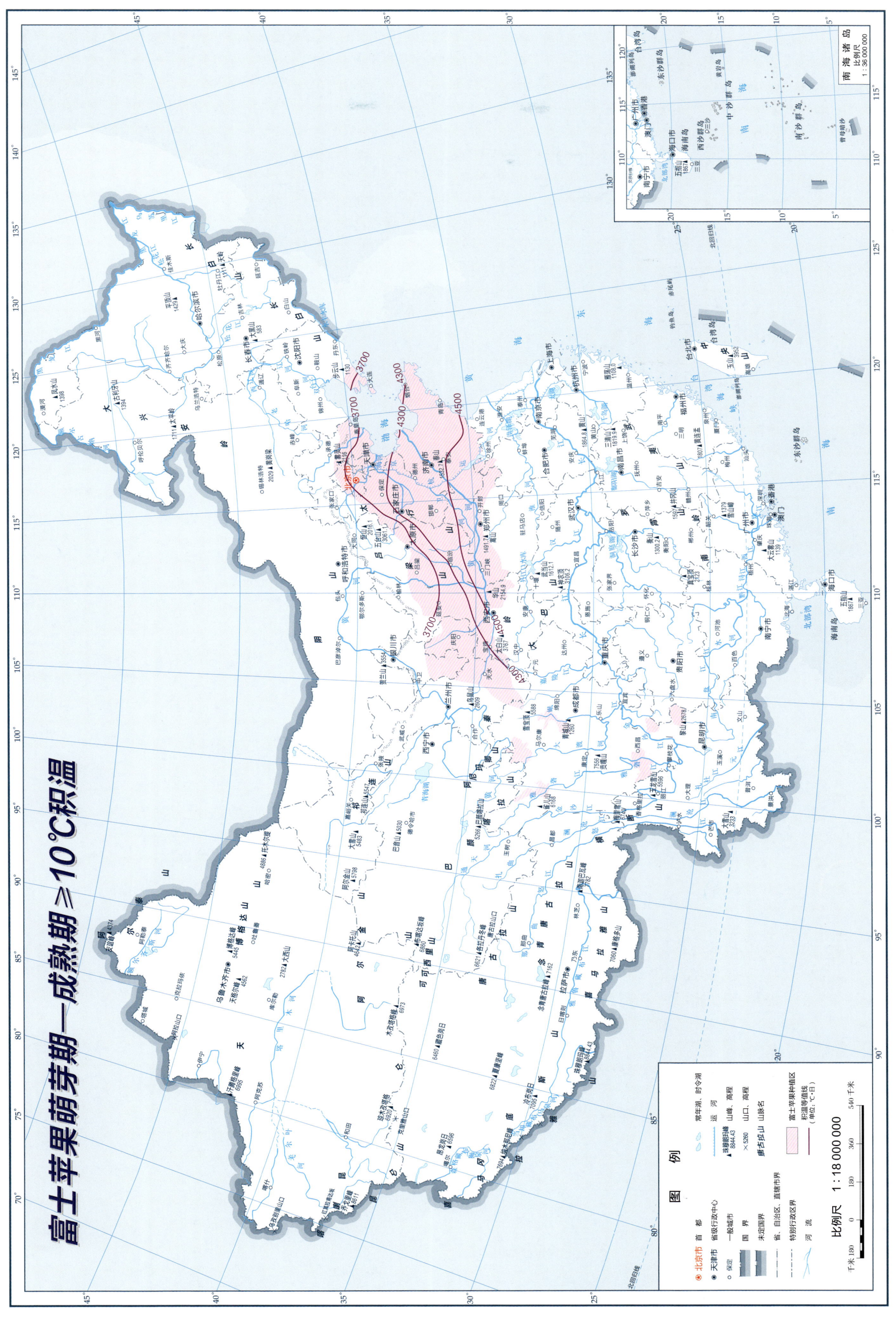

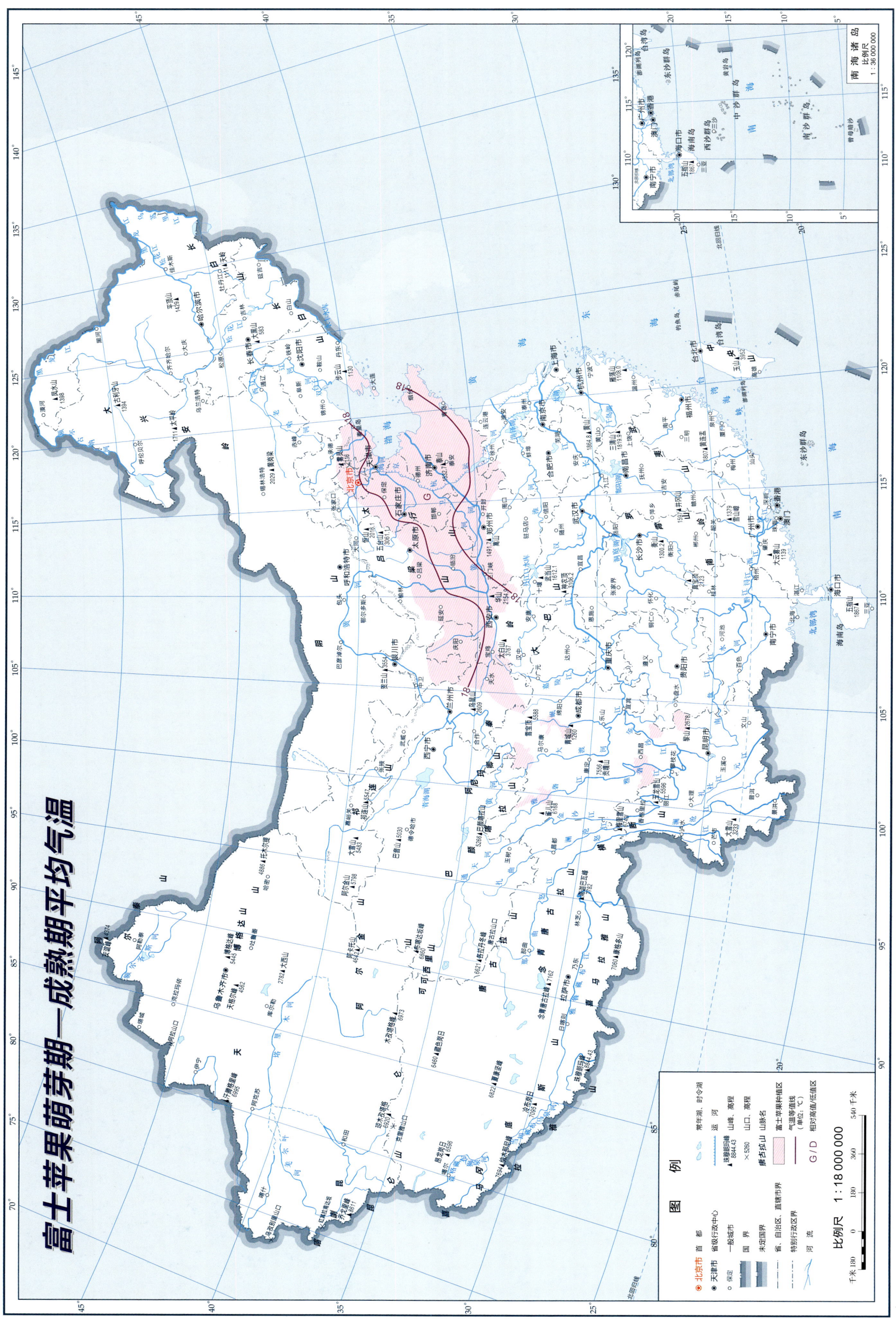

富士苹果萌芽期—成熟期极端最低气温

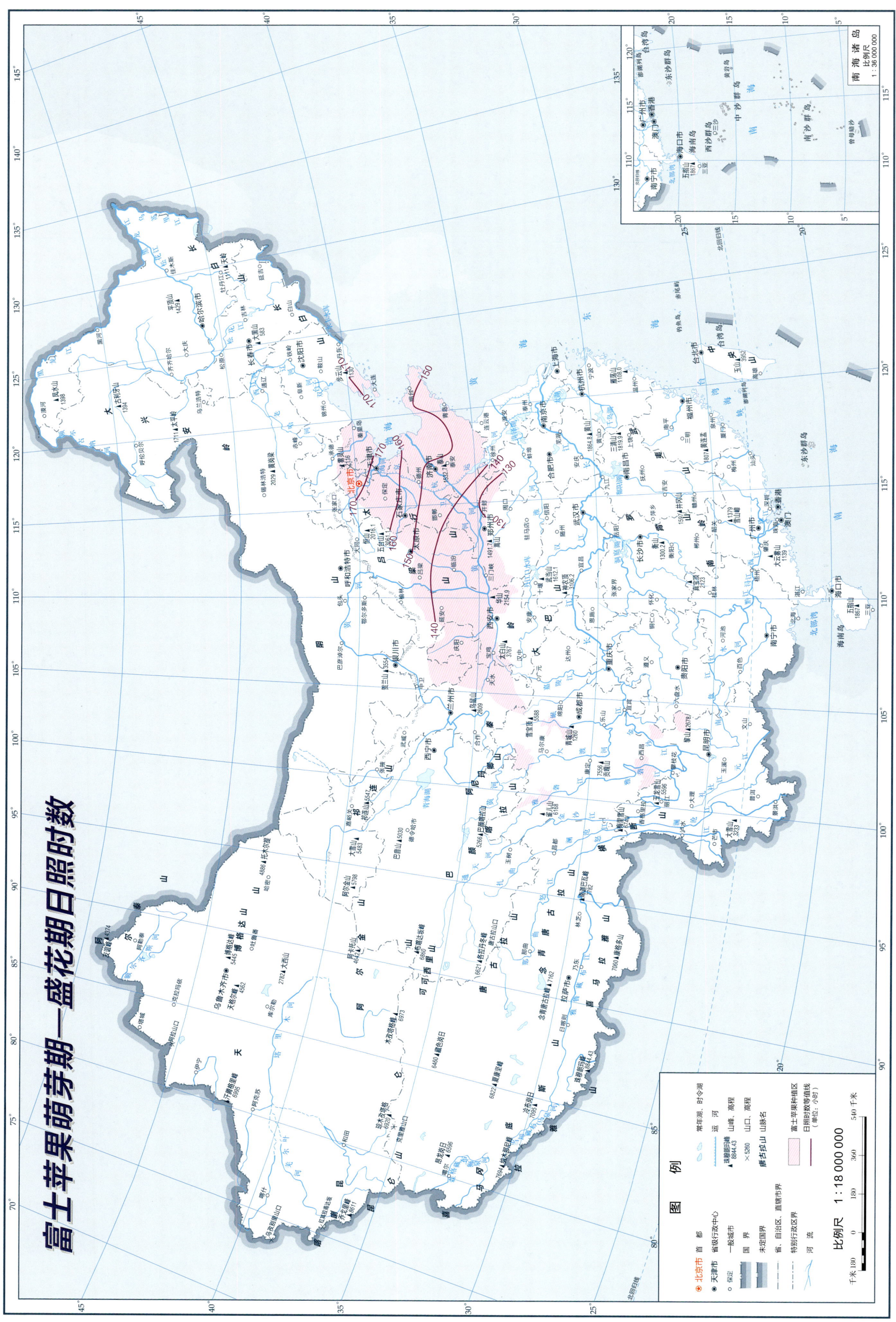

富士苹果萌芽期—盛花期日照百分率

比例尺 1:18 000 000

作物光温资源卷

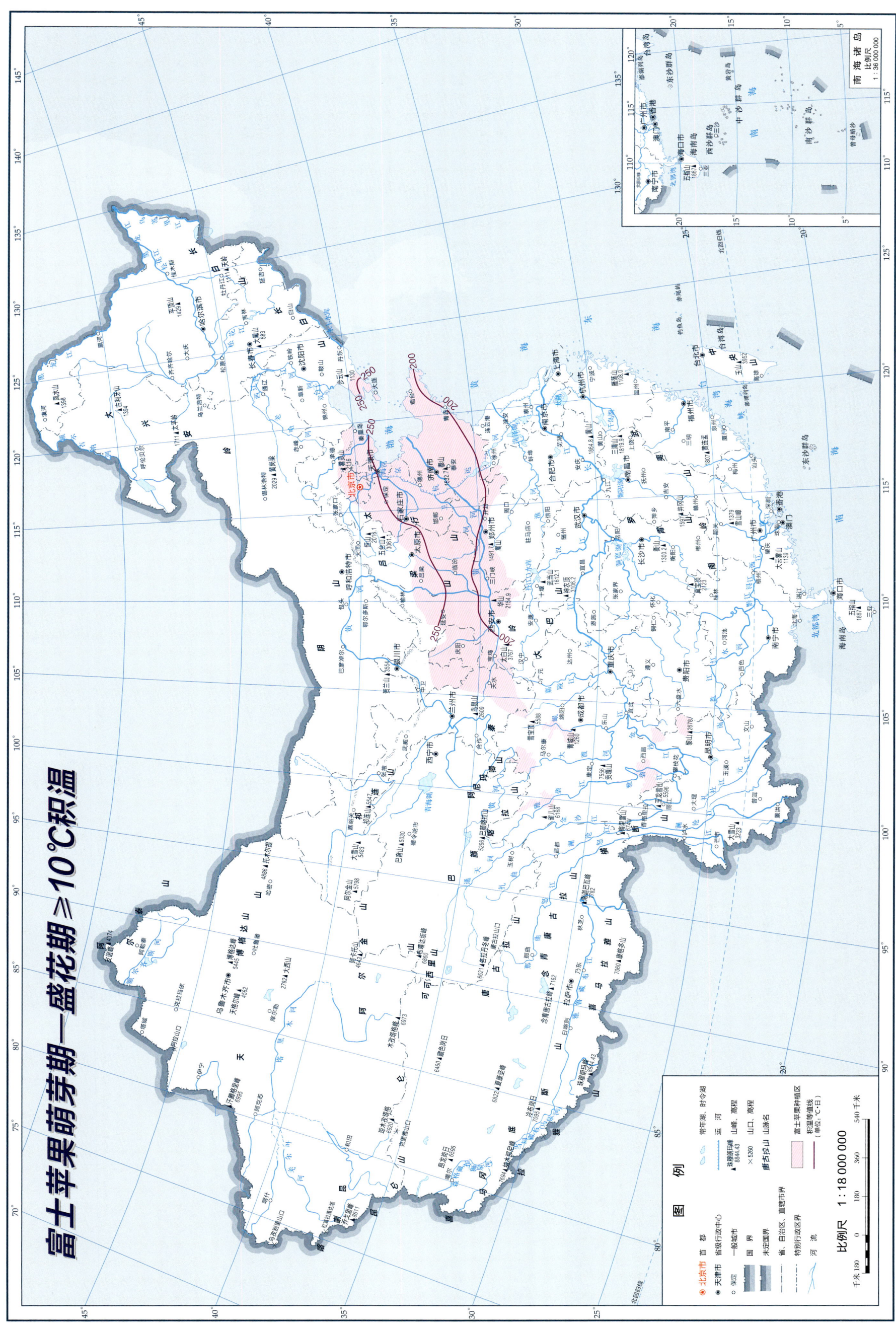

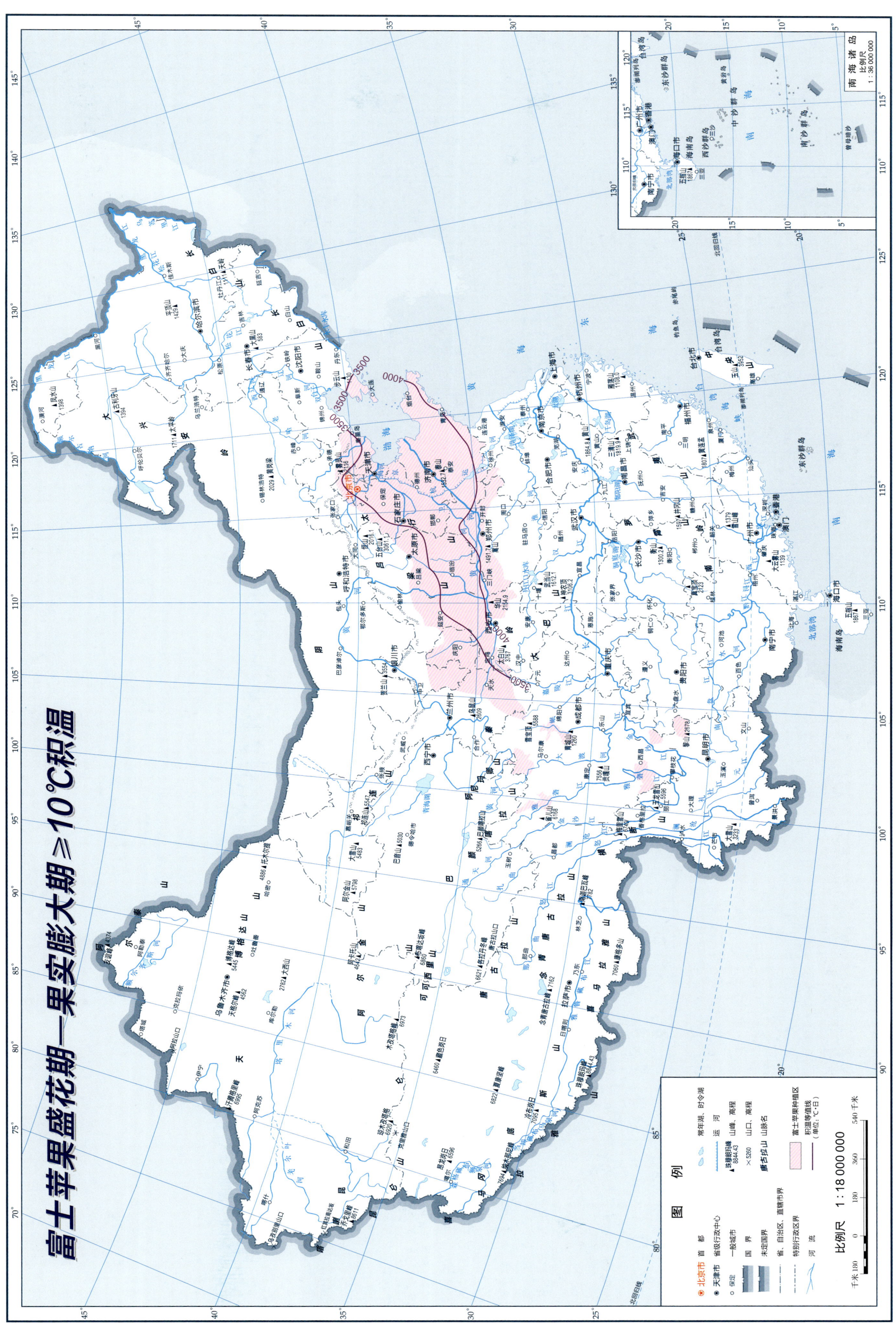

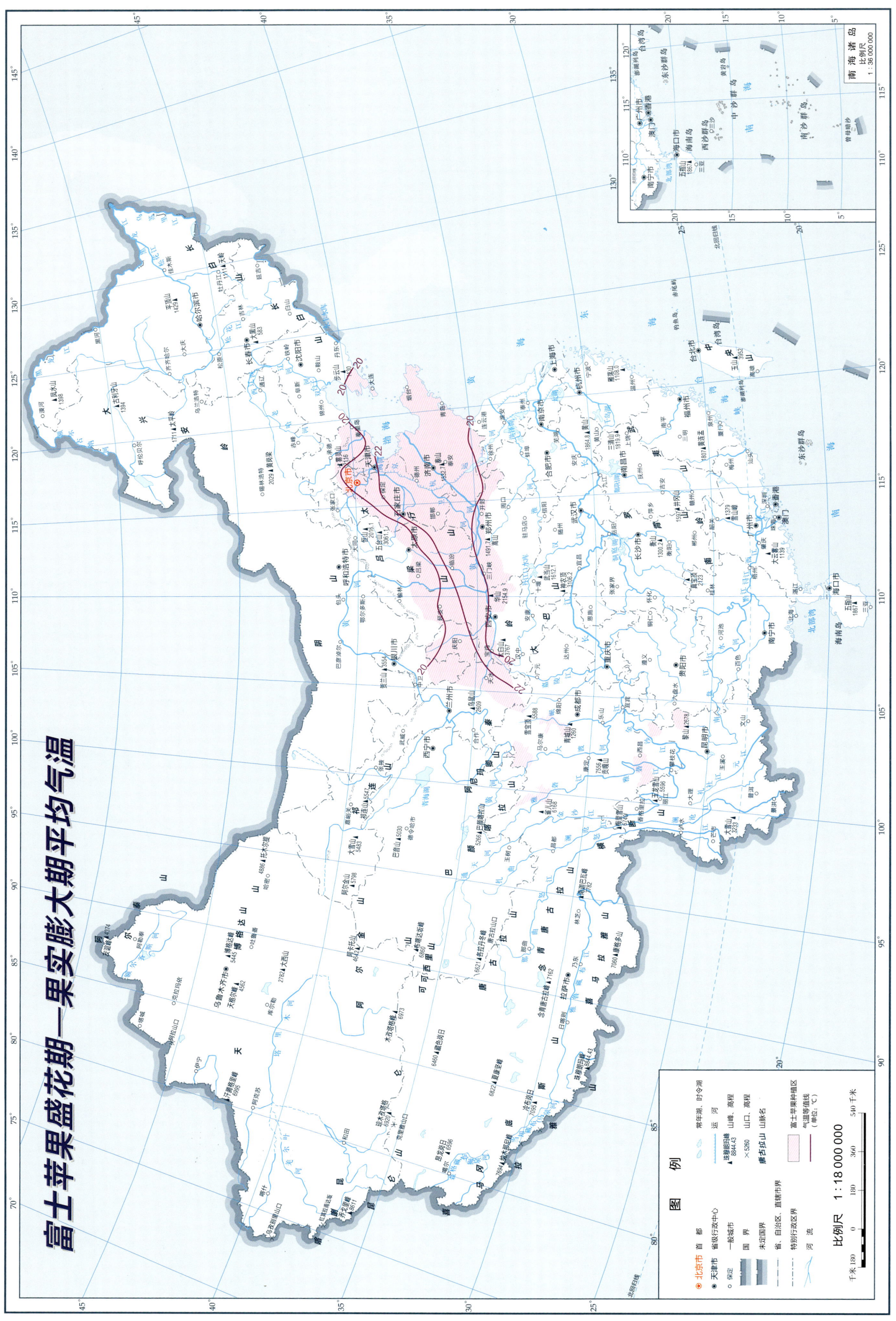

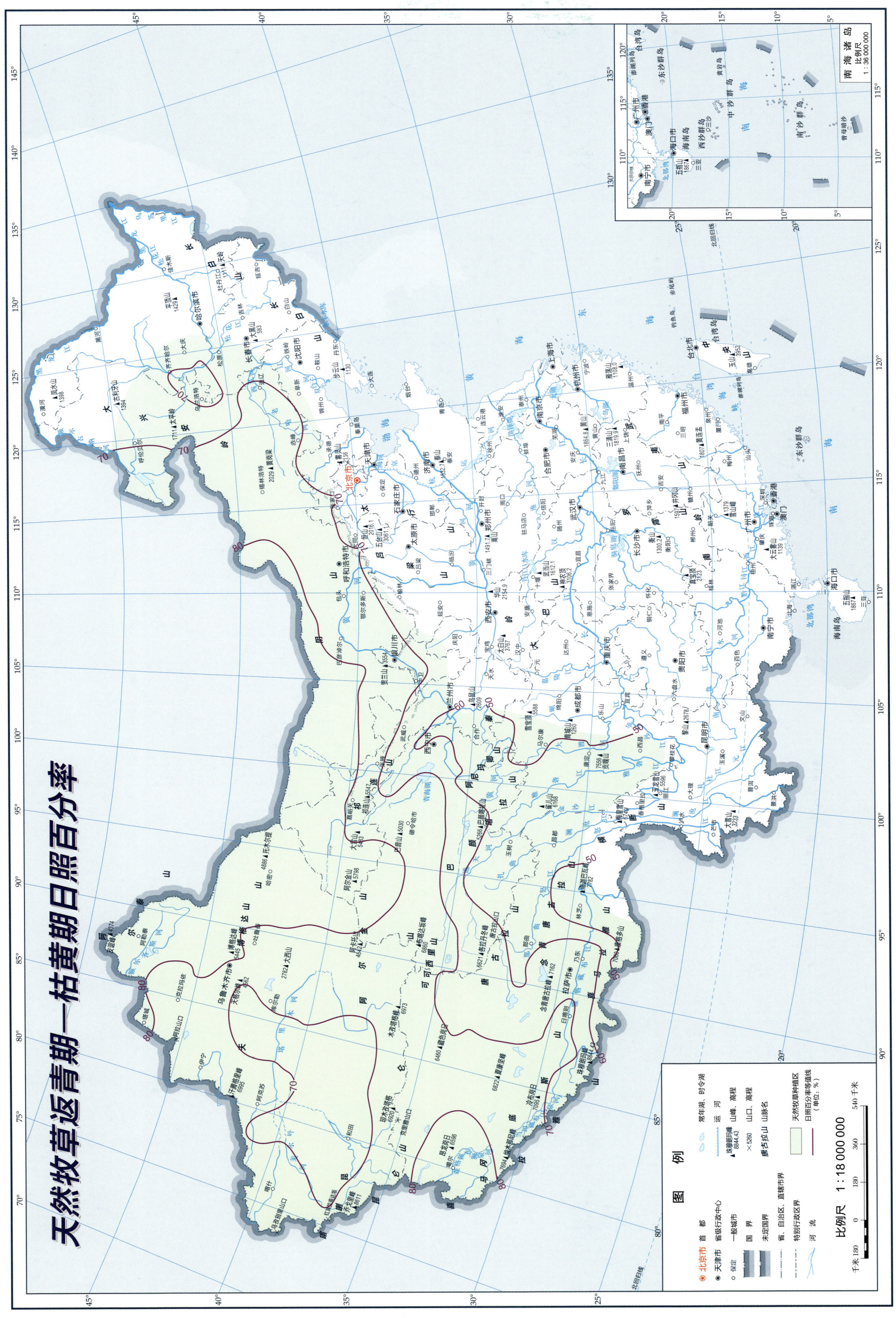

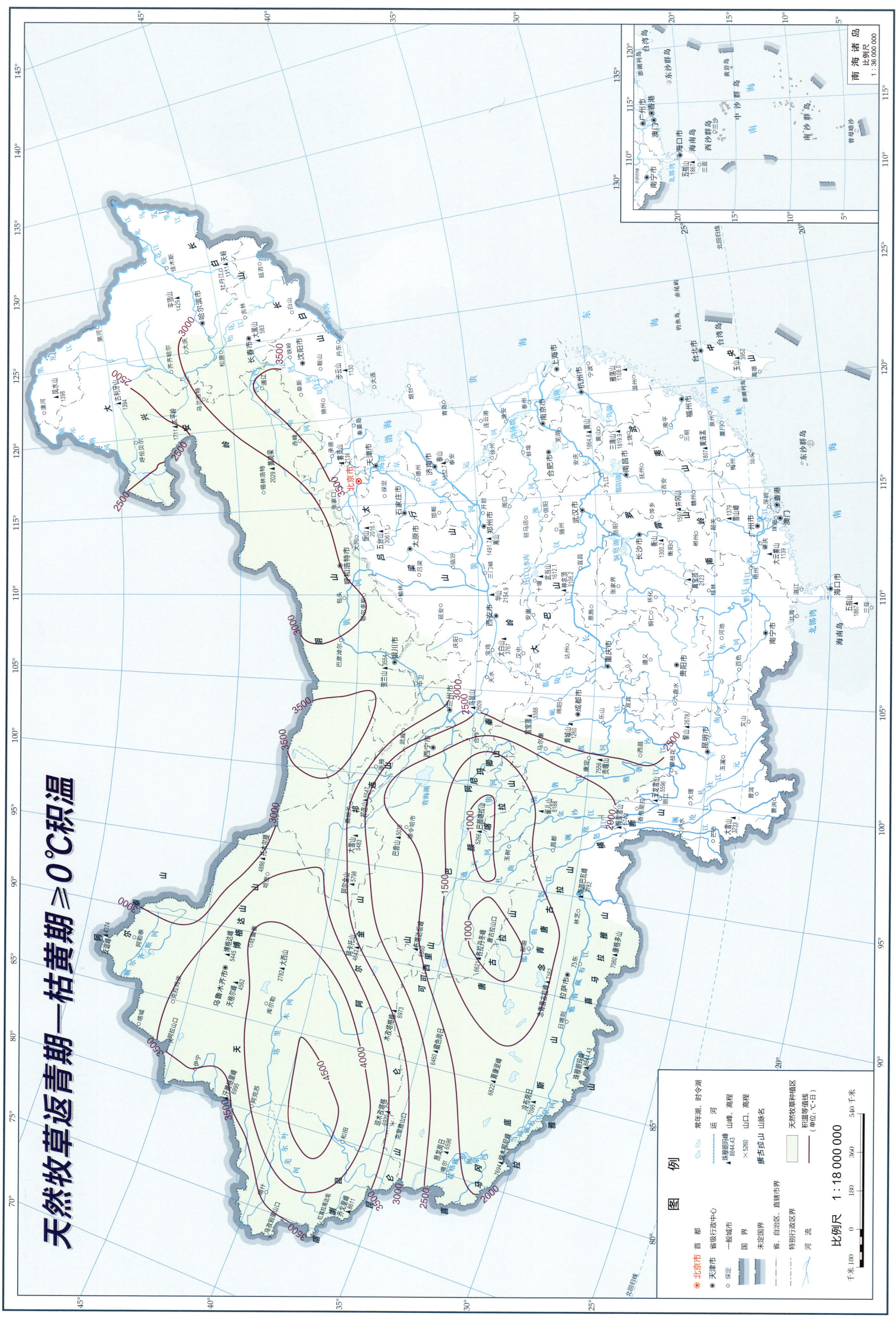

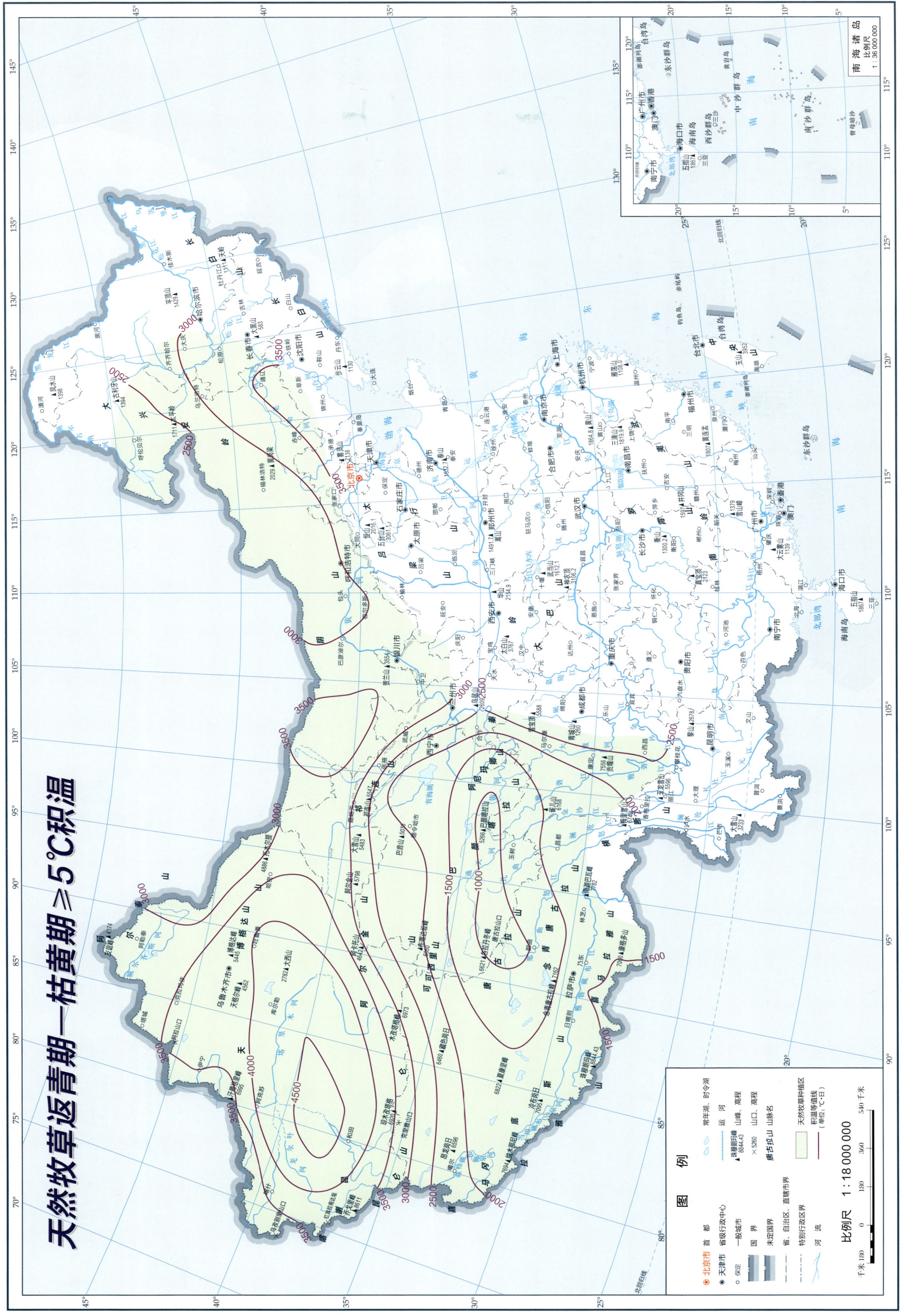